目　次

ページ

まえがき

この規格は，一般社団法人電気学会（以下“電気学会”とする。）がいし装置及び架線金具標準特別委員会において2016年6月に改正作業に着手し，慎重審議の結果，2018年3月に成案を得て，2018年5月29日に電気規格調査会規格委員総会の承認を経て制定した，電気学会 電気規格調査会標準規格である。これによって，**JEC-207**-1979は改正され，この規格に置き換えられた。

がいし装置及び架線金具

Hardware of insulator set

1 適用範囲

この規格は，主に架空送電線路に使用するがいし装置，架空地線用装置及びこれらを構成する，架線金具に適用し，その範囲は次のとおりとする。

a) **表 1** に示す懸垂がいし，又は長幹がいしに適合する，公称電圧 66 kV 以上，154 kV 以下の単導体及び 2 導体のがいし装置並びに架空地線用装置

b) **a)** に示す，がいし装置及び架空地線用装置に適合する，鉄塔取付金具及び連結金具

c) **表 1** に示すがいし連結個数に対応する，公称電圧 66 kV 以上，154 kV 以下のアークホーン

d) **表 2** に示す線条に適合するクランプ

表 1 — がいしの種類及びアークホーンに適合するがいし連結個数

<table>
<tr><th colspan="3">がいし</th><th colspan="2">アークホーンに適合する連結個数</th></tr>
<tr><th>種類</th><th>品名</th><th>形名</th><th>66 kV，77 kV</th><th>110 ～ 154 kV</th></tr>
<tr><td rowspan="3">懸垂がいし</td><td>250 mm クレビス形
懸垂がいし</td><td>SU-120CN</td><td rowspan="2">5 ～ 11</td><td rowspan="2">7 ～ 21</td></tr>
<tr><td>250 mm ボールソケット形
懸垂がいし</td><td>SU-165BN</td></tr>
<tr><td>280 mm ボールソケット形
懸垂がいし</td><td>SU-210BN</td><td>4 ～ 10</td><td>7 ～ 18</td></tr>
<tr><td rowspan="3">耐塩用
懸垂がいし</td><td rowspan="2">250 mm ボールソケット形
耐塩用懸垂がいし</td><td>SU-120BF</td><td rowspan="2">5 ～ 8</td><td rowspan="2">7 ～ 16</td></tr>
<tr><td>SU-165BF</td></tr>
<tr><td>320 mm ボールソケット形
耐塩用懸垂がいし</td><td>SU-210BF</td><td>4 ～ 7</td><td>7 ～ 14</td></tr>
<tr><td rowspan="2">長幹がいし</td><td rowspan="2">クレビス−クレビス形
長幹がいし</td><td>LC-8013</td><td>−</td><td rowspan="2">2</td></tr>
<tr><td>LC-8017
LC-8021
LC-8024</td><td>1</td></tr>
<tr><td colspan="5">注記 懸垂がいしのうち，形名 SU-165BN，SU-120BF，SU-165BF は，同じがいし装置に適用できるため，以下「250 mm ボールソケット形懸垂がいし」と呼ぶ。同様に，形名 SU-210BN，SU-210BF は，同じがいし装置に適用できるため，以下「280 mm ボールソケット形懸垂がいし」と呼ぶ。また，LC-8013 ～ LC-8024 は，長幹がいしと呼ぶ。</td></tr>
</table>

表 2 — クランプの種類及び適用線条

クランプ種類	電線・架空地線種類	電線・架空地線の公称断面積 mm^2
懸垂クランプ	鋼心アルミより線 硬銅より線	120，160，200，240，330，410，610，810，1160 38，55，75，100，150，200，240
懸垂クランプ (低張力用)	鋼心アルミより線 硬銅より線 硬アルミより線	240，330，410，610，810 150，200，240 240，300，400，510，660，850，980
耐張クランプ	鋼心アルミより線 硬銅より線	120，160，200，240，330 38，55，75，100，150，200，240
耐張クランプ (低張力用)	鋼心アルミより線 硬銅より線 硬アルミより線	240，330，410，610，810 150，200，240 300，400，510，660，850，980
架空地線用 懸垂クランプ	亜鉛めっき鋼より線 アルミ被（覆）鋼より線 鋼心イ号アルミ合金より線	38，45，55，70，90 38，45，55，70，90，150，260 79，97，120
架空地線用 耐張クランプ	亜鉛めっき鋼より線 アルミ被（覆）鋼より線 鋼心イ号アルミ合金より線	38，45，55，70，90 38，45，55，70，90，150，260 79，97，120
架空地線用 ジャンパクランプ	亜鉛めっき鋼より線 アルミ被（覆）鋼より線 鋼心イ号アルミ合金より線 硬アルミより線	38，45，55，70，90 38，45，55，70，90，150，260 79，97，120 100，110，150，300

注記 電線種類において，鋼心アルミより線及び鋼心耐熱アルミ合金より線を区分して表す必要がない場合は，鋼心耐熱アルミ合金より線を含めて鋼心アルミより線と呼ぶ。

2 引用規格

次に掲げる規格は，この規格に引用されることによって，この規格の規定の一部を構成する。これらの引用規格は，その最新版（追補を含む）を適用する。

JIS B 0205-3 一般用メートルねじ−第 3 部：ねじ部品用に選択したサイズ

JIS B 0209-4 一般用メートルねじ−公差−第 4 部：めっき後に公差位置 H 又は G にねじ立てをしためねじと組み合わせる溶融亜鉛めっき付きおねじの許容限界寸法

JIS B 0209-5 一般用メートルねじ−公差−第 5 部：めっき前に公差位置 h の最大寸法をもつ溶融亜鉛めっき付きおねじと組み合わせるめねじの許容限界寸法

JIS B 0403 鋳造品−寸法公差方式及び削り代方式

JIS B 1101 すりわり付き小ねじ

JIS B 1111 十字穴付き小ねじ

JIS B 1180 六角ボルト

JIS B 1181 六角ナット

JIS B 1251 ばね座金

JIS B 1256 平座金

JIS C 3810 懸垂がいし及び耐塩用懸垂がいし

JIS G 3101 一般構造用圧延鋼材

JIS G 3106 溶接構造用圧延鋼材

JIS G 3506　硬鋼線材
JIS G 3507-1　冷間圧造用炭素鋼−第 1 部：線材
JIS G 3507-2　冷間圧造用炭素鋼−第 2 部：線
JIS G 4051　機械構造用炭素鋼鋼材
JIS G 4053　機械構造用合金鋼鋼材
JIS G 4303　ステンレス鋼棒
JIS G 4309　ステンレス鋼線
JIS G 4315　冷間圧造用ステンレス鋼線
JIS G 5101　炭素鋼鋳鋼品
JIS G 5502　球状黒鉛鋳鉄品
JIS H 0401　溶融亜鉛めっき試験方法
JIS H 3260　銅及び銅合金線
JIS H 4000　アルミニウム及びアルミニウム合金の板及び条
JIS H 5202　アルミニウム合金鋳物
JIS Z 9015-0　計数値検査に対する抜取検査手順−第 0 部：**JIS Z 9015** 抜取検査システム序論
JIS Z 9015-1　計数値検査に対する抜取検査手順−第 1 部：ロットごとの検査に対する AQL 指標型抜取検査方式

3　用語の定義

この規格の用語の定義は，電気学会 電気専門用語集 No.12「がいしおよびブッシング」による。

4　使用状態

4.1　通常使用状態

a)　周囲温度（気温）

周囲温度は，最高 40 ℃，最低 −40 ℃とする。

b)　標高

標高は，1 000 m 以下とする。

4.2　特殊使用状態

この規格は，次のいずれかに該当する使用状態を特殊使用状態とし，この使用状態で用いるときに対応が必要な場合は，特にその旨を明示しなければならない。

a)　周囲温度，標高が，**4.1** に定める範囲以外の場所で使用される場合
b)　塩分がある場所，湿潤な場所など特に腐食が懸念される場所で使用される場合
c)　異常な振動，衝撃力が加わる場合
d)　そのほか，通常一般に考えられない特殊な条件のもとで使用される場合

5　種類及び記号

5.1　がいし装置及び架空地線用装置

がいし装置及び架空地線用装置はがいし種類，吊型，連数，強度系列などで分類し，その種類及び記号は，**表 3**～**表 7** による。

表 3 — 250 mm クレビス形懸垂がいし連装置の種類及び記号

導体数	がいし装置	連品番	引張強度 kN
単導体	1 連懸垂	C1S8S	80
		C1S12S	120
	2 連懸垂	C2S8S	80
		C2S12S	120
	V 吊懸垂	CVS8S	80
		CVS12S	120
	1 連耐張	C1T8S	80
		C1T12S	120
	2 連耐張	C2T8S	80
		C2T12S	120
		C2T16S	165
		C2T21S	210
		C2T24S	240
2 導体	1 連懸垂	C1S12D	120
	2 連耐張	C2T24D	240

表 4 — 250 mm ボールソケット形懸垂がいし連装置の種類及び記号

導体数	がいし装置	連品番	引張強度 kN
単導体	1 連懸垂	B1S8S	80
		B1S12S	120
		B1S16S	165
	2 連懸垂	B2S8S	80
		B2S12S	120
		B2S16S	165
	V 吊懸垂	BVS8S	80
		BVS12S	120
	1 連耐張	B1T8S	80
		B1T12S	120
		B1T16S	165
	2 連耐張	B2T12S	120
		B2T16S	165
		B2T21S	210
		B2T24S	240
2 導体	1 連懸垂	B1S12D	120
		B1S16D	165
	2 連懸垂	B2S33D	330
	2 連耐張	B2T24D	240
		B2T33D	330

表 5 — 280 mm ボールソケット形懸垂がいし連装置の種類及び記号

導体数	がいし装置	連品番	引張強度 kN
2 導体	1 連懸垂	B1S21D	210
	2 連懸垂	B2S42D	420
	2 連耐張	B2T42D	420

表 6 — クレビス — クレビス形長幹がいし連装置の種類及び記号

導体数	がいし装置	連品番	引張強度 kN
1 本連結単導体	1 連懸垂	L1S8S	80
		L1S12S	120
	2 連懸垂	L2S8S	80
		L2S12S	120
	1 連耐張	L1T8S	80
		L1T12S	120
	2 連耐張	L2T8S	80
		L2T12S	120
		L2T16S	165
		L2T21S	210
2 本連結単導体	1 連懸垂	2L1S8S	80
		2L1S12S	120
	2 連懸垂	2L2S8S	80
		2L2S12S	120
	1 連耐張	2L1T8S	80
		2L1T12S	120
	2 連耐張	2L2T8S	80
		2L2T12S	120
		2L2T16S	165
		2L2T21S	210

表 7 — 架空地線用装置の種類及び記号

架空地線用装置	連品番	引張強度 kN
懸垂	GS8	80
	GS12	120
耐張	GT8	80
	GT12	120
	GT16	165

5.2 架線金具

この規格で規定する架線金具はその機能により分類し，その種類は次のとおりとする。

5.2.1 鉄塔取付金具

鉄塔取付金具の種類及び記号は，**表 8** による。

表 8 — 鉄塔取付金具の種類及び記号

種類	記号
懸垂装置鉄塔取付金具	SAT
	SAU
	SAS
	IBC
耐張装置鉄塔取付金具	TAW
	TAS

5.2.2　連結金具

連結金具の種類及び記号は，**表 9** による。

表 9 — 連結金具の種類及び記号

種類	記号
プレート形 U クレビス	UCF
U クレビス	UC
懸垂がいし用ホーン取付金具	X
懸垂がいし用ホーン取付金具	CRH
長幹がいし用ホーン取付金具（リンク型）	LX
長幹がいし用ホーン取付金具（クレビス–リンク型）	CLX
V 吊懸垂装置用ホーン取付金具	LH
V 吊懸垂装置用ホーン取付金具	BLH
V 吊懸垂装置用ホーン取付金具	CPH
V 吊懸垂装置用ホーン取付金具	SCH
懸垂装置用 2 連ヨーク	Y-HS
耐張装置用 2 連ヨーク	Y-HT
長幹がいし用 2 連ヨーク	YL
V 吊ヨーク	VY
2 導体 1 連懸垂装置用 2 連ヨーク	Y-DS
2 導体 2 連懸垂装置用線側十字ヨーク	YX
2 導体耐張装置用 2 連ヨーク	Y
2 導体耐張装置用線側 2 連ヨーク	YR
2 導体耐張装置用 2 連バランスヨーク	YB
平行クレビスリンク	CLP
直角クレビスリンク	CLR
平行クレビス	CP
直角クレビス	CR
ボールリンク	BL
ボールクレビス	BC
平行ソケットリンク	SLP
平行ソケットクレビス	SCP
直角ソケットクレビス	SCR
Y 形金具	CPL
1 枚リンク	L
扇形 1 枚リンク	DL
調整金具	DDL
バーニヤ金具	VCL

5.2.3　アークホーン

アークホーンの種類及び記号は，**表 10** による。

表 10 — アークホーンの種類及び記号

種類	記号
アークホーン	AH
V 吊装置用アークホーン	AHV
補助ホーン	SR

5.2.4　クランプ

クランプの種類及び記号は，**表 11** による。

表 11 — クランプの種類及び記号

<table>
<tr><th colspan="2">種類</th><th>記号</th></tr>
<tr><td rowspan="4">電力線用</td><td>懸垂クランプ</td><td>SN</td></tr>
<tr><td>フリーセンター型懸垂クランプ</td><td>FS</td></tr>
<tr><td rowspan="2">耐張クランプ</td><td>TN</td></tr>
<tr><td>TNA</td></tr>
<tr><td rowspan="11">架空地線用</td><td>懸垂クランプ</td><td>GSN</td></tr>
<tr><td>フリーセンター型懸垂クランプ</td><td>GFS</td></tr>
<tr><td>固定型懸垂クランプ</td><td>GS</td></tr>
<tr><td>塔頂軸受型懸垂クランプ</td><td>GNS</td></tr>
<tr><td rowspan="2">耐張クランプ</td><td>GN</td></tr>
<tr><td>GNA</td></tr>
<tr><td rowspan="2">棒形耐張クランプ</td><td>GNB</td></tr>
<tr><td>GNBA</td></tr>
<tr><td rowspan="3">ジャンパクランプ</td><td>GC</td></tr>
<tr><td>GCP</td></tr>
<tr><td>GCW</td></tr>
</table>

6　材料及び製作

架線金具の材料は**表 12** の日本工業規格（**JIS**）に規定された適切な材料，又はこれと同等以上の材料[a]を用いるものとし，**附属書 B** に示すとおり製作したものとする。また，金具の鉄鋼部品には全面一様に溶融亜鉛めっきを施すものとする。

注[a] 同等以上の材料とは，単に材料個々の特性を比較するものではなく，製品として「**8　性能**」に示す性能を満足するものである。使用実態も考慮して購入者と製造業者の協議，合意により適用する。

表 12 — 架線金具に用いる材料

材種	材料		適用例
	材質	材質記号	
軟鋼	**JIS G 3101**（一般構造用圧延鋼材）	SS400 SS490	連結金具 アークホーン ボルト コッタピン 鉄塔取付金具
	JIS G 4051（機械構造用炭素鋼鋼材）	S17C　S20C S22C　S25C S28C　S30C S33C　S35C	
	JIS G 3106（溶接構造用圧延鋼材）	SM400 SM490	ヨーク類
	JIS G 3507-2（冷間圧造用炭素鋼 − 第 2 部：線）	SWCH 10K ～ 25K SWCH 10R ～ 17R	ボルト コッタピン
高張力鋼	**JIS G 3106**（溶接構造用圧延鋼材）	SM570	ヨーク類
	引張強さ 590 MPa 以上，伸び 20 %以上を有する鋼材	−	
	JIS G 4053（機械構造用合金鋼鋼材）	SNC631	ボルト ボールクレビス
	引張強さ 690 MPa 以上，伸び 20 %以上を有する鋼材	−	
鋳鉄	**JIS G 5502**（球状黒鉛鋳鉄品）	FCD400-18 FCD450-10	クランプ ソケット類 連結金具 鉄塔取付金具
鋳鋼	**JIS G 5101**（炭素鋼鋳鋼品）　3 種	SC450	鉄塔取付金具
アルミニウム 合金鋳物	**JIS H 5202**（アルミニウム合金鋳物）　4 種 7 種	AC4C-T6 AC7A-F	クランプ
銅合金線	**JIS H 3260**（銅及び銅合金線）	C2600W C2700W	割りピン
ステンレス鋼	**JIS G 4303**（ステンレス鋼棒） **JIS G 4309**（ステンレス鋼線） **JIS G 4315**（冷間圧造用ステンレス鋼線）	SUS304 SUSXM7	さら小ねじ 割りピン
硬鋼線	**JIS G 3506**（硬鋼線材）	SWRH	ばね座金
内張用金物	**JIS H 4000**（アルミニウム及びアルミニウム合金の板及び条）	A1050P A1070P	内張用金物

7　構造

架線金具の構造として，形状，寸法及び寸法許容差は**附属書 B** に示すとおりとする。また，ボルト類の形状，寸法及びねじ公差は**表 13** による。

なお，**附属書 B** に示す寸法の中で，寸法許容差の記入がないものは，**JIS B 0403** に規定するもののうち，長さ・深さ及び幅の寸法公差は公差等級 CT13，厚さの寸法公差は公差等級 CT11，穴の寸法公差は公差等級 CT10 を適用する。

表 13 — ボルト類の形状，寸法及びねじ公差

項目	形状，寸法及びねじ公差
ボルト	形状寸法は，**JIS B 1180**（六角ボルト）の仕上げ程度の「並」とする。 ねじ部の寸法は **JIS B 0205-3**（一般用メートルねじ−第 3 部：ねじ部品用に選択したサイズ）の並目とし，その公差は亜鉛めっき前において **JIS B 0209-4**（一般用メートルねじ−公差−第 4 部：めっき後に公差位置 H 又は G にねじ立てをしためねじと組み合わせる溶融亜鉛めっき付きおねじの許容限界寸法）による。 なお，コッタボルトには，割りピン挿入用の穴をあけるものとする。
ナット	形状寸法は，**JIS B 1181**（六角ナット）の仕上げ程度の「並」とする。 ねじ部の寸法は **JIS B 0205-3**（一般用メートルねじ−第 3 部：ねじ部品用に選択したサイズ）の並目とし，その公差は亜鉛めっき前において **JIS B 0209-5**（一般用メートルねじ−公差−第 5 部：めっき前に公差位置 h の最大寸法をもつ溶融亜鉛めっき付きおねじと組み合わせるめねじの許容限界寸法）による。ただし，亜鉛めっきのための有効径内径と谷の径に適当なスキマを設けるものとし，亜鉛めっき前において，このスキマ寸法を差し引いた寸法が上記に適合するものとする。
ばね座金	**JIS B 1251**（ばね座金）による。
平座金	**JIS B 1256**（平座金）の「並丸」による。
さら小ねじ	**JIS B 1101**（すりわり付き小ねじ）による。 又は，**JIS B 1111**（十字穴付き小ねじ）による。
コッタ及び割りピン	**附属書 B　B.109**（コッタ及び割りピン標準寸法）

8　性能

がいし装置，架空地線用装置及び架線金具の性能は，**表 14** を満足しなければならない。

表 14 — がいし装置，架空地線用装置及び架線金具の性能

項目	性　能
a)　外観	仕上げ良好で使用上有害な割れ，きず，かえり，さびなどの欠点がないこと。
b)　亜鉛めっき	**9.2.3** に示す亜鉛めっき付着量試験において，次の付着量を満足すること。 架線金具本体 500 g/m^2，ボルト類 350 g/m^2
c)　引張強度	がいし装置，架空地線用装置，又はアークホーンを除く架線金具は，**9.2.4** に示す引張荷重試験において**附属書 A** 及び **B** に示す規格値（引張強度）を加えたとき，ひび，割れなど生じることなく，これに耐えること。
d)　クランプの線条掌握力	クランプは **9.2.5** に示す線条掌握力試験において，**附属書 B** に示す線条掌握力値以下で線条に素線切れが生じない，又は線条が滑り出さないこと。
e)　クランプの締付強度	クランプは **9.2.6** に示す締付強度試験において，規定の締付トルクの 1.5 倍で締め付けたとき，いずれの部品もひび，割れなどが生じないこと。

9　試験

9.1　試験項目

この規格に定める試験項目は，**表 15** に示すとおりとする。

表 15 — 試験の項目

試験項目	対象品目					
	がいし装置及び架空地線用装置	鉄塔取付金具	連結金具	アークホーン	クランプ	
					本体	緊線リンク部
外観試験	○	○	○	○	○	−
構造試験	○	○	○	○	○	−
亜鉛めっき試験	−	○	○	○	○	−
引張荷重試験	○	○	○	−	○[a]	○[b]
クランプの線条掌握力試験	−	−	−	−	○	−
クランプの締付強度試験	−	−	−	−	○[a]	−

注 [a]　架空地線用ジャンパクランプは除く。
[b]　耐張クランプ，棒形耐張クランプのみを対象とする。

9.2　試験方法

9.2.1　外観試験

外観試験は，肉眼及び手ざわりによって調べる。

9.2.2　構造試験

構造試験は，形状及び寸法を直接測定する，又は限界ゲージその他の方法により調べる。

9.2.3　亜鉛めっき試験

亜鉛めっき試験は，**JIS H 0401**（溶融亜鉛めっき試験方法）の「**5　付着量試験方法**」による。

9.2.4　引張荷重試験

a）供試品の取付状態

供試品は使用状態を模擬した治具を用いて，**図 1** の代表例に示すような方向に荷重が加わるように取り付ける。

b）試験の方法

試験状態に適したつかみ装置を用い，**図 1** の代表例に示す方向の荷重が加わるように引張試験機に取り付ける。引張荷重は規定の引張強度の約 75 % まで任意の速度で増加させ，以後 1 秒間に 1 kN の割合で増加させ，規格値に達してから 1 分間保持した後の状態を調べる。

a）　がいし装置

1）　2 連耐張装置（単導体）

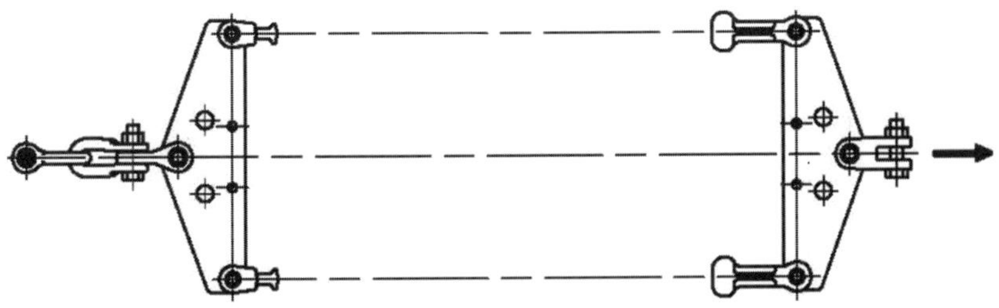

2）　2 連耐張装置（1 点支持 2 導体）

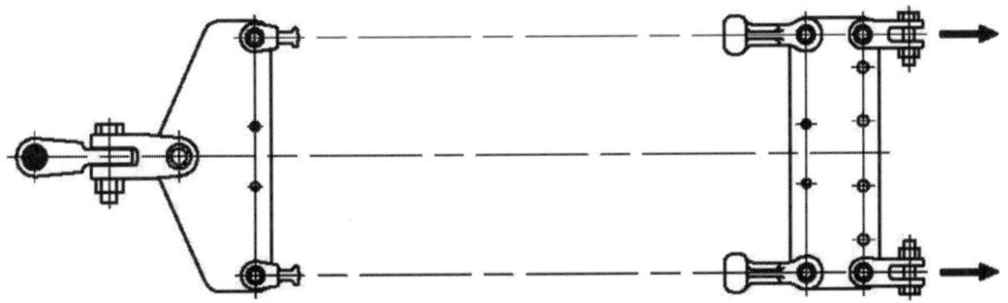

3）　2 連耐張装置（2 点支持 2 導体）

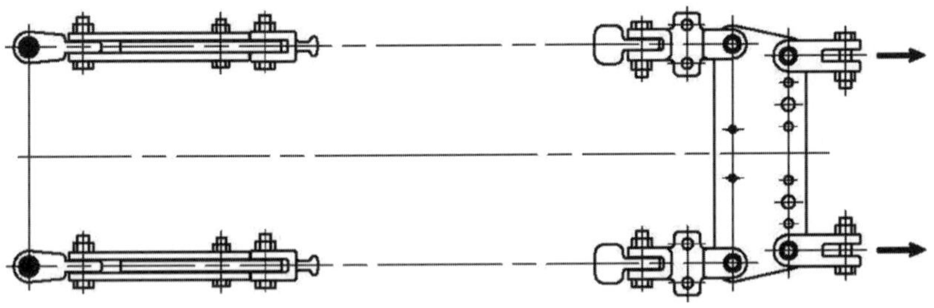

4）　1 連懸垂装置（2 導体）

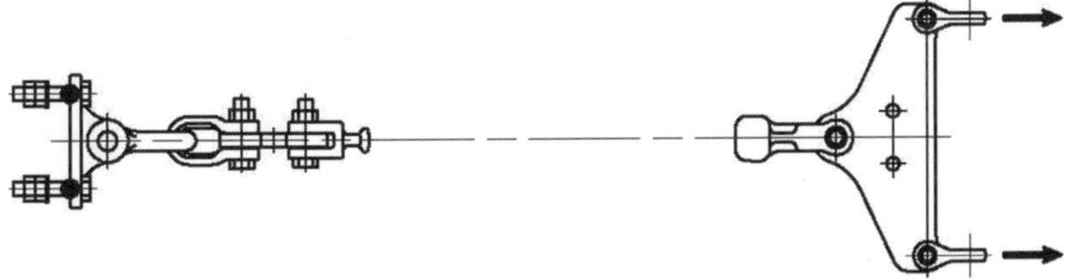

図 1 — 引張荷重試験方法

b） 鉄塔取付金具

1） 懸垂装置用（下図は，SAS 形の場合を示す。）

1.1）

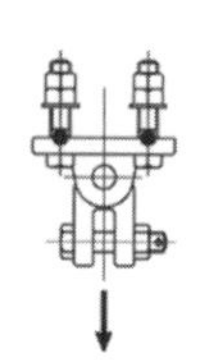

1.2）

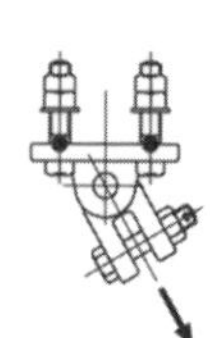

2） 耐張装置用（下図は，TAS 形の場合を示す。）

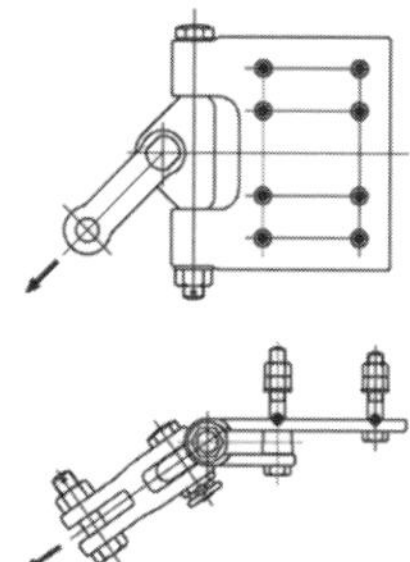

c） 連結金具

1） ヨーク

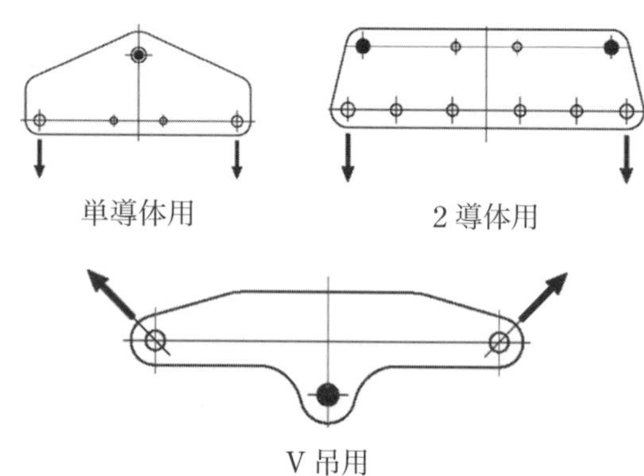

2） リンク類，クレビス類
ボール及びソケット類

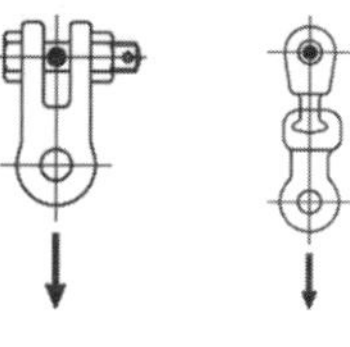

d） クランプ

1） 懸垂クランプ（下図は，SN 形を示す。）

1.1）

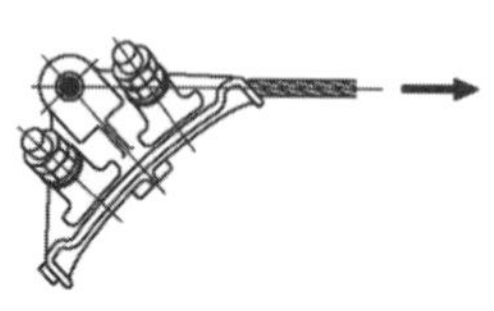

1.2）

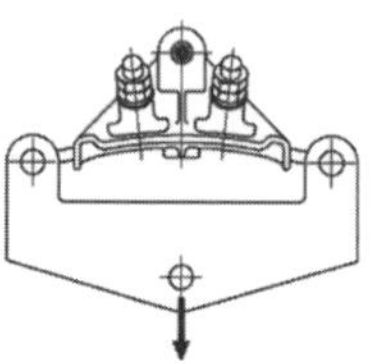

2） 耐張クランプ（下図は，TN 形を示す。）

2.1）

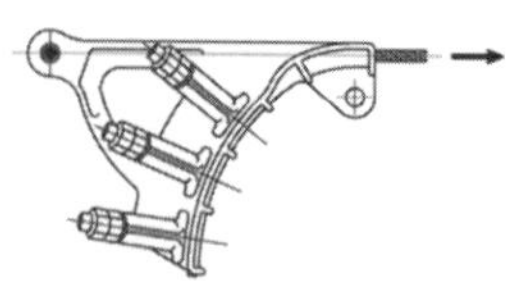

2.2） 緊線リンク

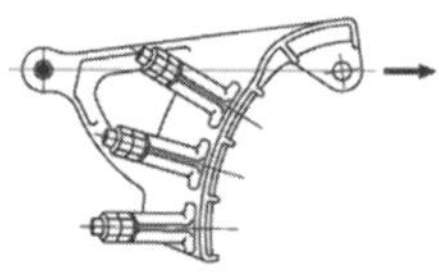

3） 地線用固定形懸垂クランプ（下図は，GS 形を示す。）

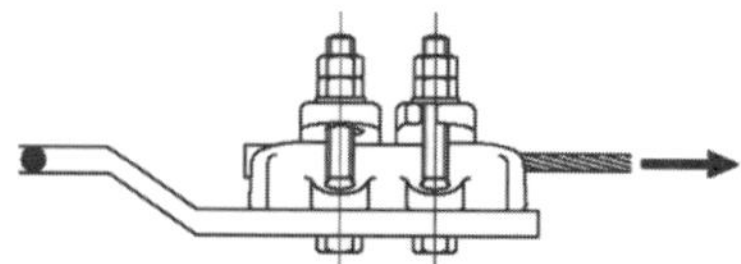

図 1 ― 引張荷重試験方法（続き）

9.2.5　クランプの線条掌握力試験

a)　供試品の取付状態

供試品の適用線条と同じものをクランプの線みぞに嵌め込み，**表 16** に示す締付トルクの約 60 % の値でボルトを締め付け，使用状態と同じ方向に荷重が加わるように取り付ける。

なお，プレホームドアーマロッドを巻いて使用するクランプは適合線条にプレホームドアーマロッドを巻き付けたものとする。

b)　試験の方法

試験の状態に適した治具及びつかみ装置を用い，**図 2** に示す方向の荷重が加わるように引張試験機に取り付け，規定の掌握力値の 30 % になるまで荷重を加える。その後，**表 16** に示す締付トルク値でボルトを締め付け，掌握力値の約 75 % まで任意の速度で荷重を増加させ，以後 1 秒間に 1 kN の割合で荷重を増加させ，線条に素線切れが生じる，又は線条がクランプから滑りだし始める荷重値を求める。

表 16 ― クランプの締付ボルトの締付トルク

締付ボルトの呼び径	ボルトの材質（引張強さ）	締付トルク N･m
M16	400 MPa 以上のもの	100
M16	490 MPa 以上のもの	150
M20	400 MPa 以上のもの	170
M20	490 MPa 以上のもの	200

a)　耐張クランプ（下図は，TN 形を示す。）

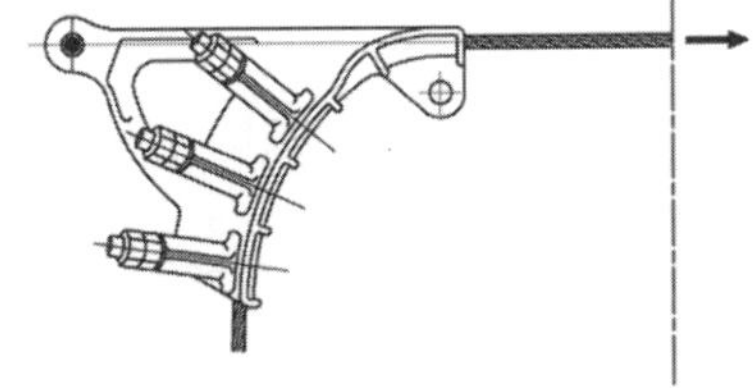

b)　懸垂クランプ（下図は，SN 形を示す。）

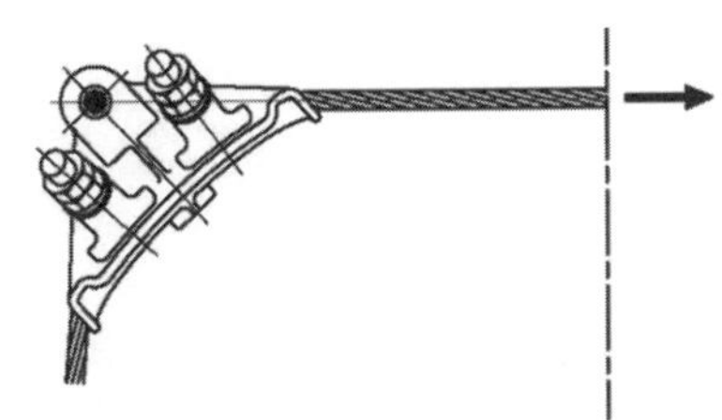

c)　地線用固定形懸垂クランプ，又はジャンパクランプ
（下図は，GS 形を示す。）

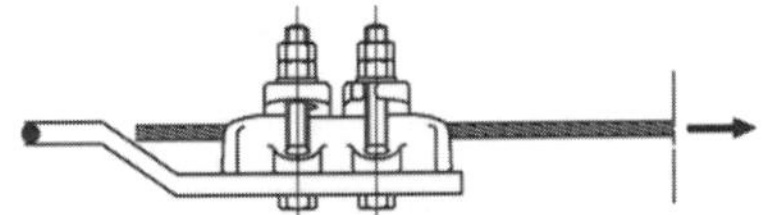

図 2 ― クランプ掌握力の試験方法

9.2.6　クランプの締付強度試験

a）供試品の取付状態

供試品の適用線条と同じものをクランプの線みぞに嵌め込む。

なお，プレホームドアーマロッドを巻いて使用するクランプは適合線条にプレホームドアーマロッドを巻き付けたものとする。

b）試験の方法

表 16 に示す締付トルクの 1.5 倍のトルクでボルトを締め付け，1 分間保持した後の状態を調べる。

10　検査

10.1　検査の種類

検査の種類は，形式検査，ルーチン検査及び抜取検査の 3 種類とする。

a）形式検査

形式検査は製造業者の品質水準を検査するもので，この規格に定める各検査項目について，新たに開発・改良された製品の代表に対して厳格な検査を行うとともに，製造業者の社内規格，品質管理状況なども併せて審査し，総合的に判定する。形式検査は，通常その製品の初回納入前に行うものであるが，第 1 回のルーチン検査及び抜取検査時に行うことができ，また，以降の取引期間中に購入者が必要と認めたとき随時行うことができる。

b）ルーチン検査

ルーチン検査は，個々の取引の製品受入の際，その品質が規格に定める規定を満たしているか否かを確認するために行うもので，全数を対象とする。購入者が形式検査によって品質水準を十分信頼できると判断した場合は，製造業者の社内試験成績書の提出をもって検査の立会を省略すること，又は検査項目の一部若しくは全部を省略することができる。

c）抜取検査

抜取検査は，個々の取引の製品受入の際，その品質が規格に定める規定を満たしているか否かを確認するために行うもので，ロットの大きさにより定まる抜取数量を対象とする。購入者が形式検査によって品質水準を十分信頼できると判断した場合は，製造業者の社内試験成績書の提出をもって検査の立会を省略すること，又は検査項目の一部若しくは全部を省略することができる。

10.2　検査の項目及び良否の判定基準

検査の項目及びその良否の判定基準は**表 17** による。

表 17 — 検査項目及び良否判定基準

検査項目	検査の種類			良否の判定基準
	形式検査	ルーチン検査	抜取検査	
外観	○	○	−	**箇条 8　表 14 a**）
構造	○	−	○	**箇条 7**
亜鉛めっき	○	−	○	**箇条 8　表 14 b**）
引張荷重	○	−	○	**箇条 8　表 14 c**）
クランプの線条掌握力	○	−	○	**箇条 8　表 14 d**）
クランプの締付強度	○	−	−	**箇条 8　表 14 e**）
注記　○印は検査を行う項目を示す。				

10.3　検査の方法

10.3.1　形式検査

形式検査は次の方法により行う。

a)　検査項目・検査数量

がいし装置，架空地線用装置（連品番）又は架線金具（品番）1 種類につき**表 17** に示す検査項目について検査を行う。その検査数量は検査項目ごとに**表 18** に示す供試個数とする。

表 18 — 形式検査の供試個数

種類	がいし装置及び架空地線用装置	架線金具			
		鉄塔取付金具	連結金具	アークホーン	クランプ
供試個数	1	3	3	3	3

b)　試験方法

「**9　試験**」に定める方法で行う。

c)　合否の判定

がいし装置，架空地線用装置，又は架線金具 1 種類につき全数が「**7　構造**」及び「**8　性能**」に適合した適合品と判定され，かつ，製造業者の社内規格，品質管理状況などを審査の結果，製造業者の品質水準が適正と認められた場合，そのがいし装置，架空地線用装置，又は架線金具について形式検査を合格とする。

10.3.2　ルーチン検査

ルーチン検査は次の方法により行う。

a)　検査項目・検査数量

表 17 に示す検査項目について行う。その検査数量は全数とする。

b)　ロットの分け方

架線金具 1 種類ごとに，1 回の受入数量を 1 ロットとし，ロットの大きさは架線金具の個数で表す。

c)　試験方法

「**9 試験**」に定める方法で行う。

d)　ロットの合否判定

表 17 に適合しない不適合品のみを不合格とし，ロットからこの不適合品を除く。不適合品を除いた場合に注文数量に満たないときは，別のロットから同様の検査によって合格した適合品をもってこれに補充するものとする。

10.3.3　抜取検査

抜取検査は次の方法により行う。

a)　検査項目

表 17 に示す検査項目について行う。

b)　ロットの分け方

架線金具 1 種類ごとに，1 回の受入数量を 1 ロットとし，ロットの大きさは架線金具の個数で表す。

c)　抜取検査における検査数量

検査項目ごとに，無作為に**表 19** により供試個数を抜き取ったものを検査数量とする。ただし，試験内容から供試品の共用が可能な場合は共用してもよい。

なお，検査のきびしさの調整は，**JIS Z 9015-1**（計数値検査に対する抜取検査手順−第 1 部：ロットごとの検査に対する AQL 指標型抜取検査方式）による。ただし，契約の最初の検査におけるきびしさは，購入者及び製造業者の協議による。

表 19 ― 抜取検査における供試個数

検査項目	供試個数
構造	**表 20** による
亜鉛めっき	**表 21** による
引張荷重	**表 21** による
クランプの線条掌握力	**表 21** による

d) 試験方法

「**9 試験**」に定める方法による。

e) ロットの合否判定

表 17 に適合しない不適合品に対する合否の判定は次による。

1) **表 20** 又は**表 21** の合格判定個数以下ならば，不適合品を除いてそのロットを合格とする。

2) **表 20** 又は**表 21** の不合格判定個数以上ならば，そのロットを不合格とする。

3) 構造検査において合格判定個数及び不合格判定個数の間にある場合は，**表 20** に示す追加検査を行い，第 1 回検査及び追加検査の不適合品の合計個数が追加検査の合格判定個数以下ならば，不適合品を除いてそのロットを合格とし，不合格判定個数以上ならばそのロットを不合格とする。

4) ゆるい検査において合格判定個数及び不合格判定個数の間にある場合は，不適合品を除いてそのロットを合格とするが，次のロットから検査のきびしさを調整する。これを条件付合格という。

以上の不適合品数の算定は**表 17** に示す検査項目別とする。

表 20 ― 抜取検査の供試個数及び判定（構造検査の場合）

1 ロットの大きさ	検査のきびしさ																				
	ゆるい検査							なみ検査							きつい検査						
	供試個数	合格判定個数	不合格判定個数	追加検査				供試個数	合格判定個数	不合格判定個数	追加検査				供試個数	合格判定個数	不合格判定個数	追加検査			
				追加供試個数	合計供試個数	合格判定個数	不合格判定個数				追加供試個数	合計供試個数	合格判定個数	不合格判定個数				追加供試個数	合計供試個数	合格判定個数	不合格判定個数
15 以下	協議による																				
16 ～ 90	2	0	1	－	－	－	－	3	0	1	－	－	－	－	5	0	1	－	－	－	－
91 ～ 150	5	0	2	5	10	1	2	8	0	2	8	16	1	2	13	0	2	13	26	1	2
151 ～ 280	5	0	2	5	10	1	2	8	0	2	8	16	1	2	13	0	2	13	26	1	2
281 ～ 500	5	0	2	5	10	1	2	13	0	3	13	26	3	4	13	0	2	13	26	1	2
501 ～ 1 200	8	0	3	8	16	3	4	20	1	3	20	40	4	5	20	0	3	20	40	3	4
1 201 ～ 3 200	13	1	3	13	26	4	5	32	2	5	32	64	6	7	32	1	3	32	64	4	5
3 201 ～ 10 000	20	2	4	20	40	5	6	50	3	6	50	100	9	10	50	2	5	50	100	6	7

表 21 — 抜取検査の供試個数及び判定（構造検査以外の場合）

1ロットの大きさ	検査のきびしさ								
	ゆるい検査			なみ検査			きつい検査		
	供試個数	合格判定個数	不合格判定個数	供試個数	合格判定個数	不合格判定個数	供試個数	合格判定個数	不合格判定個数
15 以下	協議による								
16 ～ 1200	2	0	1	3	0	1	5	0	1
1201 ～ 10000	8	1	2	13	1	2	20	1	2

11 表示

架線金具には，**表 22** に示す表示を行うものとする。

表 22 — 架線金具の表示

品目		表示事項	表示方法
鉄塔取付金具 連結金具 アークホーン	本　体	品番又はその略号，製造業者記号	(1) 判別が容易な箇所であること。 (2) 亜鉛めっき後においても判別ができること。
	ボルト及びコッタピン	製造業者記号 材質記号 { 無印：引張強さが 400 MPa 以上のもの S 又は 5：引張強さが 490 MPa 以上のもの H：引張強さが 690 MPa 以上のもの }	
クランプ	本　体	品番，製造業者記号 製造年又はその略号	
	押え金	締付トルク記号 100 N･m は 10 150 N･m は 15 170 N･m は 17 200 N･m は 20	
	ボルト	製造業者記号 材質記号 { 無印：引張強さが 400 MPa 以上のもの S 又は 5：引張強さが 490 MPa 以上のもの H：引張強さが 690 MPa 以上のもの }	

附属書 A
（規定）
がいし装置及び架空地線用装置規格図

目 次

A.1　単導体用 250 mm クレビス形懸垂がいし装置

A.1.1　1 連懸垂装置（C1S）

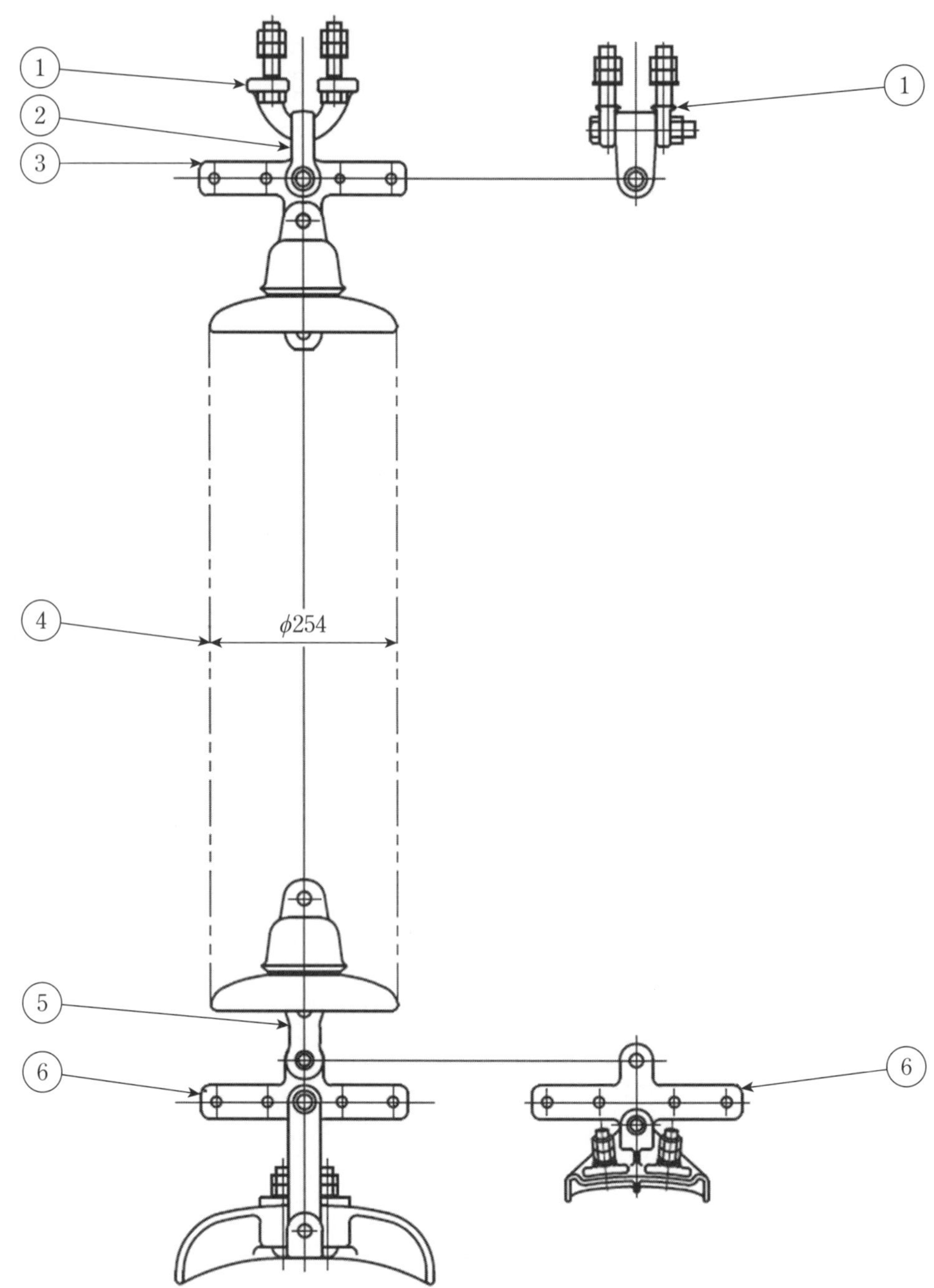

連品番		C1S8S-TF		C1S8S-TN	
引張強度 kN		80		80	
符号	品名	品番	長さ mm	品番	長さ mm
1	懸垂鉄塔取付金具	SAT-128590	55	SAT-128590	55
2	プレート形 U クレビス	UCF-865	65	UCF-865	65
3	ホーン取付金具	X-855	55	X-855	55
4	懸垂がいし	250 mm クレビス形（148 mm × n 個）			
5	平行クレビス	CP-865P	65	CP-865P	65
6	ホーン取付金具	X-855	55	X-885	85
適用クランプ		FS		SN	
適用線条		A120～330		H38～240	

連品番		C1S8S-IF		C1S8S-IN	
引張強度 kN		80		80	
符号	品名	品番	長さ mm	品番	長さ mm
1	懸垂鉄塔取付金具	IBC-1275WV-2	97	IBC-1275WV-2	97
2	プレート形 U クレビス	−	−	−	−
3	ホーン取付金具	X-855	55	X-855	55
4	懸垂がいし	250 mm クレビス形（148 mm × n 個）			
5	平行クレビス	CP-865P	65	CP-865P	65
6	ホーン取付金具	X-855	55	X-885	85
適用クランプ		FS		SN	
適用線条		A120～330		H38～240	

連品番		C1S12S	
引張強度 kN		120	
符号	品名	品番	長さ mm
1	懸垂鉄塔取付金具	SAT-128590	55
2	プレート形 U クレビス	UCF-1275	75
3	ホーン取付金具	X-1255	55
4	懸垂がいし	250 mm クレビス形（148 mm × n 個）	
5	平行クレビス	CP-1265P	65
6	ホーン取付金具	X-1255	55
適用クランプ		FS	
適用線条		A410～810	

A.1.2　2連懸垂装置（C2S）

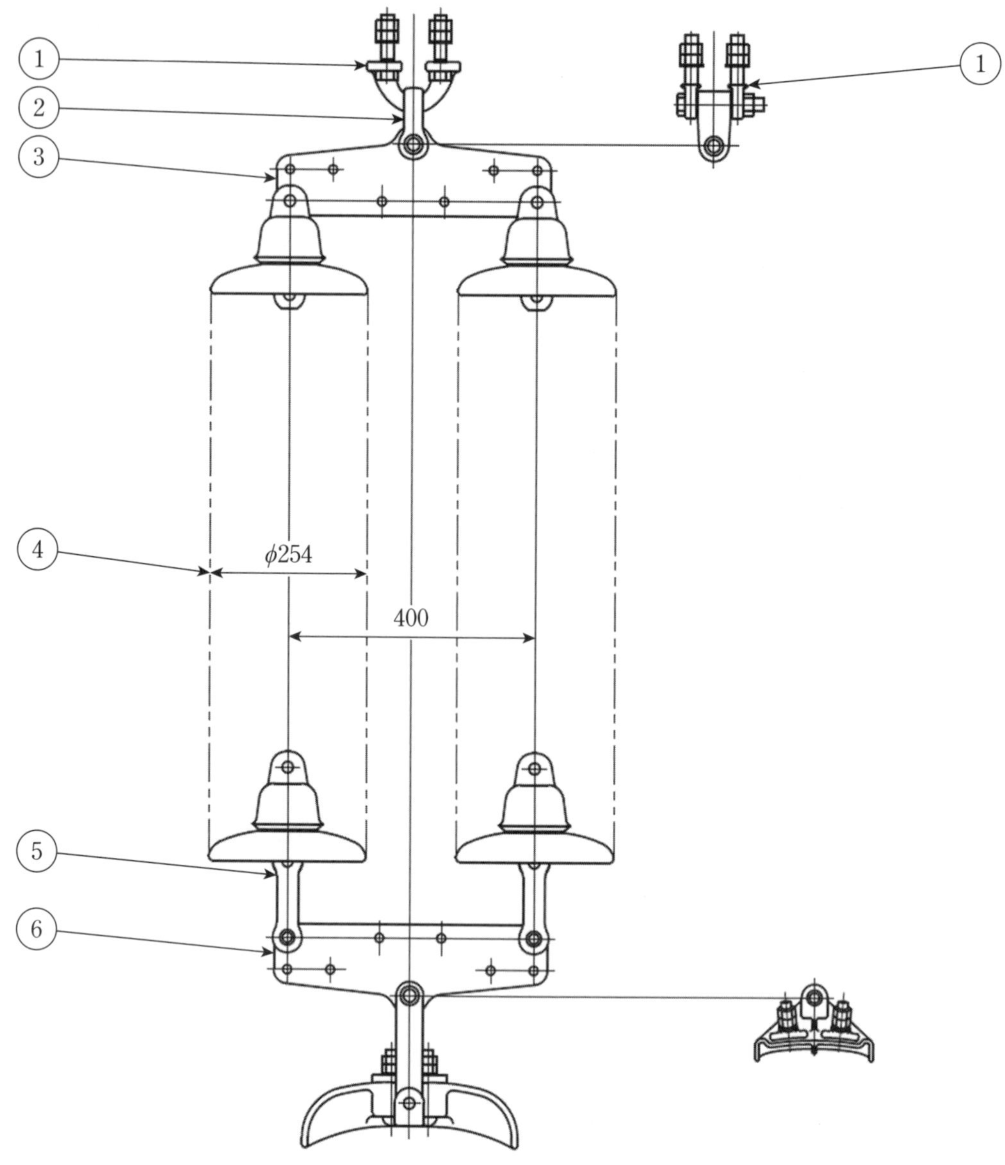

<table>
<tr><td colspan="2">連品番</td><td colspan="2">C2S8S-T</td><td colspan="2">C2S8S-I</td><td colspan="2">C2S12S</td></tr>
<tr><td colspan="2">引張強度　　　kN</td><td colspan="2">80</td><td colspan="2">80</td><td colspan="2">120</td></tr>
<tr><td>符号</td><td>品名</td><td>品番</td><td>長さ
mm</td><td>品番</td><td>長さ
mm</td><td>品番</td><td>長さ
mm</td></tr>
<tr><td>1</td><td>懸垂鉄塔取付金具</td><td>SAT-128590</td><td>55</td><td>IBC-1275WV-2</td><td>97</td><td>SAT-128590</td><td>55</td></tr>
<tr><td>2</td><td>プレート形 U クレビス</td><td>UCF-865</td><td>65</td><td>－</td><td>－</td><td>UCF-1275</td><td>75</td></tr>
<tr><td>3</td><td>2 連ヨーク</td><td>Y-840HS</td><td>70</td><td>Y-840HS</td><td>70</td><td>Y-1240HS</td><td>90</td></tr>
<tr><td>4</td><td>懸垂がいし</td><td colspan="6">250 mm クレビス形（148 mm × n 個）</td></tr>
<tr><td>5</td><td>平行クレビス</td><td>CP-812P</td><td>120</td><td>CP-812P</td><td>120</td><td>CP-812P</td><td>120</td></tr>
<tr><td>6</td><td>2 連ヨーク</td><td>Y-840HS</td><td>70</td><td>Y-840HS</td><td>70</td><td>Y-1240HS</td><td>90</td></tr>
<tr><td colspan="2">適用クランプ</td><td>FS，SN</td><td></td><td colspan="2">FS，SN</td><td colspan="2">FS</td></tr>
<tr><td colspan="2">適用線条</td><td colspan="2">A120～330，H38～240</td><td colspan="2">A120～330，H38～240</td><td colspan="2">A410～810</td></tr>
</table>

A.1.3 V 吊懸垂装置（CVS）

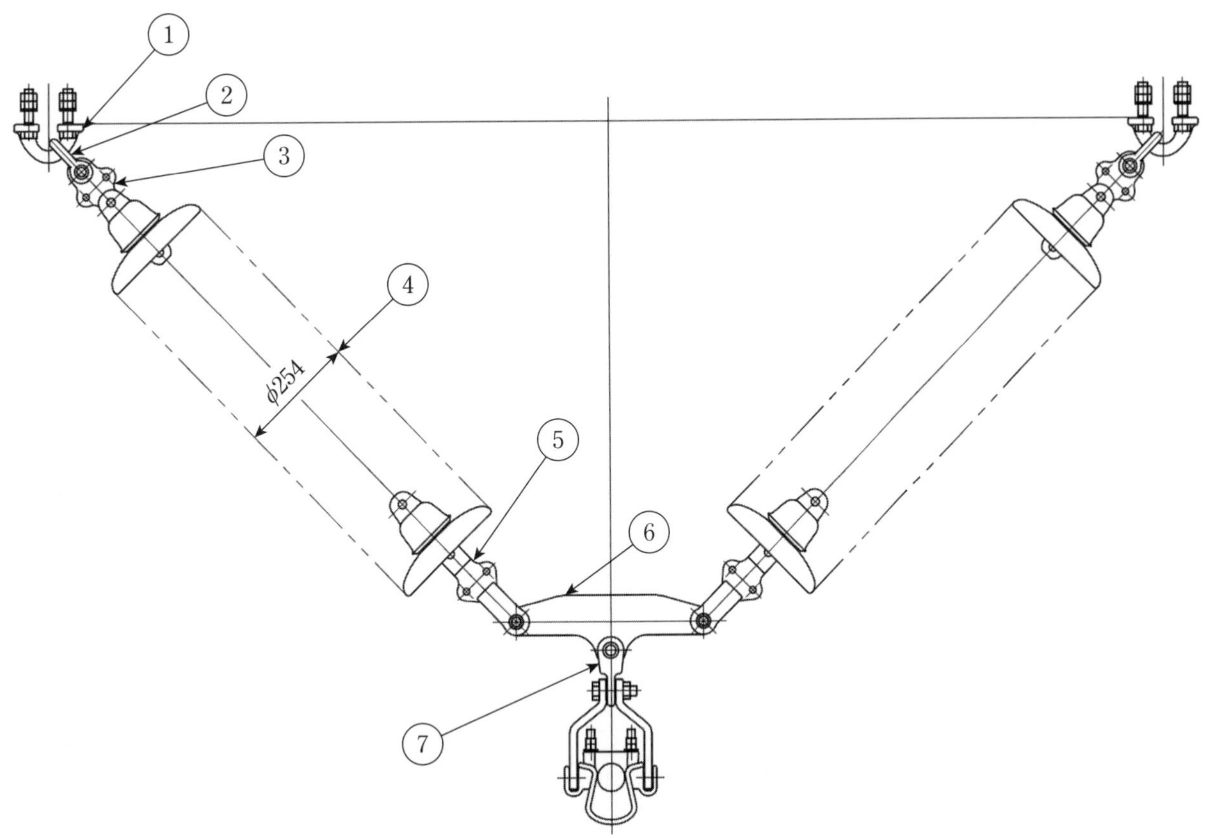

連品番		CVS8S		CVS12S	
引張強度　kN		80		120	
符号	品名	品番	長さ mm	品番	長さ mm
1	懸垂鉄塔取付金具	SAT-128590	55	SAT-128590	55
2	U クレビス	UC-1275VW-2	75	UC-1275VW-2	75
3	ホーン取付金具	LH-1290-1	90	LH-1290-1	90
4	懸垂がいし	250 mm クレビス形（148 mm × n 個）			
5	ホーン取付金具	CPH-1220-1	200	CPH-1220-1	200
6	V 吊用 2 連ヨーク	VY-1240-1	60	VY-1240-1	60
7	直角クレビスリンク	CLR-885MR	85	CLR-1285MN	85
適用クランプ		FS		FS	
適用線条		A120～330		A410～1160	
注記　絶縁設計等必要に応じ，符号 2 と 3 の間に平行クレビスリンク CLP-1215GH 又は CLP-1285GH を挿入					

A.1.4 1連耐張装置（C1T）

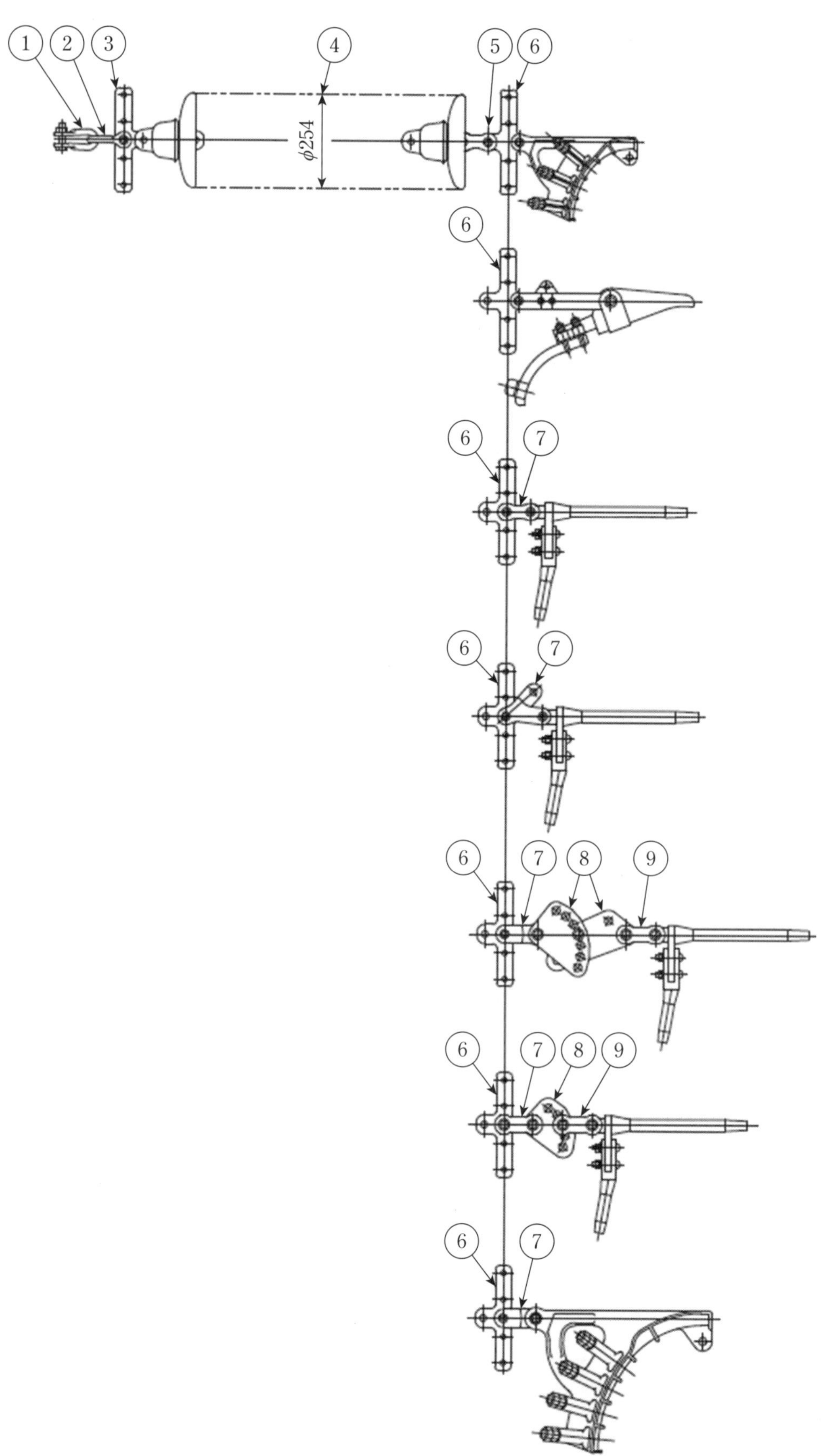

連品番		C1T8S-B		C1T8S-C		C1T8S-Y		C1S8S-W		C1S8S-D	
引張強度　kN		80		80		80		80		80	
符号	品名	品番	長さ mm	品番	長さ mm	品番	長さ mm	品番	長さ mm	品番	長さ mm
1	U クレビス	UC-885	85	UC-885	85	UC-885	85	UC-885	85	UC-885	85
2	U クレビス	UC-885	85	UC-885	85	UC-885	85	UC-885	85	UC-885	85
3	ホーン取付金具	X-855	55	X-855	55	X-855	55	X-855	55	X-855	55
4	懸垂がいし	250 mm クレビス形（148 mm × *n* 個）									
5	平行クレビス	CP-865P	65	CP-865P	65	CP-865P	65	CP-865P	65	CP-865P	65
6	ホーン取付金具	X-885	85	X-855	55	X-855	55	X-855	55	X-855	55
7	平行クレビス	–	–	CP-870	70	–	–	–	–	CP-865	65
	平行クレビスリンク	–[a]	–	–	–	–	–	CLP-865G	65	–	–
	Y 形金具	–	–	–	–	CPL-816	100	–	–	–	–
8	調整金具	–	–	–	–	–	–	DDL-814-1	140^{+200}_{-0}	–	–
	扇形一枚リンク	–	–	–	–	–	–	–	–	DL-880-1	80±20
9	平行クレビス	–	–	–	–	–	–	CP-870	70	CP-870	70
適用クランプ		ボルト，楔		圧縮		圧縮，ボルト，楔		圧縮		圧縮	
適用線条		H38～150, A120～160		A120～160		H38～150, A120～160		A120～160		A120～160	

注 [a] 補助ホーンを取り付ける場合，必要に応じ符号 6 とクランプの間に平行クレビスリンク CLP-865G を挿入

連品番		C1T12S-B		C1T12S-C		C1T12S-Y		C1T12S-W		C1T12S-D	
引張強度　kN		120		120		120		120		120	
符号	品名	品番	長さ mm	品番	長さ mm	品番	長さ mm	品番	長さ mm	品番	長さ mm
1	U クレビス	UC-1290	90	UC-1290	90	UC-1290	90	UC-1290	90	UC-1290	90
2	U クレビス	UC-1290	90	UC-1290	90	UC-1290	90	UC-1290	90	UC-1290	90
3	ホーン取付金具	X-1255	55	X-1255	55	X-1255	55	X-1255	55	X-1255	55
4	懸垂がいし	250 mm クレビス形（148 mm × *n* 個）									
5	平行クレビス	CP-1265P	65	CP-1265P	65	CP-1265P	65	CP-1265P	65	CP-1265P	65
6	ホーン取付金具	X-1255	55	X-1255	55	X-1255	55	X-1255	55	X-1255	55
7	平行クレビス	–	–	CP-1280	80	–	–	–	–	CP-1280	80
	平行クレビスリンク	CLP-1290	90	–	–	–	–	CLP-1290	90	–	–
	Y 形金具	–	–	–	–	CPL-1233	110	–	–	–	–
8	調整金具	–	–	–	–	–	–	DDL-1214-1	140^{+200}_{-0}	–	–
	扇形一枚リンク	–	–	–	–	–	–	–	–	DL-1280	80±20
9	平行クレビス	–	–	–	–	–	–	CP-1280	80	CP-1280	80
適用クランプ		ボルト，楔		圧縮		圧縮，ボルト，楔		圧縮		圧縮	
適用線条		H180～240, A200～330		A200～330		H180～240, A200～330		A200～330		A200～330	

A.1.5　2 連耐張装置（C2T）

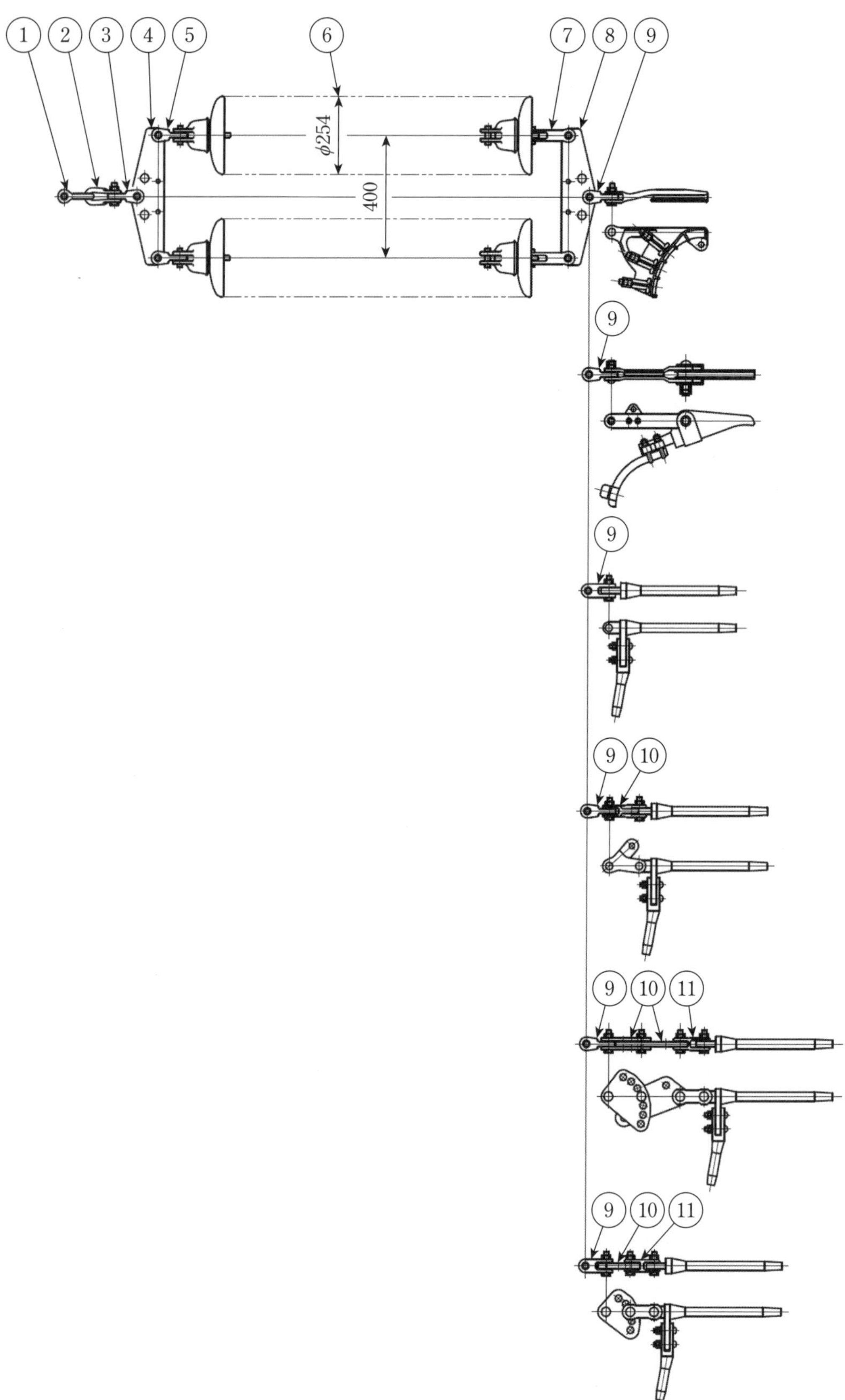

連品番		C2T8S-B		C2T8S-C		C2T8S-Y		C2T8S-W	
引張強度　kN		80		80		80		80	
符号	品名	品番	長さ mm	品番	長さ mm	品番	長さ mm	品番	長さ mm
1	U クレビス	UC-885	85	UC-885	85	UC-885	85	UC-885	85
2	U クレビス	UC-885	85	UC-885	85	UC-885	85	UC-885	85
3	直角クレビスリンク	CLR-875	75	CLR-875	75	CLR-875	75	CLR-875	75
4	2 連ヨーク	Y-840HT	70	Y-840HT	70	Y-840HT	70	Y-840HT	70
5	直角クレビスリンク	CLR-875	75	CLR-875	75	CLR-875	75	CLR-875	75
6	懸垂がいし	250 mm クレビス形（148 mm × n 個）							
7	直角クレビス	CR-812P	120	CR-812P	120	CR-812P	120	CR-812P	120
8	2 連ヨーク	Y-840HT	70	Y-840HT	70	Y-840HT	70	Y-840HT	70
9	直角クレビスリンク	CLR-875	75	–	–	CLR-875	75	CLR-875	75
	直角クレビス	–	–	CR-870	70	–	–	–	–
10	Y 形金具	–	–	–	–	CPL-816	100	–	–
	調整金具	–	–	–	–	–	–	DDL-814-1	140^{+200}_{-0}
11	平行クレビス	–	–	–	–	–	–	CP-870	70
適用クランプ		ボルト，楔		圧縮		圧縮，ボルト，楔		圧縮	
適用線条		H38～150，A120～160		A120～160		H38～150，A120～160		A120～160	

連品番		C2T12S-B		C2T12S-C		C2T12S-Y		C2T12S-W	
引張強度　kN		120		120		120		120	
符号	品名	品番	長さ mm	品番	長さ mm	品番	長さ mm	品番	長さ mm
1	U クレビス	UC-1290	90	UC-1290	90	UC-1290	90	UC-1290	90
2	U クレビス	UC-1290	90	UC-1290	90	UC-1290	90	UC-1290	90
3	直角クレビスリンク	CLR-1275	75	CLR-1275	75	CLR-1275	75	CLR-1275	75
4	2 連ヨーク	Y-1240HT	90	Y-1240HT	90	Y-1240HT	90	Y-1240HT	90
5	直角クレビスリンク	CLR-875	75	CLR-875	75	CLR-875	75	CLR-875	75
6	懸垂がいし	250 mm クレビス形（148 mm × n 個）							
7	直角クレビス	CR-812P	120	CR-812P	120	CR-812P	120	CR-812P	120
8	2 連ヨーク	Y-1240HT	90	Y-1240HT	90	Y-1240HT	90	Y-1240HT	90
9	直角クレビスリンク	CLR-1275	75	–	–	CLR-1275	75	CLR-1275	75
	直角クレビス	–	–	CR-1280	80	–	–	–	–
10	Y 形金具	–	–	–	–	CPL-1233	110	–	–
	調整金具	–	–	–	–	–	–	DDL-1214-1	140^{+200}_{-0}
11	平行クレビス	–	–	–	–	–	–	CP-1280	80
適用クランプ		ボルト，楔		圧縮		圧縮，ボルト，楔		圧縮	
適用線条		H180～240，A200～330		A200～330		H180～240，A200～330		A200～330	

連品番		C2T16S-B4		C2T16S-B6		C2T16S-C4		C2T16S-C6	
引張強度　kN		165		165		165		165	
符号	品名	品番	長さ mm	品番	長さ mm	品番	長さ mm	品番	長さ mm
1	U クレビス	UC-1695	95	UC-1695	95	UC-1695	95	UC-1695	95
2	U クレビス	UC-1695	95	UC-1695	95	UC-1695	95	UC-1695	95
3	直角クレビスリンク	CLR-1685	85	CLR-1685	85	CLR-1685	85	CLR-1685	85
4	2 連ヨーク	Y-1640HT	110	Y-1640HT	110	Y-1640HT	110	Y-1640HT	110
5	直角クレビスリンク	CLR-875	75	CLR-875	75	CLR-875	75	CLR-875	75
6	懸垂がいし	250 mm クレビス形（148 mm × n 個）							
7	直角クレビス	CR-812P	120	CR-812P	120	CR-812P	120	CR-812P	120
8	2 連ヨーク	Y-1640HT	110	Y-1640HT	110	Y-1640HT	110	Y-1640HT	110
9	直角クレビスリンク	CLR-1685	85	CLR-1685E	85	–	–	–	–
	直角クレビス	–	–	–	–	CR-1610	100	CR-1610E	100
適用クランプ		ボルト，楔		楔		圧縮		圧縮	
適用線条		A410，A610～810[a)]		A610～810		A410		A610～810	
注 a)　ボルト締付型耐張クランプのみ									

連品番		C2T16S-Y4		C2T16S-Y6		C2T16S-W4		C2T16S-W6	
引張強度　kN		165		165		165		165	
符号	品名	品番	長さ mm	品番	長さ mm	品番	長さ mm	品番	長さ mm
1	U クレビス	UC-1695	95	UC-1695	95	UC-1695	95	UC-1695	95
2	U クレビス	UC-1695	95	UC-1695	95	UC-1695	95	UC-1695	95
3	直角クレビスリンク	CLR-1685	85	CLR-1685	85	CLR-1685	85	CLR-1685	85
4	2 連ヨーク	Y-1640HT	110	Y-1640HT	110	Y-1640HT	110	Y-1640HT	110
5	直角クレビスリンク	CLR-875	75	CLR-875	75	CLR-875	75	CLR-875	75
6	懸垂がいし	250 mm クレビス形（148 mm × n 個）							
7	直角クレビス	CR-812P	120	CR-812P	120	CR-812P	120	CR-812P	120
8	2 連ヨーク	Y-1640HT	110	Y-1640HT	110	Y-1640HT	110	Y-1640HT	110
9	直角クレビスリンク	CLR-1685	85	CLR-1685	85	CLR-1685	85	CLR-1685	85
	直角クレビス	–	–	–	–	–	–	–	–
10	Y 形金具	CPL-1641	110	CPL-1661	110	–	–	–	–
	調整金具	–	–	–	–	DDL-1615-1	150^{+200}_{-0}	DDL-1615-1	150^{+200}_{-0}
11	平行クレビス	–	–	–	–	CP-1690	90	CP-1612	120
適用クランプ		圧縮，ボルト，楔		圧縮，ボルト，楔		圧縮		圧縮	
適用線条		A410，A610～810[a)]		A610～810		A410		A610～810	
注 a)　ボルト締付型耐張クランプのみ									

連品番		C2T21S-B		C2T21S-C		C2T21S-Y		C2T21S-D	
引張強度　kN		210		210		210		210	
符号	品名	品番	長さ mm	品番	長さ mm	品番	長さ mm	品番	長さ mm
1	U クレビス	UC-2410	100	UC-2410	100	UC-2410	100	UC-2410	100
2	U クレビス	UC-2410D	100	UC-2410D	100	UC-2410D	100	UC-2410D	100
3	直角クレビスリンク	CLR-2411	110	CLR-2411	110	CLR-2411	110	CLR-2411	110
4	2 連ヨーク	Y-2440HT	130	Y-2440HT	130	Y-2440HT	130	Y-2440HT	130
5	直角クレビスリンク	CLR-1275D	75	CLR-1275D	75	CLR-1275D	75	CLR-1275D	75
6	懸垂がいし	250 mm クレビス形（148 mm × n 個）							
7	直角クレビス	CR-1212P	120	CR-1212P	120	CR-1212P	120	CR-1212P	120
8	2 連ヨーク	Y-2440HT	130	Y-2440HT	130	Y-2440HT	130	Y-2440HT	130
9	直角クレビスリンク	CLR-2111	110	−	−	CLR-2111	110	−	−
	直角クレビス	−	−	CR-2112E	120	−	−	CR-2112WQ	120
10	Y 形金具	−	−	−	−	CPL-2161	110	−	−
	扇形一枚リンク	−	−	−	−	−	−	DL-2190	90±20
11	平行クレビス	−	−	−	−	−	−	CP-2112	120
適用クランプ		ボルト，楔		圧縮		圧縮，ボルト，楔		圧縮	
適用線条		A610〜810		A610〜810		A610〜810		A610〜810	

連品番		C2T24S-B		C2T24S-C		C2T24S-Y		C2T24S-D	
引張強度　kN		240		240		240		240	
符号	品名	品番	長さ mm	品番	長さ mm	品番	長さ mm	品番	長さ mm
1	U クレビス	UC-2410	100	UC-2410	100	UC-2410	100	UC-2410	100
2	U クレビス	UC-2410D	100	UC-2410D	100	UC-2410D	100	UC-2410D	100
3	直角クレビスリンク	CLR-2411	110	CLR-2411	110	CLR-2411	110	CLR-2411	110
4	2 連ヨーク	Y-2440HT	130	Y-2440HT	130	Y-2440HT	130	Y-2440HT	130
5	直角クレビスリンク	CLR-1275D	75	CLR-1275D	75	CLR-1275D	75	CLR-1275D	75
6	懸垂がいし	250 mm クレビス形（148 mm × n 個）							
7	直角クレビス	CR-1212P	120	CR-1212P	120	CR-1212P	120	CR-1212P	120
8	2 連ヨーク	Y-2440HT	130	Y-2440HT	130	Y-2440HT	130	Y-2440HT	130
9	直角クレビスリンク	CLR-2411D	110	−	−	CLR-2411	110	−	−
	直角クレビス	−	−	CR-2412	120	−	−	CR-2412	120
10	Y 形金具	−	−	−	−	CPL-2411	130	−	−
	扇形一枚リンク	−	−	−	−	−	−	DL-2410	100±20
11	平行クレビス	−	−	−	−	−	−	CP-2412KL	120
適用クランプ		ボルト，楔		圧縮		圧縮，ボルト，楔		圧縮	
適用線条		A1160		A1160		A1160		A1160	

A.2　単導体用 250 mm ボールソケット形懸垂がいし装置

A.2.1　1 連懸垂装置（B1S）

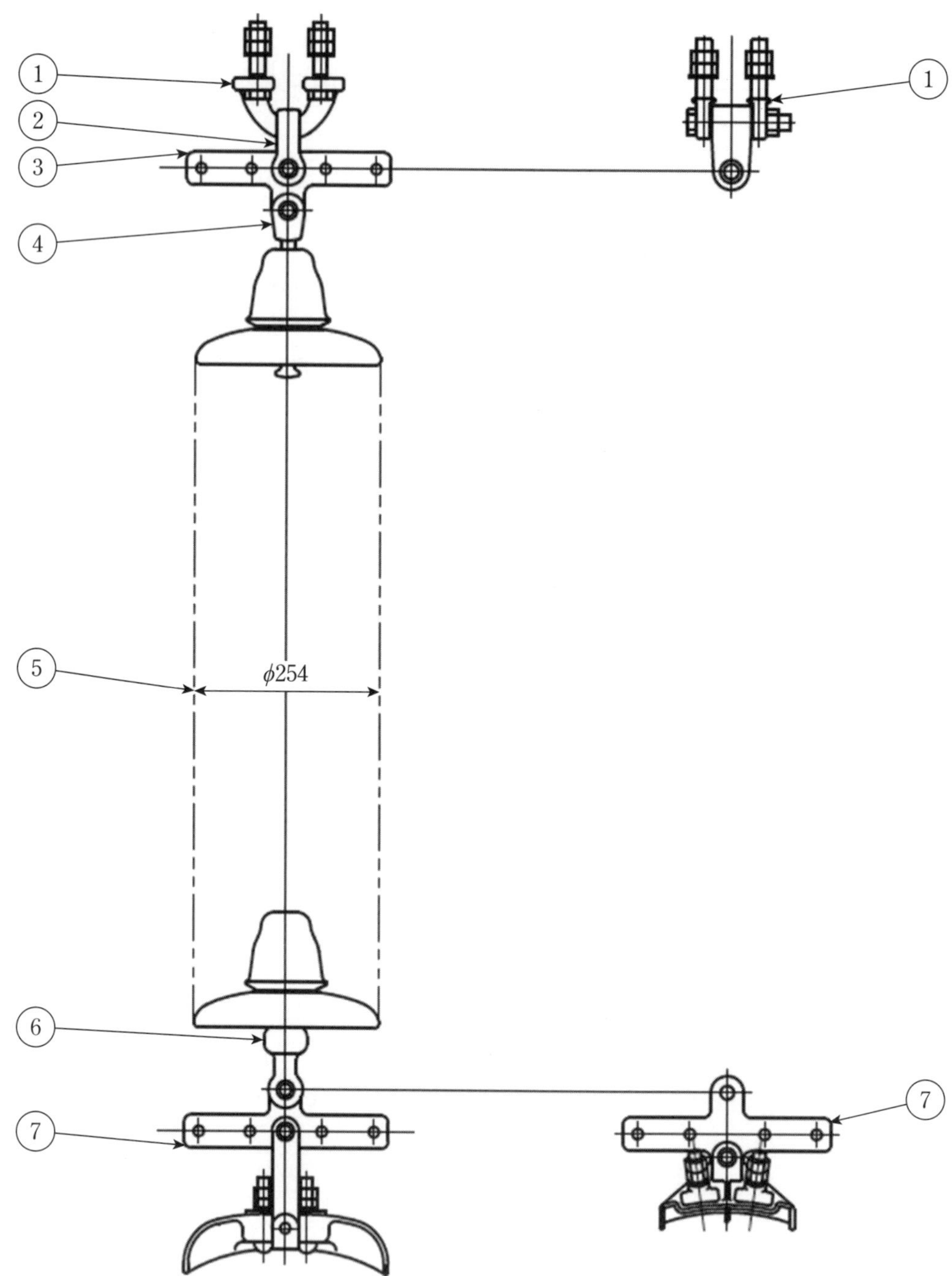

連品番		B1S8S-TF		B1S8S-TN	
引張強度　kN		80		80	
符号	品名	品番	長さ mm	品番	長さ mm
1	懸垂鉄塔取付金具	SAT-128590	55	SAT-128590	55
2	プレート形Uクレビス	UCF-865	65	UCF-865	65
3	ホーン取付金具	X-855	55	X-855	55
4	ボールクレビス	BC-875	75	BC-875	75
5	懸垂がいし	250 mm ボールソケット形（146 mm × n 個）			
6	直角ソケットクレビス	SCR-865	65	SCR-865	65
7	ホーン取付金具	X-855	55	X-885	85
適用クランプ		FS		SN	
適用線条		A120～330		H38～240	

連品番		B1S8S-IF		B1S8S-IN	
引張強度　kN		80		80	
符号	品名	品番	長さ mm	品番	長さ mm
1	懸垂鉄塔取付金具	IBC-1275WV-2	97	IBC-1275WV-2	97
2	プレート形Uクレビス	–	–	–	–
3	ホーン取付金具	X-855	55	X-855	55
4	ボールクレビス	BC-875	75	BC-875	75
5	懸垂がいし	250 mm ボールソケット形（146 mm × n 個）			
6	直角ソケットクレビス	SCR-865	65	SCR-865	65
7	ホーン取付金具	X-855	55	X-885	85
適用クランプ		FS		SN	
適用線条		A120～330		H38～240	

連品番		B1S12S		B1S16S	
引張強度　kN		120		165	
符号	品名	品番	長さ mm	品番	長さ mm
1	懸垂鉄塔取付金具	SAT-128590	55	SAT-168590	55
2	プレート形Uクレビス	UCF-1275	75	UCF-1680	80
3	ホーン取付金具	X-1255	55	X-1665	65
4	ボールクレビス	BC-1275D	75	BC-1675	75
5	懸垂がいし	250 mm ボールソケット形（146 mm × n 個）			
6	直角ソケットクレビス	SCR-1265	65	SCR-1665	65
7	ホーン取付金具	X-1255	55	X-1665	65
適用クランプ		FS		FS	
適用線条		A410～810		A810～1160	

A.2.2　2 連懸垂装置（B2S）

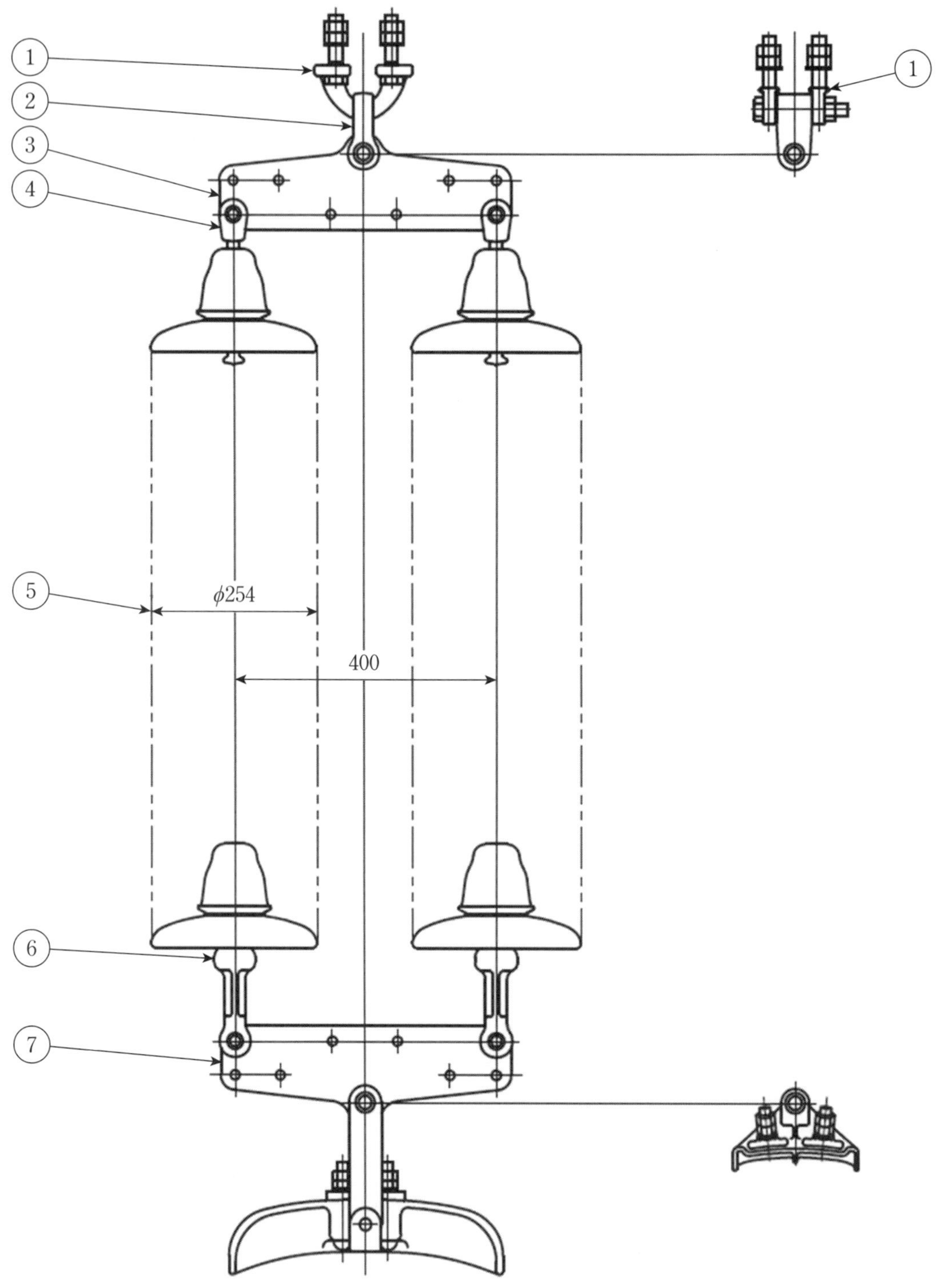

連品番		B2S8S-T		B2S8S-I	
引張強度　kN		80		80	
符号	品名	品番	長さ mm	品番	長さ mm
1	懸垂鉄塔取付金具	SAT-128590	55	IBC-1275WV-2	97
2	プレート形Uクレビス	UCF-865	65	–	–
3	2連ヨーク	Y-840HS	55	Y-840HS	55
4	ボールクレビス	BC-875	75	BC-875	75
5	懸垂がいし	250 mm ボールソケット形（146 mm × n 個）			
6	直角ソケットクレビス	SCR-812	120	SCR-812	120
7	2連ヨーク	Y-840HS	70	Y-840HS	70
適用クランプ		FS，SN		FS，SN	
適用線条		A120～330，H38～240		A120～330，H38～240	

連品番		B2S12S		B2S16S	
引張強度　kN		120		165	
符号	品名	品番	長さ mm	品番	長さ mm
1	懸垂鉄塔取付金具	SAT-128590	55	SAT-168590	55
2	プレート形Uクレビス	UCF-1275	75	UCF-1680D	80
3	2連ヨーク	Y-1240HS	90	Y-1640HS	110
4	ボールクレビス	BC-875	75	BC-875	75
5	懸垂がいし	250 mm ボールソケット形（146 mm × n 個）			
6	直角ソケットクレビス	SCR-812	120	SCR-812	120
7	2連ヨーク	Y-1240HS	90	Y-1640HS	110
適用クランプ		FS		FS	
適用線条		A410～810		A810～1160	

A.2.3　V 吊懸垂装置（BVS）

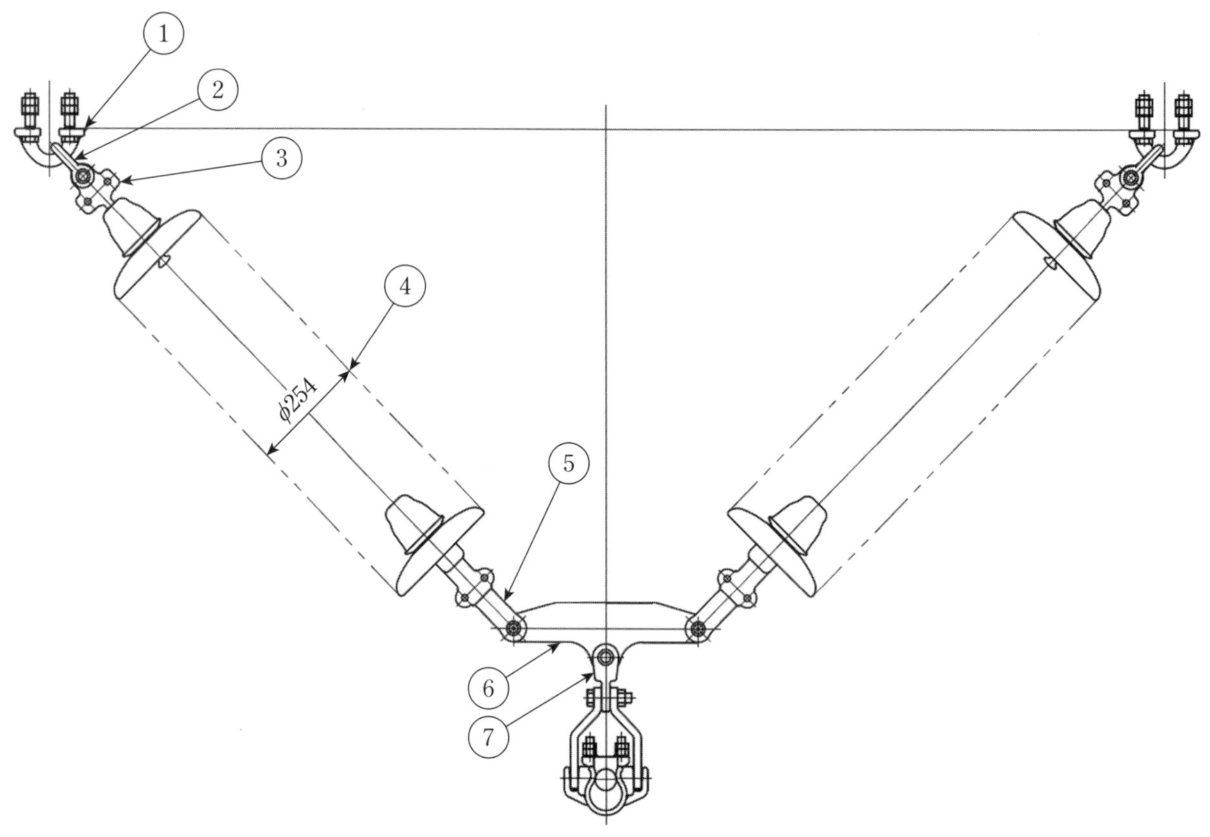

連品番		BVS8S		BVS12S	
引張強度　kN		80		120	
符号	品名	品番	長さ mm	品番	長さ mm
1	懸垂鉄塔取付金具	SAT-128590	55	SAT-128590	55
2	U クレビス	UC-1275VW-2	75	UC-1275VW-2	75
3	ホーン取付金具	BLH-1211-1	110	BLH-1211-1	110
4	懸垂がいし	250 mm ボールソケット形（146 mm × n 個）			
5	ホーン取付金具	SCH-1220-1	200	SCH-1220-1	200
6	V 吊用 2 連ヨーク	VY-1240-1	60	VY-1240-1	60
7	直角クレビスリンク	CLR-885MR	85	CLR-1285MN	85
適用クランプ		FS		FS	
適用線条		A120～330		A410～1160	
注記　絶縁設計等必要に応じ，符号 2 と 3 の間に平行クレビスリンク CLP-1215GH 又は CLP-1285GH を挿入					

A.2.4　1 連耐張装置（B1T）

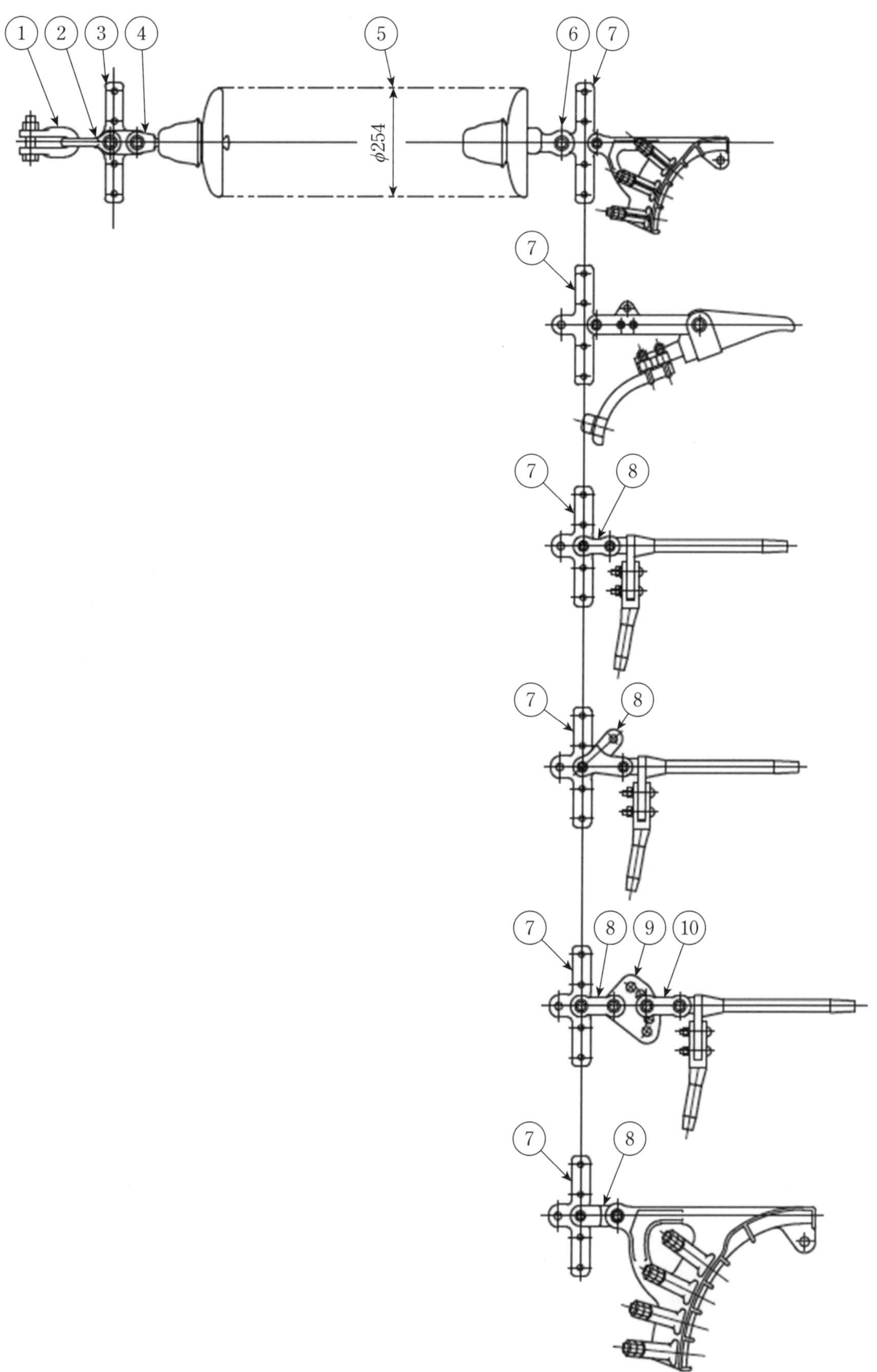

連品番		B1T8S-B		B1T8S-C		B1T8S-Y		B1T8S-D	
引張強度　kN		80		80		80		80	
符号	品名	品番	長さ mm	品番	長さ mm	品番	長さ mm	品番	長さ mm
1	U クレビス	UC-885	85	UC-885	85	UC-885	85	UC-885	85
2	U クレビス	UC-885	85	UC-885	85	UC-885	85	UC-885	85
3	ホーン取付金具	X-855	55	X-855	55	X-855	55	X-855	55
4	ボールクレビス	BC-875	75	BC-875	75	BC-875	75	BC-875	75
5	懸垂がいし	250 mm ボールソケット形（146 mm × n 個）							
6	平行ソケットクレビス	SCP-865V	65	SCP-865V	65	SCP-865V	65	SCP-865V	65
7	ホーン取付金具	X-885	85	X-885	85	X-885	85	X-855	55
8	平行クレビスリンク	–	–	–	–	–	–	–	–
	平行クレビス	–	–	CP-870	70	–	–	CP-865	65
	Y 形金具	–	–	–	–	CPL-816	100	–	–
9	扇形一枚リンク	–	–	–	–	–	–	DL-880-1	80±20
10	平行クレビス	–	–	–	–	–	–	CP-870	70
適用クランプ		ボルト，楔		圧縮		圧縮，ボルト，楔		圧縮	
適用線条		H38～150, A120～160		A120～160		H38～150, A120～160		A120～160	

連品番		B1T12S-B		B1T12S-C		B1T12S-Y		B1T12S-D	
引張強度　kN		120		120		120		120	
符号	品名	品番	長さ mm	品番	長さ mm	品番	長さ mm	品番	長さ mm
1	U クレビス	UC-1290	90	UC-1290	90	UC-1290	90	UC-1290	90
2	U クレビス	UC-1290	90	UC-1290	90	UC-1290	90	UC-1290	90
3	ホーン取付金具	X-1255	55	X-1255	55	X-1255	55	X-1255	55
4	ボールクレビス	BC-1275D	75	BC-1275D	75	BC-1275D	75	BC-1275D	75
5	懸垂がいし	250 mm ボールソケット形（146 mm × n 個）							
6	平行ソケットクレビス	SCP-1265V	65	SCP-1265V	65	SCP-1265V	65	SCP-1265V	65
7	ホーン取付金具	X-1255	55	X-1255	55	X-1255	55	X-1255	55
8	平行クレビスリンク	CLP-1290	90	–	–	–	–	–	–
	平行クレビス	–	–	CP-1280	80	–	–	CP-1280	80
	Y 形金具	–	–	–	–	CPL-1233	110	–	–
9	扇形一枚リンク	–	–	–	–	–	–	DL-1280	80±20
10	平行クレビス	–	–	–	–	–	–	CP-1280	80
適用クランプ		ボルト，楔		圧縮		圧縮，ボルト，楔		圧縮	
適用線条		H180～240, A200～330		A200～330		H180～240, A200～330		A200～330	

連品番		B1T16S-B		B1T16S-C		B1T16S-Y		B1T16S-D	
引張強度　kN		165		165		165		165	
符号	品名	品番	長さ mm	品番	長さ mm	品番	長さ mm	品番	長さ mm
1	U クレビス	UC-1695	95	UC-1695	95	UC-1695	95	UC-1695	95
2	U クレビス	UC-1695	95	UC-1695	95	UC-1695	95	UC-1695	95
3	ホーン取付金具	X-1665	65	X-1665	65	X-1665	65	X-1665	65
4	ボールクレビス	BC-1675	75	BC-1675	75	BC-1675	75	BC-1675	75
5	懸垂がいし	250 mm ボールソケット形（146 mm × n 個）							
6	平行ソケットクレビス	SCP-1665	65	SCP-1665	65	SCP-1665	65	SCP-1665	65
7	ホーン取付金具	X-1665	65	X-1665	65	X-1665	65	X-1665	65
8	平行クレビスリンク	CLP-16105	105	–	–	–	–	–	–
	平行クレビス	–	–	CP-1690	90	–	–	CP-1690	90
	Y 形金具	–	–	–	–	CPL-1641	110	–	–
9	扇形一枚リンク	–	–	–	–	–	–	DL-1680	80±20
10	平行クレビス	–	–	–	–	–	–	CP-1690	90
適用クランプ		ボルト，楔		圧縮		圧縮，ボルト，楔		圧縮	
適用線条		A410，A610[a]		A410		A410		A410	
注 [a]　ボルト締付型耐張クランプのみ									

A.2.5　2 連耐張装置（B2T）

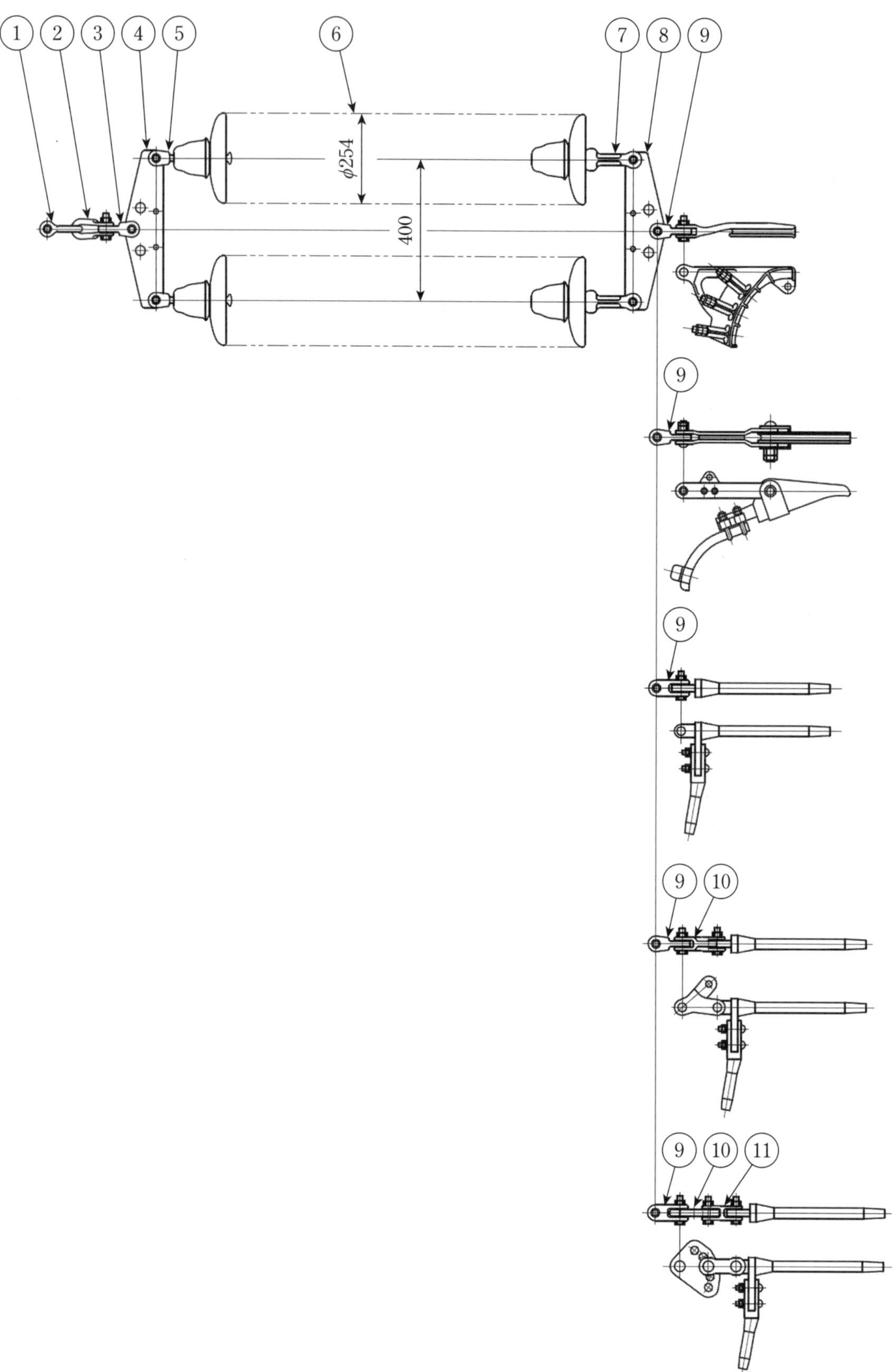

連品番		B2T12S-B		B2T12S-C		B2T12S-Y	
引張強度　kN		120		120		120	
符号	品名	品番	長さ mm	品番	長さ mm	品番	長さ mm
1	U クレビス	UC-1290	90	UC-1290	90	UC-1290	90
2	U クレビス	UC-1290	90	UC-1290	90	UC-1290	90
3	直角クレビスリンク	CLR-1275	75	CLR-1275	75	CLR-1275	75
4	2 連ヨーク	Y-1240HT	90	Y-1240HT	90	Y-1240HT	90
5	ボールクレビス	BC-875	75	BC-875	75	BC-875	75
6	懸垂がいし	250 mm ボールソケット形（146 mm × n 個）					
7	直角ソケットクレビス	SCR-812	120	SCR-812	120	SCR-812	120
8	2 連ヨーク	Y-1240HT	90	Y-1240HT	90	Y-1240HT	90
9	直角クレビスリンク	CLR-1275	75	–	–	CLR-1275	75
	直角クレビス	–	–	CR-1280	80	–	–
10	Y 形金具	–	–	–	–	CPL-1233	110
適用クランプ		ボルト，楔		圧縮		圧縮，ボルト，楔	
適用線条		H180～240, A200～330		A200～330		H180～240, A200～330	

連品番		B2T16S-B4		B2T16S-B6		B2T16S-C4		B2T16S-C6	
引張強度　kN		165		165		165		165	
符号	品名	品番	長さ mm	品番	長さ mm	品番	長さ mm	品番	長さ mm
1	U クレビス	UC-1695	95	UC-1695	95	UC-1695	95	UC-1695	95
2	U クレビス	UC-1695	95	UC-1695	95	UC-1695	95	UC-1695	95
3	直角クレビスリンク	CLR-1685	85	CLR-1685	85	CLR-1685	85	CLR-1685	85
4	2 連ヨーク	Y-1640HT	110	Y-1640HT	110	Y-1640HT	110	Y-1640HT	110
5	ボールクレビス	BC-875	75	BC-875	75	BC-875	75	BC-875	75
6	懸垂がいし	250 mm ボールソケット形（146 mm × n 個）							
7	直角ソケットクレビス	SCR-812	120	SCR-812	120	SCR-812	120	SCR-812	120
8	2 連ヨーク	Y-1640HT	110	Y-1640HT	110	Y-1640HT	110	Y-1640HT	110
9	直角クレビスリンク	CLR-1685	85	CLR-1685E	85	–	–	–	–
	直角クレビス	–	–	–	–	CR-1610	100	CR-1610E	100
適用クランプ		ボルト，楔		楔		圧縮		圧縮	
適用線条		A410，A610～810		A610～810		A410		A610～810	

連品番		B2T16S-Y4		B2T16S-Y6		B2T16S-D	
引張強度　kN		165		165		165	
符号	品名	品番	長さ mm	品番	長さ mm	品番	長さ mm
1	U クレビス	UC-1695	95	UC-1695	95	UC-1695	95
2	U クレビス	UC-1695	95	UC-1695	95	UC-1695	95
3	直角クレビスリンク	CLR-1685	85	CLR-1685	85	CLR-1685	85
4	2 連ヨーク	Y-1640HT	110	Y-1640HT	110	Y-1640HT	110
5	ボールクレビス	BC-875	75	BC-875	75	BC-875	75
6	懸垂がいし	250 mm ボールソケット形（146 mm × n 個）					
7	直角ソケットクレビス	SCR-812	120	SCR-812	120	SCR-812	120
8	2 連ヨーク	Y-1640HT	110	Y-1640HT	110	Y-1640HT	110
9	直角クレビスリンク	CLR-1685	85	CLR-1685	85	−	−
	直角クレビス	−	−	−	−	CR-1610	100
10	Y 形金具	CPL-1641	110	CPL-1661	110	−	−
	扇形一枚リンク	−	−	−	−	DL-1680	80±20
11	平行クレビス	−	−	−	−	CP-1690	90
適用クランプ		圧縮，ボルト，楔		圧縮，ボルト，楔		圧縮	
適用線条		A410		A610～810		A410	

連品番		B2T21S-B		B2T21S-C		B2T21S-Y		B2T21S-D	
引張強度　kN		210		210		210		210	
符号	品名	品番	長さ mm	品番	長さ mm	品番	長さ mm	品番	長さ mm
1	U クレビス	UC-2410	100	UC-2410	100	UC-2410	100	UC-2410	100
2	U クレビス	UC-2410D	100	UC-2410D	100	UC-2410D	100	UC-2410D	100
3	直角クレビスリンク	CLR-2411	110	CLR-2411	110	CLR-2411	110	CLR-2411	110
4	2 連ヨーク	Y-2440HT	130	Y-2440HT	130	Y-2440HT	130	Y-2440HT	130
5	ボールクレビス	BC-1275	75	BC-1275	75	BC-1275	75	BC-1275	75
6	懸垂がいし	250 mm ボールソケット形（146 mm × n 個）							
7	直角ソケットクレビス	SCR-1212	120	SCR-1212	120	SCR-1212	120	SCR-1212	120
8	2 連ヨーク	Y-2440HT	130	Y-2440HT	130	Y-2440HT	130	Y-2440HT	130
9	直角クレビスリンク	CLR-2111	110	−	−	CLR-2111	110	−	−
	直角クレビス	−	−	CR-2112E	120	−	−	CR-2112WQ	120
10	Y 形金具	−	−	−	−	CPL-2161	110	−	−
	扇形一枚リンク	−	−	−	−	−	−	DL-2190	90±20
11	平行クレビス	−	−	−	−	−	−	CP-2112	120
適用クランプ		ボルト，楔		圧縮		圧縮，ボルト，楔		圧縮	
適用線条		A610～810		A610～810		A610～810		A610～810	

連品番		B2T24S-B		B2T24S-C		B2T24S-Y		B2T24S-D	
引張強度　kN		240		240		240		240	
符号	品名	品番	長さ mm	品番	長さ mm	品番	長さ mm	品番	長さ mm
1	U クレビス	UC-2410	100	UC-2410	100	UC-2410	100	UC-2410	100
2	U クレビス	UC-2410D	100	UC-2410D	100	UC-2410D	100	UC-2410D	100
3	直角クレビスリンク	CLR-2411	110	CLR-2411	110	CLR-2411	110	CLR-2411	110
4	2 連ヨーク	Y-2440HT	130	Y-2440HT	130	Y-2440HT	130	Y-2440HT	130
5	ボールクレビス	BC-1275	75	BC-1275	75	BC-1275	75	BC-1275	75
6	懸垂がいし	250 mm ボールソケット形（146 mm × n 個）							
7	直角ソケットクレビス	SCR-1212	120	SCR-1212	120	SCR-1212	120	SCR-1212	120
8	2 連ヨーク	Y-2440HT	130	Y-2440HT	130	Y-2440HT	130	Y-2440HT	130
9	直角クレビスリンク	CLR-2411	110	−	−	CLR-2411	110	−	−
	直角クレビス	−	−	CR-2412	120	−	−	CR-2412	120
10	Y 形金具	−	−	−	−	CPL-2411	130	−	−
	扇形一枚リンク	−	−	−	−	−	−	DL-2410	100±20
11	平行クレビス	−	−	−	−	−	−	CP-2412KL	120
適用クランプ		ボルト，楔		圧縮		圧縮，ボルト，楔		圧縮	
適用線条		A1160		A1160		A1160		A1160	

A.3　単導体用長幹がいし装置

A.3.1　1 連懸垂装置（L1S）

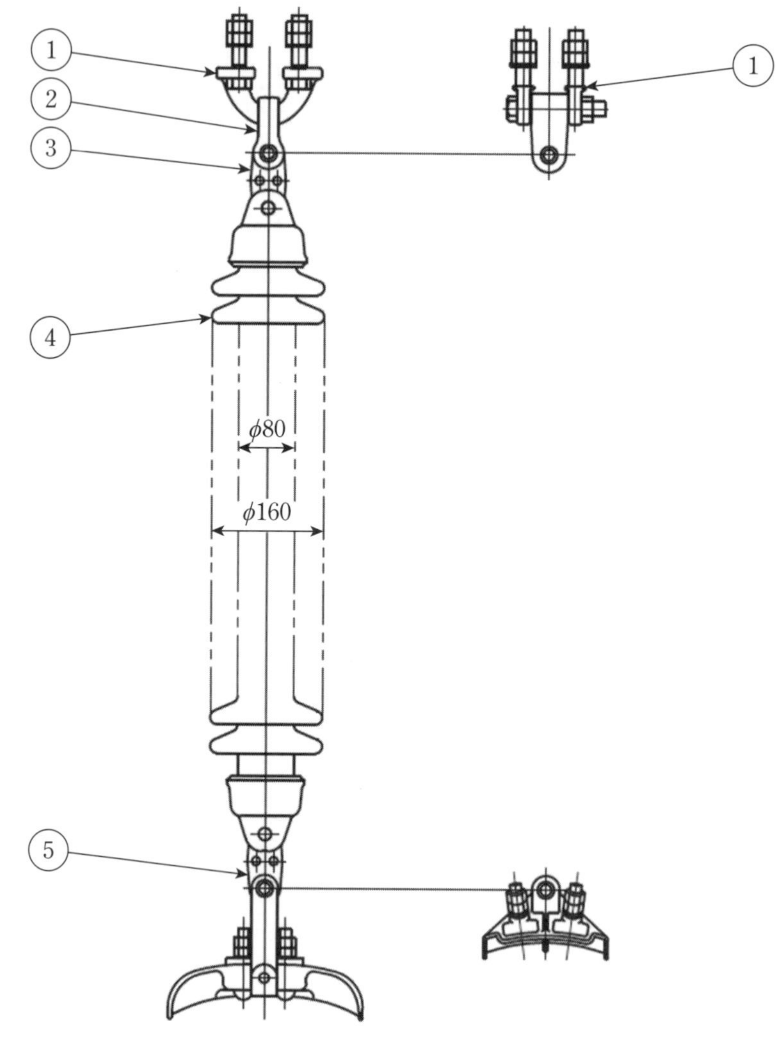

連品番		L1S8S-T		L1S8S-I		L1S12S	
引張強度　kN		80		80		120	
符号	品名	品番	長さ mm	品番	長さ mm	品番	長さ mm
1	懸垂鉄塔取付金具	SAT-128590	55	IBC-1275WV-2	97	SAT-128590	55
2	プレート形 U クレビス	UCF-865	65	–	–	UCF-1275	75
3	ホーン取付金具	LX-876	76	LX-876	76	LX-1278	78
4	長幹がいし	(120 kN)					
5	ホーン取付金具	LX-876	76	LX-876	76	LX-1278	78
適用クランプ		FS，SN		FS，SN		FS	
適用線条		A120～330，H38～240		A120～330，H38～240		A410～810	

A.3.2　2 連懸垂装置（L2S）

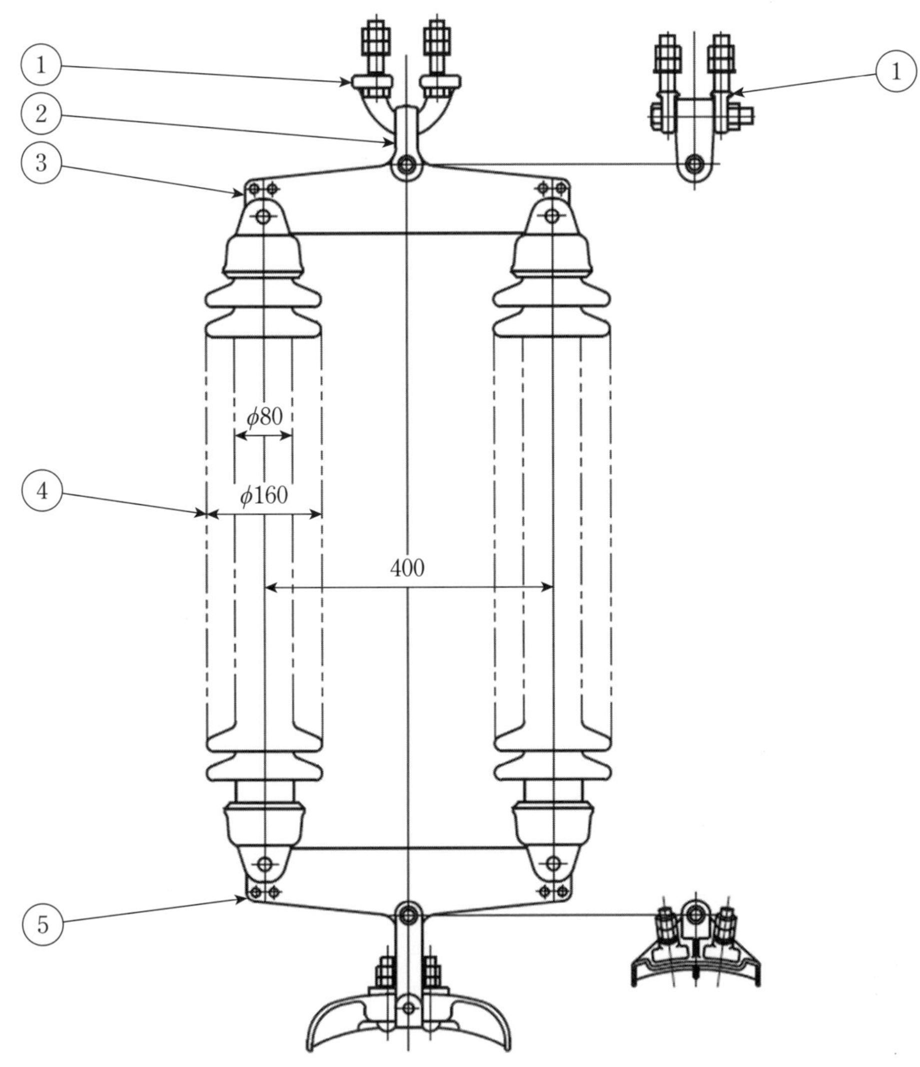

連品番		L2S8S-T		L2S8S-I		L2S12S	
引張強度　kN		80		80		120	
符号	品名	品番	長さ mm	品番	長さ mm	品番	長さ mm
1	懸垂鉄塔取付金具	SAT-128590	55	IBC-1275WV-2	97	SAT-128590	55
2	プレート形 U クレビス	UCF-865	65	－	－	UCF-1275	75
3	2 連ヨーク	YL-840	70	YL-840	70	YL-1240	90
4	長幹がいし	(120 kN)					
5	2 連ヨーク	YL-840	70	YL-840	70	YL-1240	90
適用クランプ		FS，SN		FS，SN		FS	
適用線条		A120～330，H38～240		A120～330，H38～240		A410～810	

A.3.3　1 連耐張装置（L1T）

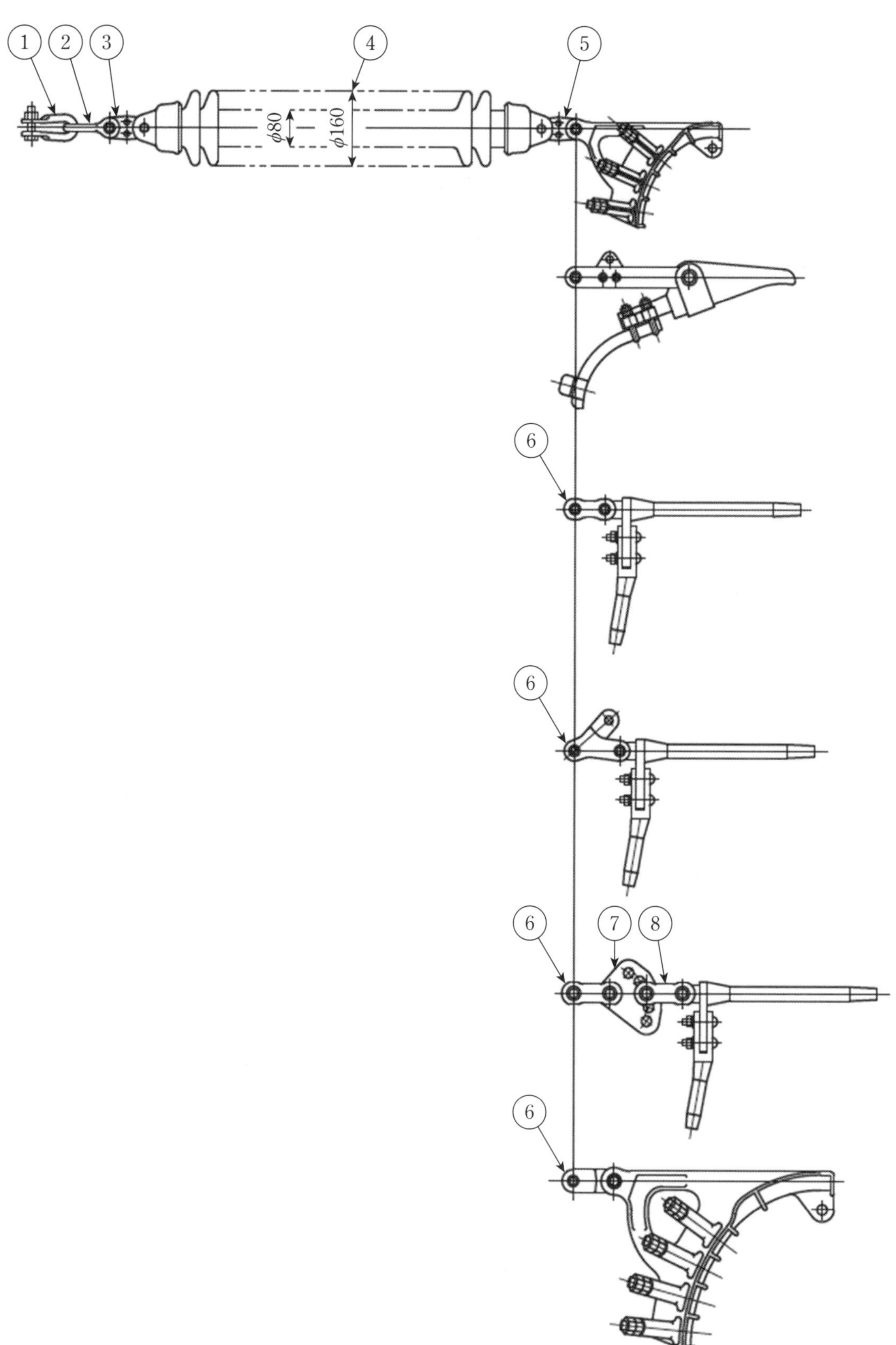

連品番		L1T8S-B		L1T8S-C		L1T8S-Y		L1T8S-D	
引張強度　kN		80		80		80		80	
符号	品名	品番	長さ mm	品番	長さ mm	品番	長さ mm	品番	長さ mm
1	U クレビス	UC-885	85	UC-885	85	UC-885	85	UC-885	85
2	U クレビス	UC-885	85	UC-885	85	UC-885	85	UC-885	85
3	ホーン取付金具	LX-876	76	LX-876	76	LX-876	76	LX-876	76
4	長幹がいし	(120 kN)							
5	ホーン取付金具	LX-876	76	LX-876	76	LX-876	76	LX-876	76
6	平行クレビス	−	−	CP-870	70	−	−	CP-865	65
	Y 形金具	−	−	−	−	CPL-816	100	−	−
7	扇形一枚リンク	−	−	−	−	−	−	DL-880-1	80±20
8	平行クレビス	−	−	−	−	−	−	CP-870	70
適用クランプ		ボルト，楔		圧縮		圧縮，ボルト，楔		圧縮	
適用線条		H38～150, A120～160		A120～160		H38～150, A120～160		A120～160	

連品番		L1T12S-B		L1T12S-C		L1T12S-Y		L1T12S-D	
引張強度　kN		120		120		120		120	
符号	品名	品番	長さ mm	品番	長さ mm	品番	長さ mm	品番	長さ mm
1	U クレビス	UC-1290	90	UC-1290	90	UC-1290	90	UC-1290	90
2	U クレビス	UC-1290	90	UC-1290	90	UC-1290	90	UC-1290	90
3	ホーン取付金具	LX-1278	78	LX-1278	78	LX-1278	78	LX-1278	78
4	懸垂がいし	(120 kN)							
5	ホーン取付金具	LX-1278	78	LX-1278	78	LX-1278	78	LX-1278	78
6	平行クレビスリンク	CLP-1290	90	−	−	−	−	−	−
	平行クレビス	−	−	CP-1280	80	−	−	CP-1280	80
	Y 形金具	−	−	−	−	CPL-1233	110	−	−
7	扇形一枚リンク	−	−	−	−	−	−	DL-1280	80±20
8	平行クレビス	−	−	−	−	−	−	CP-1280	80
適用クランプ		ボルト，楔		圧縮		圧縮，ボルト，楔		圧縮	
適用線条		H180～240, A200～330		A200～330		H180～240, A200～330		A200～330	

A.3.4　2 連耐張装置（L2T）

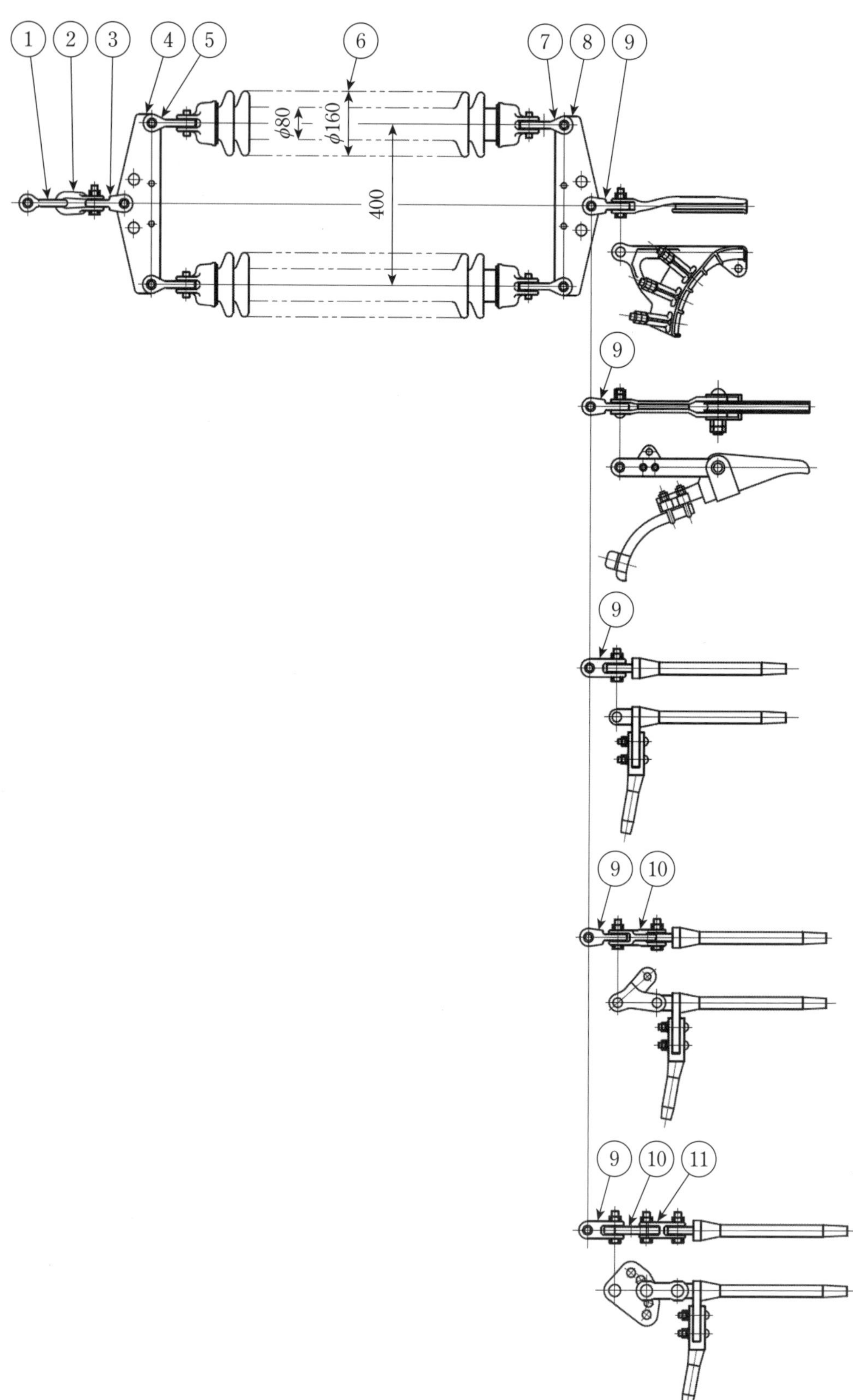

連品番		L2T8S-B		L2T8S-C		L2T8S-Y	
引張強度　kN		80		80		80	
符号	品名	品番	長さ mm	品番	長さ mm	品番	長さ mm
1	U クレビス	UC-885	85	UC-885	85	UC-885	85
2	U クレビス	UC-885	85	UC-885	85	UC-885	85
3	直角クレビスリンク	CLR-875	75	CLR-875	75	CLR-875	75
4	2 連ヨーク	Y-840HT	70	Y-840HT	70	Y-840HT	70
5	ホーン取付金具	CLX-890	90	CLX-890	90	CLX-890	90
6	長幹がいし	(120 kN)					
7	ホーン取付金具	CLX-890	90	CLX-890	90	CLX-890	90
8	2 連ヨーク	Y-840HT	70	Y-840HT	70	Y-840HT	70
9	直角クレビスリンク	CLR-875	75	–	–	CLR-875	75
	直角クレビス	–	–	CR-870	70	–	–
10	Y 形金具	–	–	–	–	CPL-816	100
適用クランプ		ボルト，楔		圧縮		圧縮，ボルト，楔	
適用線条		H38～150, A120～160		A120～160		H38～150, A120～160	

連品番		L2T12S-B		L2T12S-C		L2T12S-Y		L2T12S-D	
引張強度　kN		120		120		120		120	
符号	品名	品番	長さ mm	品番	長さ mm	品番	長さ mm	品番	長さ mm
1	U クレビス	UC-1290	90	UC-1290	90	UC-1290	90	UC-1290	90
2	U クレビス	UC-1290	90	UC-1290	90	UC-1290	90	UC-1290	90
3	直角クレビスリンク	CLR-1275	75	CLR-1275	75	CLR-1275	75	CLR-1275	75
4	2 連ヨーク	Y-1240HT	90	Y-1240HT	90	Y-1240HT	90	Y-1240HT	90
5	ホーン取付金具	CLX-890	90	CLX-890	90	CLX-890	90	CLX-890	90
6	長幹がいし	(120 kN)							
7	ホーン取付金具	CLX-890	90	CLX-890	90	CLX-890	90	CLX-890	90
8	2 連ヨーク	Y-1240HT	90	Y-1240HT	90	Y-1240HT	90	Y-1240HT	90
9	直角クレビスリンク	CLR-1275	75	–	–	CLR-1275	75	–	–
	直角クレビス	–	–	CR-1280	80	–	–	CR-1280	80
10	Y 形金具	–	–	–	–	CPL-1233	110	–	–
	扇形一枚リンク	–	–	–	–	–	–	DL-1280	80±20
11	平行クレビス	–	–	–	–	–	–	CP-1280	80
適用クランプ		ボルト，楔		圧縮		圧縮，ボルト，楔		圧縮	
適用線条		H180～240, A200～330		A200～330		H180～240, A200～330		A200～330	

連品番		L2T16S-B4		L2T16S-B6		L2T16S-C4		L2T16S-C6	
引張強度　kN		165		165		165		165	
符号	品名	品番	長さ mm	品番	長さ mm	品番	長さ mm	品番	長さ mm
1	U クレビス	UC-1695	95	UC-1695	95	UC-1695	95	UC-1695	95
2	U クレビス	UC-1695	95	UC-1695	95	UC-1695	95	UC-1695	95
3	直角クレビスリンク	CLR-1685	85	CLR-1685	85	CLR-1685	85	CLR-1685	85
4	2 連ヨーク	Y-1640HT	110	Y-1640HT	110	Y-1640HT	110	Y-1640HT	110
5	ホーン取付金具	CLX-890	90	CLX-890	90	CLX-890	90	CLX-890	90
6	長幹がいし	(120 kN)							
7	ホーン取付金具	CLX-890	90	CLX-890	90	CLX-890	90	CLX-890	90
8	2 連ヨーク	Y-1640HT	110	Y-1640HT	110	Y-1640HT	110	Y-1640HT	110
9	直角クレビスリンク	CLR-1685	85	CLR-1685E	85	–	–	–	–
	直角クレビス	–	–	–	–	CR-1610	100	CR-1610E	100
適用クランプ		ボルト，楔		楔		圧縮		圧縮	
適用線条		A410，A610～810[a)]		A610～810		A410		A610～810	
注 [a)]　ボルト締付型耐張クランプのみ									

連品番		L2T16S-Y4		L2T16S-Y6		L2T16S-D	
引張強度　kN		165		165		165	
符号	品名	品番	長さ mm	品番	長さ mm	品番	長さ mm
1	U クレビス	UC-1695	95	UC-1695	95	UC-1695	95
2	U クレビス	UC-1695	95	UC-1695	95	UC-1695	95
3	直角クレビスリンク	CLR-1685	85	CLR-1685	85	CLR-1685	85
4	2 連ヨーク	Y-1640HT	110	Y-1640HT	110	Y-1640HT	110
5	ホーン取付金具	CLX-890	90	CLX-890	90	CLX-890	90
6	長幹がいし	(120 kN)					
7	ホーン取付金具	CLX-890	90	CLX-890	90	CLX-890	90
8	2 連ヨーク	Y-1640HT	110	Y-1640HT	110	Y-1640HT	110
9	直角クレビスリンク	CLR-1685	85	CLR-1685	85	–	–
	直角クレビス	–	–	–	–	CR-1610	100
10	Y 形金具	CPL-1641	110	CPL-1661	110	–	–
	扇形一枚リンク	–	–	–	–	DL-1680	80±20
11	平行クレビス	–	–	–	–	CP-1690	90
適用クランプ		圧縮，ボルト，楔		圧縮，ボルト，楔		圧縮	
適用線条		A410，A610～810[a)]		A610～810		A410	
注 [a)]　ボルト締付型耐張クランプのみ							

連品番		L2T21S-B		L2T21S-C		L2T21S-Y		L2T21S-D	
引張強度　kN		210		210		210		210	
符号	品名	品番	長さ mm	品番	長さ mm	品番	長さ mm	品番	長さ mm
1	Uクレビス	UC-2410	100	UC-2410	100	UC-2410	100	UC-2410	100
2	Uクレビス	UC-2410D	100	UC-2410D	100	UC-2410D	100	UC-2410D	100
3	直角クレビスリンク	CLR-2411	110	CLR-2411	110	CLR-2411	110	CLR-2411	110
4	2連ヨーク	Y-2440HT	130	Y-2440HT	130	Y-2440HT	130	Y-2440HT	130
5	ホーン取付金具	CLX-1210	100	CLX-1210	100	CLX-1210	100	CLX-1210	100
6	長幹がいし	(120 kN)							
7	ホーン取付金具	CLX-1210	100	CLX-1210	100	CLX-1210	100	CLX-1210	100
8	2連ヨーク	Y-2440HT	130	Y-2440HT	130	Y-2440HT	130	Y-2440HT	130
9	直角クレビスリンク	CLR-2111	110	–	–	CLR-2111	110	–	–
	直角クレビス	–	–	CR-2112E	120	–	–	CR-2112WQ	120
10	Y形金具	–	–	–	–	CPL-2161	110	–	–
	扇形一枚リンク	–	–	–	–	–	–	DL-2190	90±20
11	平行クレビス	–	–	–	–	–	–	CP-2112	120
適用クランプ		ボルト，楔		圧縮		圧縮，ボルト，楔		圧縮	
適用線条		A610〜810		A610〜810		A610〜810		A610〜810	

A.3.5　1連懸垂装置（2L1S）

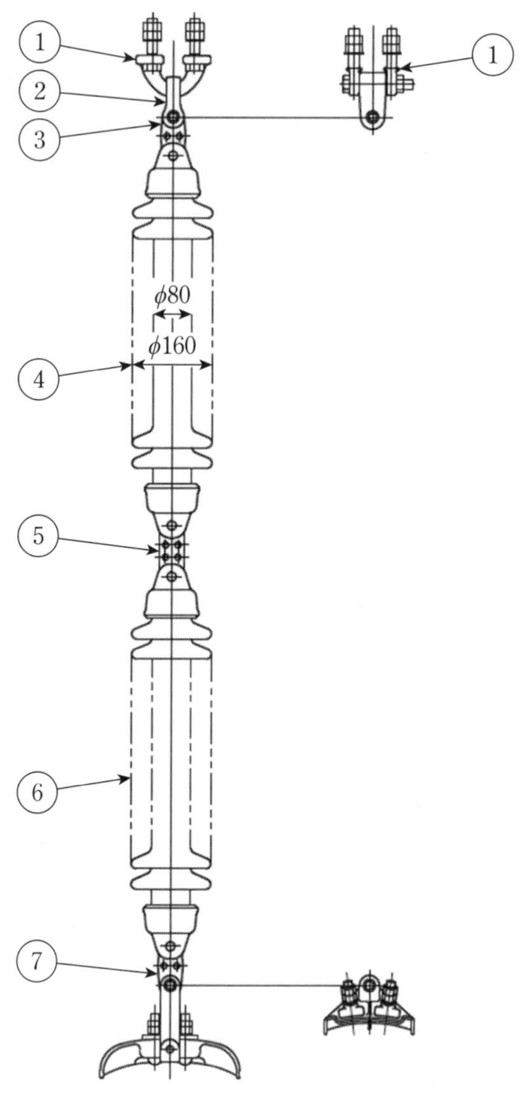

<table>
<tr><td colspan="2">連品番</td><td colspan="2">2L1S8S-T</td><td colspan="2">2L1S8S-I</td><td colspan="2">2L1S12S</td></tr>
<tr><td colspan="2">引張強度　kN</td><td colspan="2">80</td><td colspan="2">80</td><td colspan="2">120</td></tr>
<tr><td>符号</td><td>品名</td><td>品番</td><td>長さ
mm</td><td>品番</td><td>長さ
mm</td><td>品番</td><td>長さ
mm</td></tr>
<tr><td>1</td><td>懸垂鉄塔取付金具</td><td>SAT-128590</td><td>55</td><td>IBC-1275WV-2</td><td>97</td><td>SAT-128590</td><td>55</td></tr>
<tr><td>2</td><td>プレート形Uクレビス</td><td>UCF-865</td><td>65</td><td>–</td><td>–</td><td>UCF-1275</td><td>75</td></tr>
<tr><td>3</td><td>ホーン取付金具</td><td>LX-876</td><td>76</td><td>LX-876</td><td>76</td><td>LX-1278</td><td>78</td></tr>
<tr><td>4</td><td>長幹がいし</td><td colspan="6">（120 kN）</td></tr>
<tr><td>5</td><td>ホーン取付金具</td><td>LX-1210</td><td>100</td><td>LX-1210</td><td>100</td><td>LX-1210</td><td>100</td></tr>
<tr><td>6</td><td>長幹がいし</td><td colspan="6">（120 kN）</td></tr>
<tr><td>7</td><td>ホーン取付金具</td><td>LX-876</td><td>76</td><td>LX-876</td><td>76</td><td>LX-1278</td><td>78</td></tr>
<tr><td colspan="2">適用クランプ</td><td colspan="2">FS，SN</td><td colspan="2">FS，SN</td><td colspan="2">FS</td></tr>
<tr><td colspan="2">適用線条</td><td colspan="2">A120～330，H38～240</td><td colspan="2">A120～330，H38～240</td><td colspan="2">A410～810</td></tr>
</table>

A.3.6　2 連懸垂装置（2L2S）

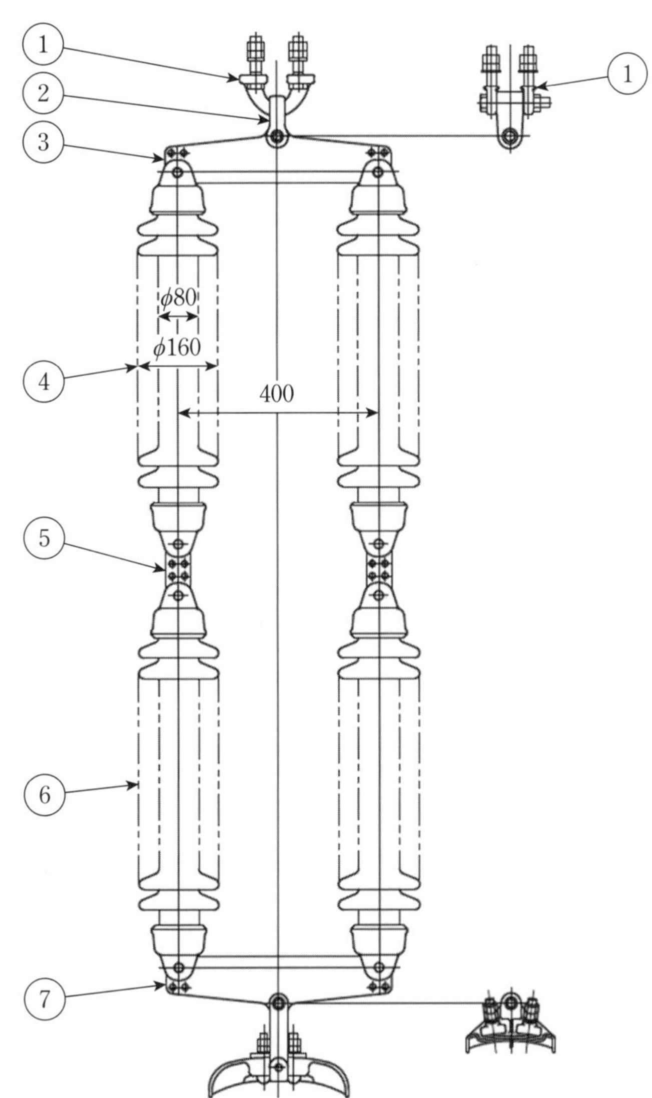

連品番		2L2S8S-T		2L2S8S-I		2L2S12S	
引張強度　kN		80		80		120	
符号	品名	品番	長さ mm	品番	長さ mm	品番	長さ mm
1	懸垂鉄塔取付金具	SAT-128590	55	IBC-1275WV-2	97	SAT-128590	55
2	プレート形 U クレビス	UCF-865	65	–	–	UCF-1275	75
3	2 連ヨーク	YL-840	70	YL-840	70	YL-1240	90
4	長幹がいし	(120 kN)					
5	ホーン取付金具	LX-1210	100	LX-1210	100	LX-1210	100
6	長幹がいし	(120 kN)					
7	2 連ヨーク	YL-840	70	YL-840	70	YL-1240	90
適用クランプ		FS，SN		FS，SN		FS	
適用線条		A120～330，H38～240		A120～330，H38～240		A410～810	

A.3.7　1 連耐張装置（2L1T）

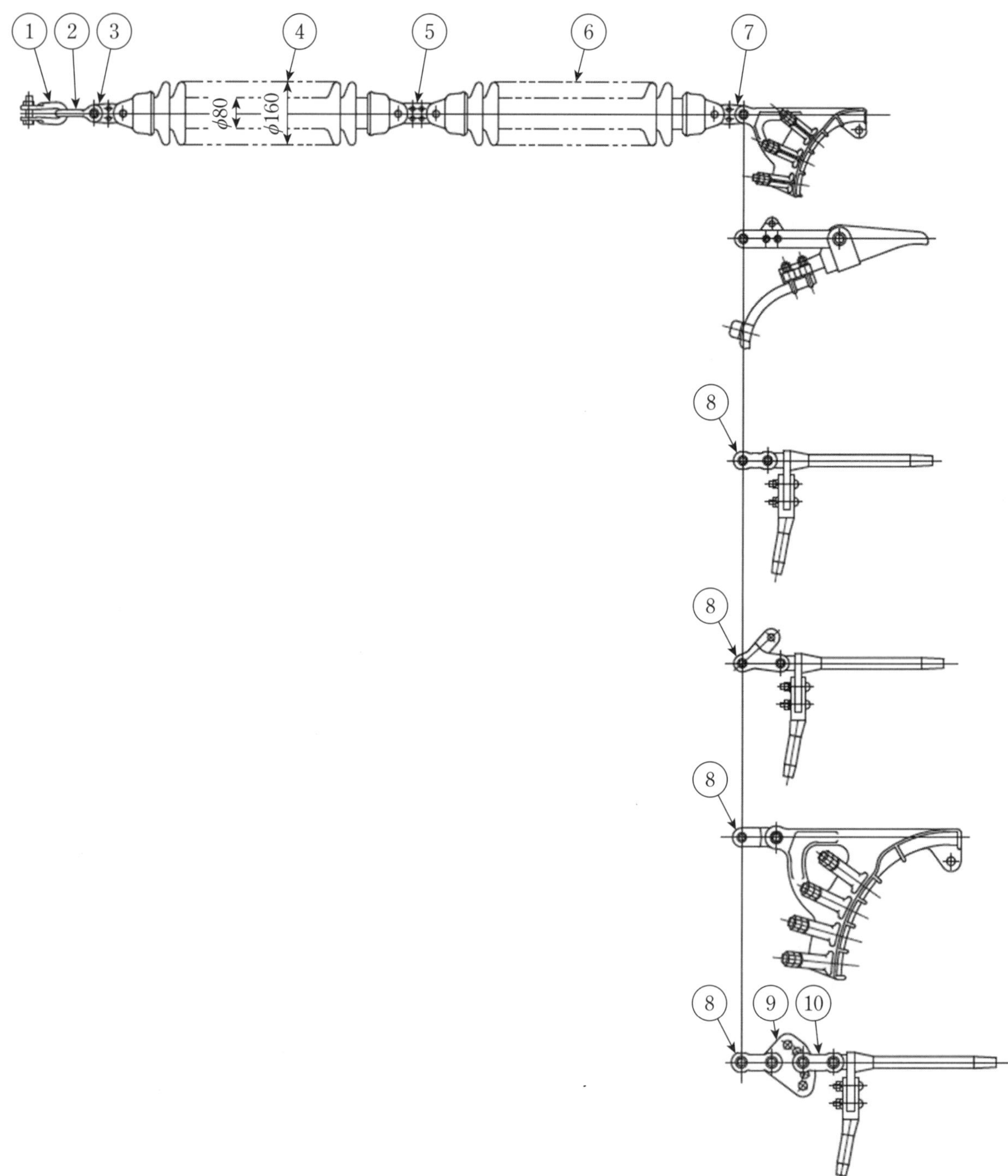

連品番		2L1T8S-B		2L1T8S-C		2L1T8S-Y	
引張強度　kN		80		80		80	
符号	品名	品番	長さ mm	品番	長さ mm	品番	長さ mm
1	U クレビス	UC-885	85	UC-885	85	UC-885	85
2	U クレビス	UC-885	85	UC-885	85	UC-885	85
3	ホーン取付金具	LX-876	76	LX-876	76	LX-876	76
4	長幹がいし	(120 kN)					
5	ホーン取付金具	LX-1210	100	LX-1210	100	LX-1210	100
6	長幹がいし	(120 kN)					
7	ホーン取付金具	LX-876	76	LX-876	76	LX-876	76
8	平行クレビス	–	–	CP-870	70	–	–
	Y 形金具	–	–	–	–	CPL-816	100
適用クランプ		ボルト，楔		圧縮		圧縮，ボルト，楔	
適用線条		H38～150, A120～160		A120～160		H38～150, A120～160	

連品番		2L1T12S-B		2L1T12S-C		2L1T12S-Y		2L1T12S-D	
引張強度　kN		120		120		120		120	
符号	品名	品番	長さ mm	品番	長さ mm	品番	長さ mm	品番	長さ mm
1	U クレビス	UC-1290	90	UC-1290	90	UC-1290	90	UC-1290	90
2	U クレビス	UC-1290	90	UC-1290	90	UC-1290	90	UC-1290	90
3	ホーン取付金具	LX-1278	78	LX-1278	78	LX-1278	78	LX-1278	78
4	長幹がいし	(120 kN)							
5	ホーン取付金具	LX-1210	100	LX-1210	100	LX-1210	100	LX-1210	100
6	長幹がいし	(120 kN)							
7	ホーン取付金具	LX-1278	78	LX-1278	78	LX-1278	78	LX-1278	78
8	平行クレビスリンク	CLP-1290	90	–	–	–	–	–	–
	平行クレビス	–	–	CP-1280	80	–	–	CP-1280	80
	Y 形金具	–	–	–	–	CPL-1233	110	–	–
9	扇形一枚リンク	–	–	–	–	–	–	DL-1280	80±20
10	平行クレビス	–	–	–	–	–	–	CP-1280	80
適用クランプ		ボルト，楔		圧縮		圧縮，ボルト，楔		圧縮	
適用線条		H180～240, A200～330		A200～330		H180～240, A200～330		A200～330	

A.3.8　2 連耐張装置（2L2T）

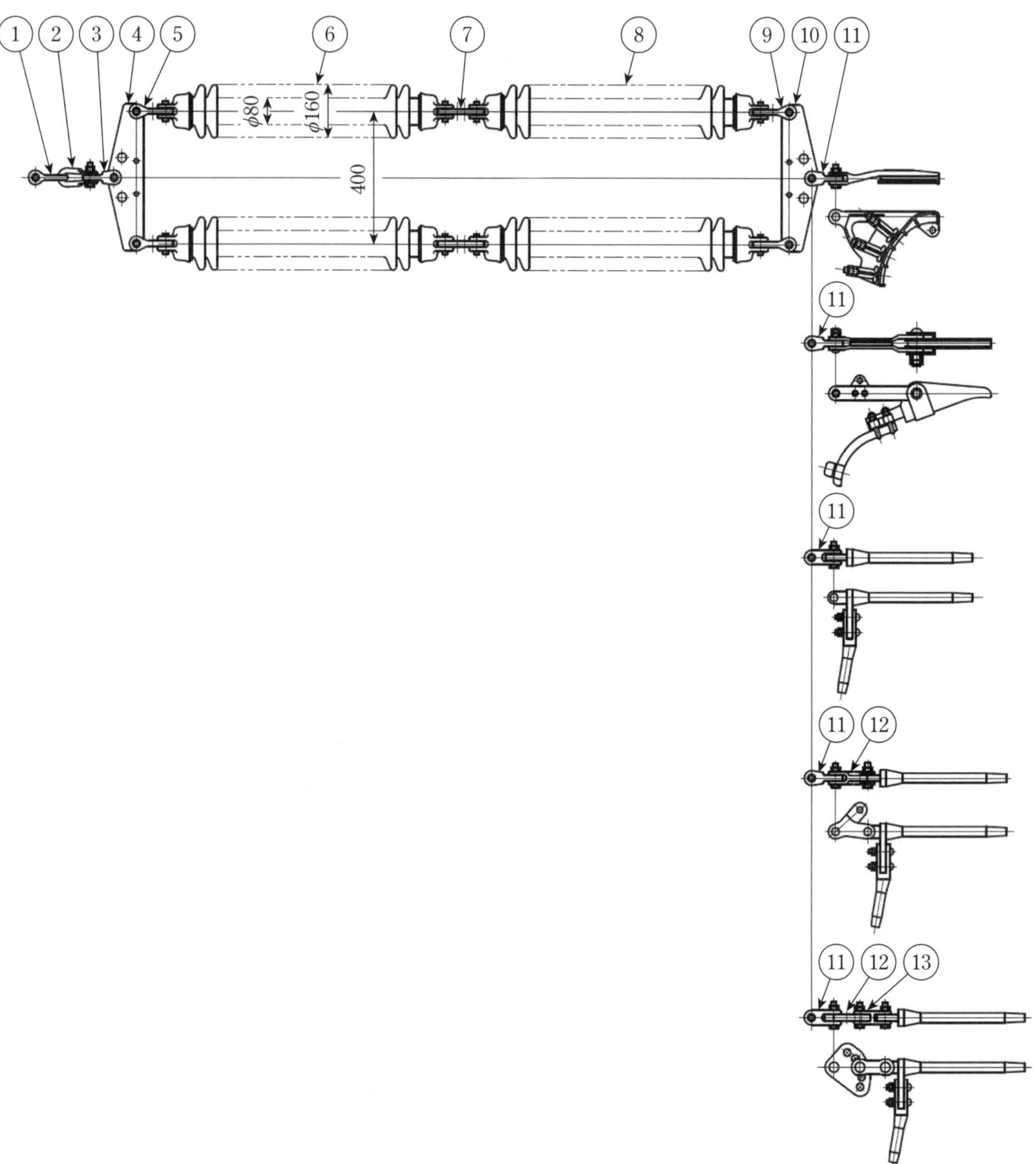

連品番		2L2T8S-B		2L2T8S-C		2L2T8S-Y	
引張強度　kN		80		80		80	
符号	品名	品番	長さ mm	品番	長さ mm	品番	長さ mm
1	U クレビス	UC-885	85	UC-885	85	UC-885	85
2	U クレビス	UC-885	85	UC-885	85	UC-885	85
3	直角クレビスリンク	CLR-875	75	CLR-875	75	CLR-875	75
4	2 連ヨーク	Y-840HT	70	Y-840HT	70	Y-840HT	70
5	ホーン取付金具	CLX-890	90	CLX-890	90	CLX-890	90
6	長幹がいし	(120 kN)					
7	ホーン取付金具	LX-1210	100	LX-1210	100	LX-1210	100
8	長幹がいし	(120 kN)					
9	ホーン取付金具	CLX-890	90	CLX-890	90	CLX-890	90
10	2 連ヨーク	Y-840HT	70	Y-840HT	70	Y-840HT	70
11	直角クレビスリンク	CLR-875	75	–	–	CLR-875	75
	直角クレビス	–	–	CR-870	70	–	–
12	Y 形金具	–	–	–	–	CPL-816	100
適用クランプ		ボルト，楔		圧縮		圧縮，ボルト，楔	
適用線条		H38～150, A120～160		A120～160		H38～150, A120～160	

連品番		2L2T12S-B		2L2T12S-C		2L2T12S-Y		2L2T12S-D	
引張強度　kN		120		120		120		120	
符号	品名	品番	長さ mm	品番	長さ mm	品番	長さ mm	品番	長さ mm
1	U クレビス	UC-1290	90	UC-1290	90	UC-1290	90	UC-1290	90
2	U クレビス	UC-1290	90	UC-1290	90	UC-1290	90	UC-1290	90
3	直角クレビスリンク	CLR-1275	75	CLR-1275	75	CLR-1275	75	CLR-1275	75
4	2 連ヨーク	Y-1240HT	90	Y-1240HT	90	Y-1240HT	90	Y-1240HT	90
5	ホーン取付金具	CLX-890	90	CLX-890	90	CLX-890	90	CLX-890	90
6	長幹がいし	(120 kN)							
7	ホーン取付金具	LX-1210	100	LX-1210	100	LX-1210	100	LX-1210	100
8	長幹がいし	(120 kN)							
9	ホーン取付金具	CLX-890	90	CLX-890	90	CLX-890	90	CLX-890	90
10	2 連ヨーク	Y-1240HT	90	Y-1240HT	90	Y-1240HT	90	Y-1240HT	90
11	直角クレビスリンク	CLR-1275	75	–	–	CLR-1275	75	–	–
	直角クレビス	–	–	CR-1280	80	–	–	CR-1280	80
12	Y 形金具	–	–	–	–	CPL-1233	110	–	–
	扇形一枚リンク	–	–	–	–	–	–	DL-1280	80±20
13	平行クレビス	–	–	–	–	–	–	CP-1280	80
適用クランプ		ボルト，楔		圧縮		圧縮，ボルト，楔		圧縮	
適用線条		H180～240, A200～330		A200～330		H180～240, A200～330		A200～330	

連品番		2L2T16S-B4		2L2T16S-B6		2L2T16S-C4		2L2T16S-C6	
引張強度　kN		165		165		165		165	
符号	品名	品番	長さ mm	品番	長さ mm	品番	長さ mm	品番	長さ mm
1	U クレビス	UC-1695	95	UC-1695	95	UC-1695	95	UC-1695	95
2	U クレビス	UC-1695	95	UC-1695	95	UC-1695	95	UC-1695	95
3	直角クレビスリンク	CLR-1685	85	CLR-1685	85	CLR-1685	85	CLR-1685	85
4	2 連ヨーク	Y-1640HT	110	Y-1640HT	110	Y-1640HT	110	Y-1640HT	110
5	ホーン取付金具	CLX-890	90	CLX-890	90	CLX-890	90	CLX-890	90
6	長幹がいし	(120 kN)							
7	ホーン取付金具	LX-1210	100	LX-1210	100	LX-1210	100	LX-1210	100
8	長幹がいし	(120 kN)							
9	ホーン取付金具	CLX-890	90	CLX-890	90	CLX-890	90	CLX-890	90
10	2 連ヨーク	Y-1640HT	110	Y-1640HT	110	Y-1640HT	110	Y-1640HT	110
11	直角クレビスリンク	CLR-1685	85	CLR-1685E	85	–	–	–	–
	直角クレビス	–	–	–	–	CR-1610	100	CR-1610E	100
適用クランプ		ボルト，楔		楔		圧縮		圧縮	
適用線条		A410，A610～810[a)]		A610～810		A410		A610～810	
注 a)　ボルト締付型耐張クランプのみ									

連品番		2L2T16S-Y4		2L2T16S-Y6		2L2T16S-D	
引張強度　kN		165		165		165	
符号	品名	品番	長さ mm	品番	長さ mm	品番	長さ mm
1	U クレビス	UC-1695	95	UC-1695	95	UC-1695	95
2	U クレビス	UC-1695	95	UC-1695	95	UC-1695	95
3	直角クレビスリンク	CLR-1685	85	CLR-1685	85	CLR-1685	85
4	2 連ヨーク	Y-1640HT	110	Y-1640HT	110	Y-1640HT	110
5	ホーン取付金具	CLX-890	90	CLX-890	90	CLX-890	90
6	長幹がいし	(120 kN)					
7	ホーン取付金具	LX-1210	100	LX-1210	100	LX-1210	100
8	長幹がいし	(120 kN)					
9	ホーン取付金具	CLX-890	90	CLX-890	90	CLX-890	90
10	2 連ヨーク	Y-1640HT	110	Y-1640HT	110	Y-1640HT	110
11	直角クレビスリンク	CLR-1685	85	CLR-1685	85	–	–
	直角クレビス	–	–	–	–	CR-1610	100
12	Y 形金具	CPL-1641	110	CPL-1661	110	–	–
	扇形一枚リンク	–	–	–	–	DL-1680	80±20
13	平行クレビス	–	–	–	–	CP1690	90
適用クランプ		圧縮，ボルト，楔		圧縮，ボルト，楔		圧縮	
適用線条		A410，A610～810[a)]		A610～810		A410	
注 a)　ボルト締付型耐張クランプのみ							

連品番		2L2T21S-B		2L2T21S-C		2L2T21S-Y		2L2T21S-D	
引張強度　kN		210		210		210		210	
符号	品名	品番	長さ mm	品番	長さ mm	品番	長さ mm	品番	長さ mm
1	U クレビス	UC-2410	100	UC-2410	100	UC-2410	100	UC-2410	100
2	U クレビス	UC-2410D	100	UC-2410D	100	UC-2410D	100	UC-2410D	100
3	直角クレビスリンク	CLR-2411	110	CLR-2411	110	CLR-2411	110	CLR-2411	110
4	2 連ヨーク	Y-2440HT	130	Y-2440HT	130	Y-2440HT	130	Y-2440HT	130
5	ホーン取付金具	CLX-1210	100	CLX-1210	100	CLX-1210	100	CLX-1210	100
6	長幹がいし	(120 kN)							
7	ホーン取付金具	LX-1210	100	LX-1210	100	LX-1210	100	LX-1210	100
8	長幹がいし	(120 kN)							
9	ホーン取付金具	CLX-1210	100	CLX-1210	100	CLX-1210	100	CLX-1210	100
10	2 連ヨーク	Y-2440HT	130	Y-2440HT	130	Y-2440HT	130	Y-2440HT	130
11	直角クレビスリンク	CLR-2111	110	–	–	CLR-2111	110	–	–
	直角クレビス	–	–	CR-2112E	120	–	–	CR-2112WQ	120
12	Y 形金具	–	–	–	–	CPL-2161	110	–	–
	扇形一枚リンク	–	–	–	–	–	–	DL-2190	90±20
13	平行クレビス	–	–	–	–	–	–	CP-2112	120
適用クランプ		ボルト，楔		圧縮		圧縮，ボルト，楔		圧縮	
適用線条		A610〜810		A610〜810		A610〜810		A610〜810	

A.4　2 導体用 250 mm クレビス形懸垂がいし装置

A.4.1　1 連懸垂装置（C1S）

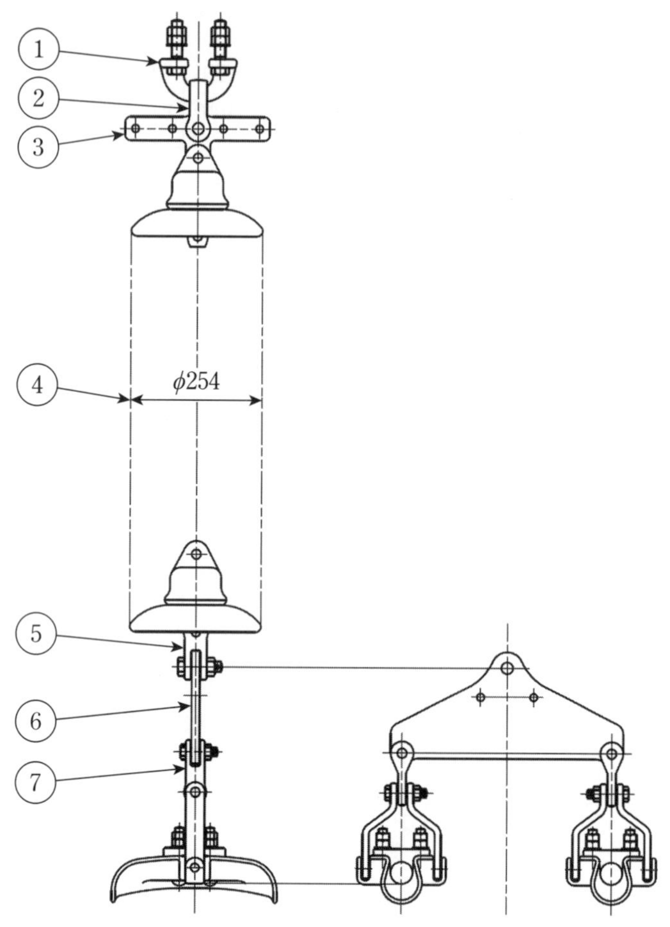

連品番		C1S12D	
引張強度　kN		120	
符号	品名	品番	長さ mm
1	懸垂鉄塔取付金具	SAT-128590	55
2	プレート形 U クレビス	UCF-1275	75
3	ホーン取付金具	X-1255	55
4	懸垂がいし	250 mm クレビス形 (148 mm × n 個)	
5	直角クレビス	CR-1265P	65
6	2 連ヨーク	Y-1240DS	160
7	直角クレビスリンク	CLR-875	75
適用クランプ		FS	
適用線条		A240～330	

A.4.2　2 連耐張装置（C2T）（1）

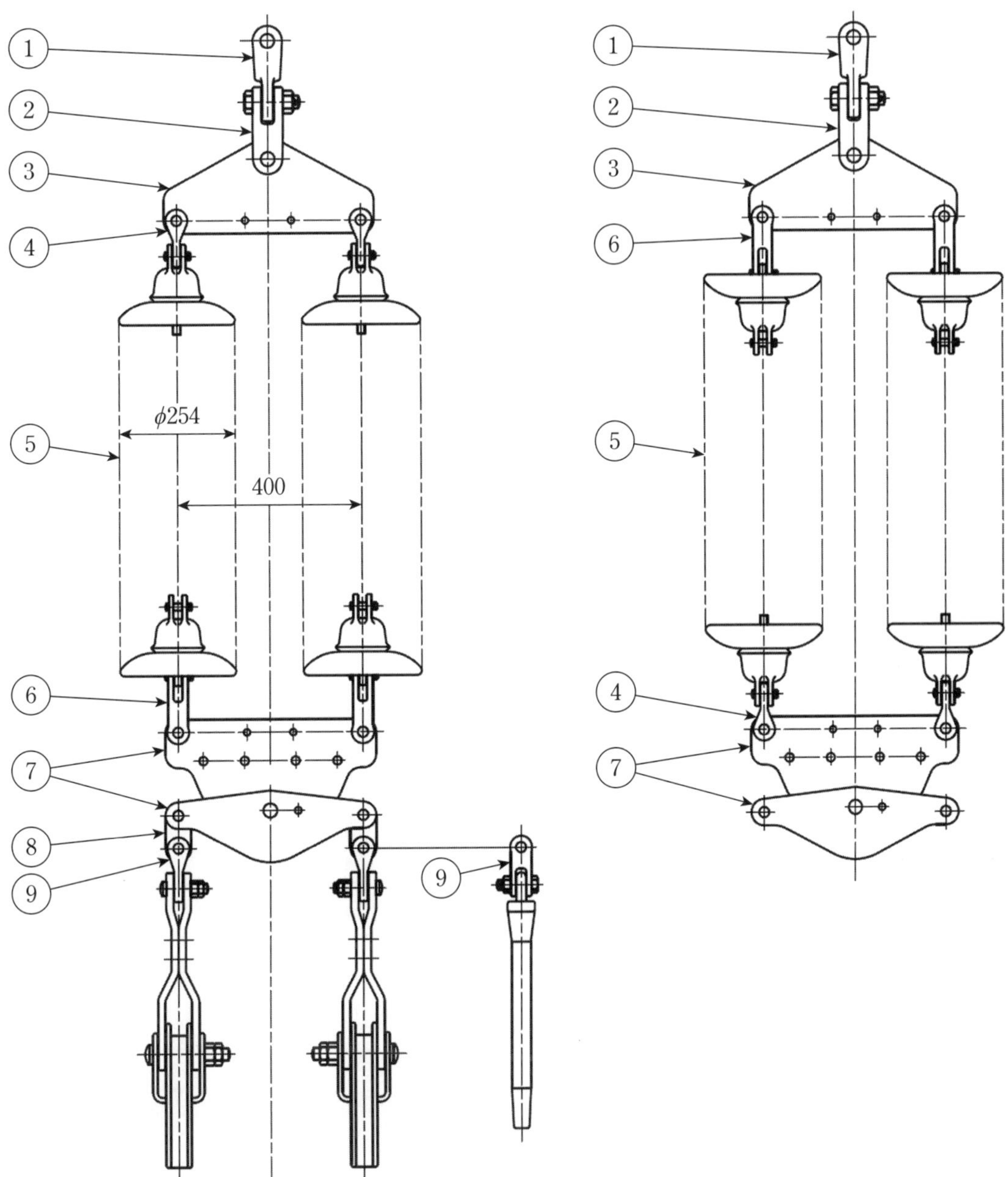

連品番		C2T24D-B-1		C2T24D-C-1	
引張強度　kN		240		240	
符号	品名	品番	長さ mm	品番	長さ mm
1	直角クレビスリンク	CLR-2413	130	CLR-2413	130
2	直角クレビス	CR-2412	120	CR-2412	120
3	2連ヨーク	Y-2440HT	130	Y-2440HT	130
4	直角クレビスリンク	CLR-1275D	75	CLR-1275D	75
5	懸垂がいし	250 mm クレビス形（148 mm × n 個）			
6	直角クレビス	CR-1212P	120	CR-1212P	120
7	2連バランスヨーク	YB-24404	175	YB-24404	175
8	1枚リンク	L-1270	70	L-1270	70
9	直角クレビスリンク	CLR-1285	85	–	–
	直角クレビス	–	–	CR-1280D	80
適用クランプ		ボルト，楔		圧縮	
適用線条		A240～330		A240～330	

A.4.3　2 連耐張装置（C2T）（2）

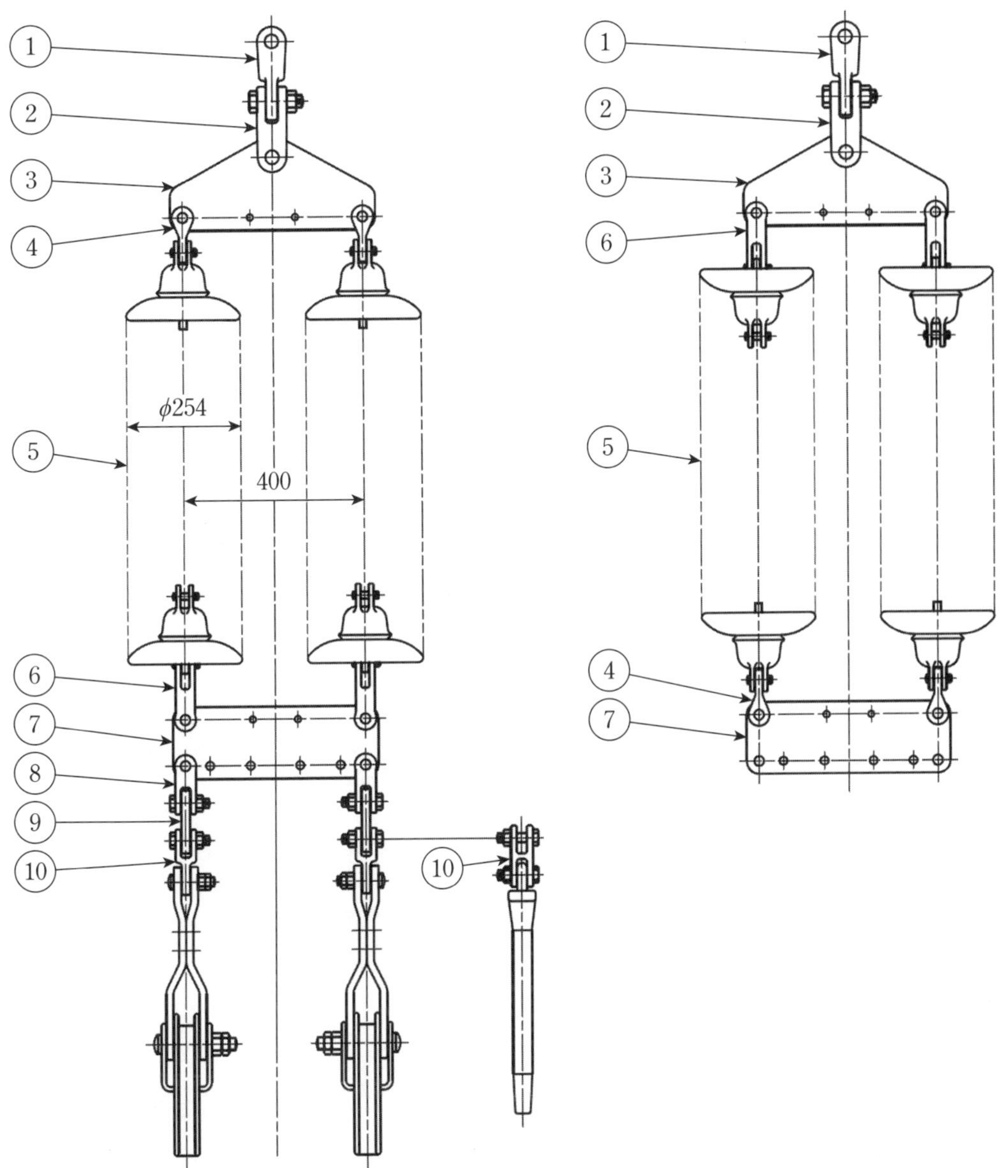

連品番		C2T24D-B-2		C2T24D-C-2	
引張強度　kN		240		240	
符号	品名	品番	長さ mm	品番	長さ mm
1	直角クレビスリンク	CLR-2413	130	CLR-2413	130
2	直角クレビス	CR-2412	120	CR-2412	120
3	2連ヨーク	Y-2440HT	130	Y-2440HT	130
4	直角クレビスリンク	CLR-1275D	75	CLR-1275D	75
5	懸垂がいし	250 mm クレビス形（148 mm × n 個）			
6	直角クレビス	CR-1212P	120	CR-1212P	120
7	2連ヨーク	YR-24404	100	YR-24404	100
8	直角クレビス	CR-1280D	80	CR-1280D	80
9	扇形1枚リンク	DL-1280	80±20	DL-1280	80±20
10	平行クレビスリンク	CLP-1290	90	−	−
	平行クレビス	−	−	CP-1280	80
適用クランプ		ボルト，楔		圧縮	
適用線条		A240〜330		A240〜330	

A.5　2 導体用 250 mm ボールソケット形懸垂がいし装置

A.5.1　1 連懸垂装置（B1S）

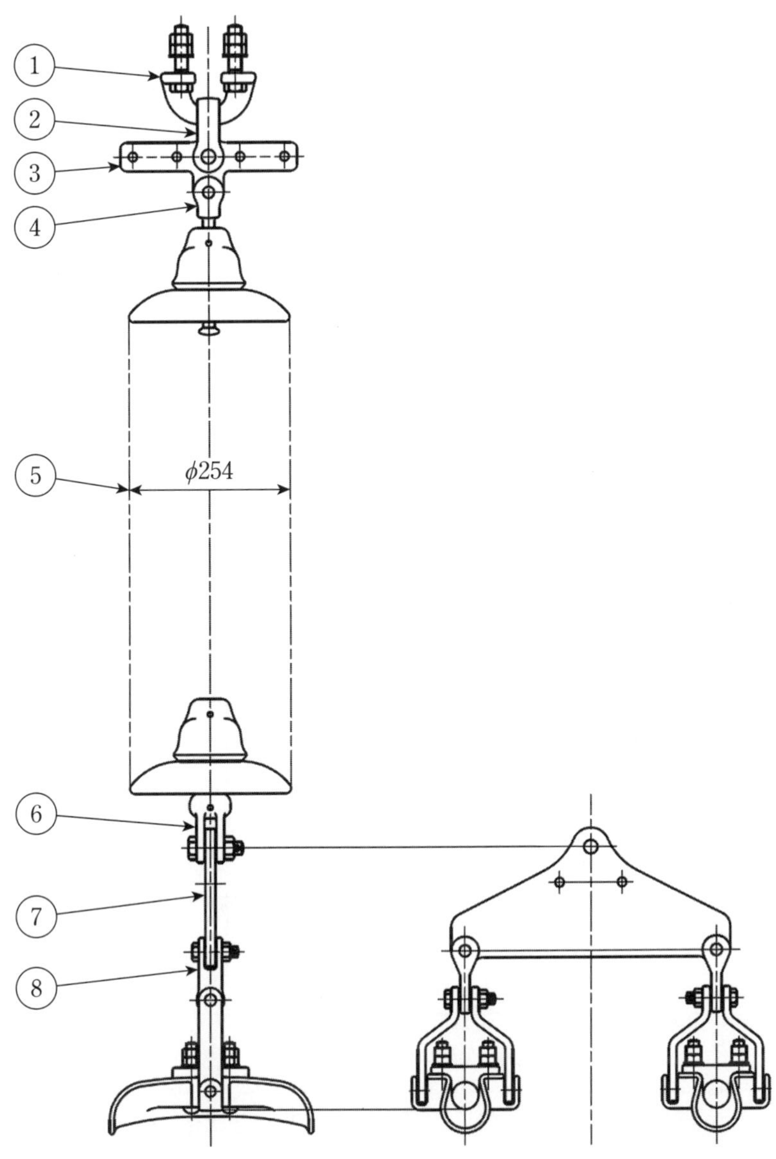

連品番		B1S12D	
引張強度　kN		120	
符号	品名	品番	長さ mm
1	懸垂鉄塔取付金具	SAT-128590	55
2	プレート形Uクレビス	UCF-1275	75
3	ホーン取付金具	X-1255	55
4	ボールクレビス	BC-1275D	75
5	懸垂がいし	250 mm ボールソケット形（146 mm × n 個）	
6	平行ソケットクレビス	SCP-1265	65
7	2連ヨーク	Y-1240DS	160
8	直角クレビス	CLR-875	75
適用クランプ		FS	
適用線条		A240～330	
素導体間隔		400	

連品番		B1S16D-2		B1S16D-4		B1S16D-6	
引張強度　kN		165		165		165	
符号	品名	品番		品番	長さ mm	長さ mm	長さ mm
1	懸垂鉄塔取付金具	SAT-168590	55	SAT-168590	55	SAT-168590	55
2	プレート形Uクレビス	UCF-1680	80	UCF-1680	80	UCF-1680	80
3	ホーン取付金具	X-1665	65	X-1665	65	X-1665	65
4	ボールクレビス	BC-1675	75	BC-1675	75	BC-1675	75
5	懸垂がいし	250 mm ボールソケット形（146 mm × n 個）					
6	平行ソケットクレビス	SCP-1665D	65	SCP-1665D	65	SCP-1665D	65
7	2連ヨーク	Y-1640DS	160	Y-1640DS	160	Y-1650DS	160
8	直角クレビス	CLR-875	75	CLR-875D	75	CLR-875D	75
適用クランプ		FS		FS		FS	
適用線条		A240～330		A410～610		A610～810	
素導体間隔		400		400		500	

A.5.2　2 連懸垂装置（B2S）

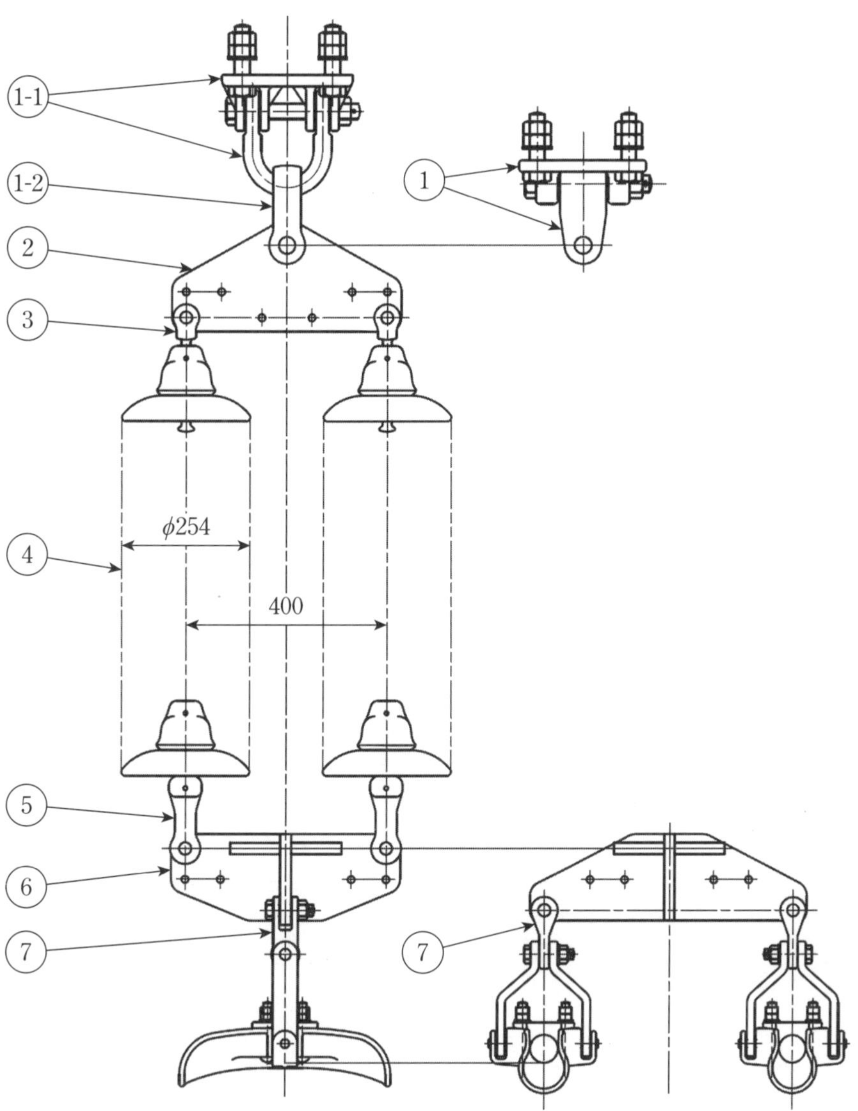

連品番		B2S33D-S		B2S33D-M		B2S33D-L	
引張強度　kN		330		330		330	
符号	品名	品番	長さ mm	品番	長さ mm	品番	長さ mm
1 1-1 1-2	懸垂装置取付金具又は懸垂装置取付金具とプレート形Uクレビス	※	※	※	※	※	※
2	2連ヨーク	Y-3340HS	140	Y-3340HS	140	Y-3340HS	140
3	ボールクレビス	BC-1675	75	BC-1675	75	BC-1675	75
4	懸垂がいし	250 mm ボールソケット形（146 mm × n 個）					
5	直角ソケットクレビス	SCR-1612	120	SCR-1612	120	SCR-1612	120
6	十字ヨーク	YX-33404	120	YX-33405	120	YX-33406	120
7	直角クレビスリンク	CLR-1285E	85	CLR-1285E	85	CLR-1685D	85
適用クランプ		FS		FS		FS	
適用線条		A410〜610		A610〜810		A1160	
素導体間隔		400		500		600	
注記　※印は**付表 1** による。ただし，連構成品目には含まない。							

付表 1

符号	懸垂装置取付金具 プレート形Uクレビス	長さ mm	懸垂装置取付金具	長さ mm
1	−	−	SAS-331818	165
1-1	SAU-33 □□□□	200	−	−
1-2	UCF-3313	130	−	−

A.5.3　2 連耐張装置（B2T）（1）

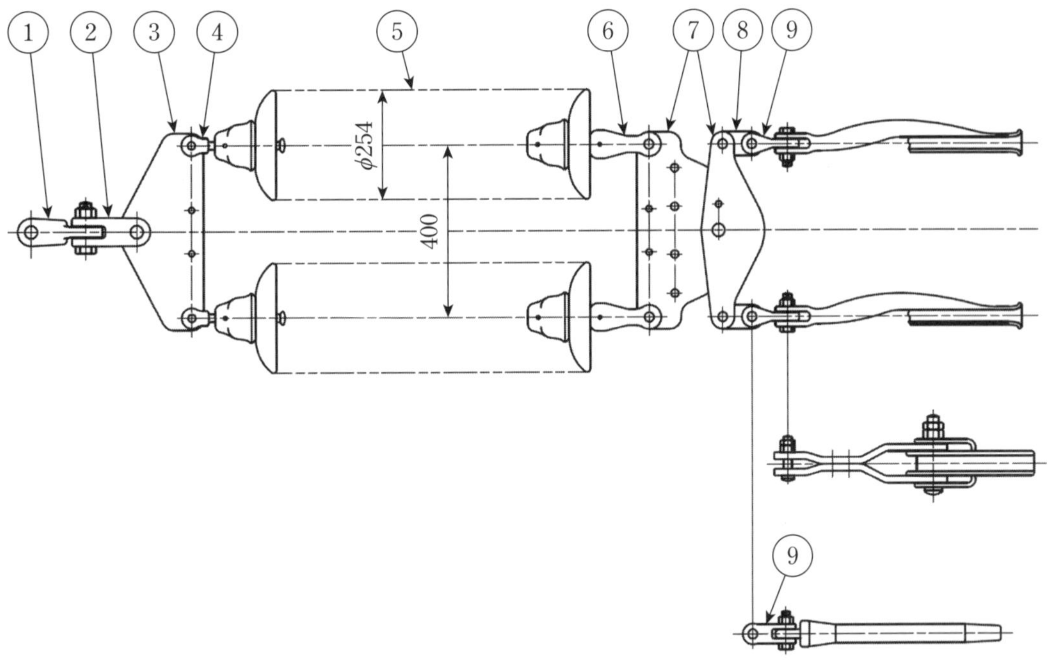

連品番		B2T24D-B-1		B2T24D-C-1	
引張強度　kN		240		240	
符号	品名	品番	長さ mm	品番	長さ mm
1	直角クレビスリンク	CLR-2413	130	CLR-2413	130
2	直角クレビス	CR-2412	120	CR-2412	120
3	2 連ヨーク	Y-2440HT	130	Y-2440HT	130
4	ボールクレビス	BC-1275	75	BC-1275	75
5	懸垂がいし	250 mm ボールソケット形（146 mm × n 個）			
6	直角ソケットクレビス	SCR-1212	120	SCR-1212	120
7	2 連バランスヨーク	YB-24404	175	YB-24404	175
8	1 枚リンク	L-1270	70	L-1270	70
9	直角クレビスリンク	CLR-1285	85	−	−
	直角クレビス	−	−	CR-1280D	80
適用クランプ		ボルト，楔		圧縮	
適用線条		A240～330		A240～330	
素導体間隔		400		400	

連品番		B2T33D-BS-1		B2T33D-BM-1	
引張強度　kN		330		330	
符号	品名	品番	長さ mm	品番	長さ mm
1	直角クレビスリンク	CLR-33145	145	CLR-33145	145
2	直角クレビス	CR-3314	140	CR-3314	140
3	2連ヨーク	Y-3340HT	140	Y-3340HT	140
4	ボールクレビス	BC-1675	75	BC-1675	75
5	懸垂がいし	250 mm ボールソケット形（146 mm × n 個）			
6	直角ソケットクレビス	SCR-1612	120	SCR-1612	120
7	2連バランスヨーク	YB-33404	185	YB-33405	185
8	1枚リンク	L-1680	80	L-1680	80
9	直角クレビスリンク	CLR-1685D	85	CLR-1685F	85
適用クランプ		ボルト，楔		ボルト，楔	
適用線条		A410		A610〜810	
素導体間隔		400		500	

連品番		B2T33D-CS-1		B2T33D-CM-1	
引張強度　kN		330		330	
符号	品名	品番	長さ mm	品番	長さ mm
1	直角クレビスリンク	CLR-33145	145	CLR-33145	145
2	直角クレビス	CR-3314	140	CR-3314	140
3	2連ヨーク	Y-3340HT	140	Y-3340HT	140
4	ボールクレビス	BC-1675	75	BC-1675	75
5	懸垂がいし	250 mm ボールソケット形（146 mm × n 個）			
6	直角ソケットクレビス	SCR-1612	120	SCR-1612	120
7	2連バランスヨーク	YB-33404	185	YB-33405	185
8	1枚リンク	L-1680	80	L-1680	80
9	直角クレビス	CR-1610D	100	CR-1610F	100
適用クランプ		圧縮		圧縮	
適用線条		A410		A610〜810	
素導体間隔		400		500	

A.5.4　2 連耐張装置（B2T）（2）

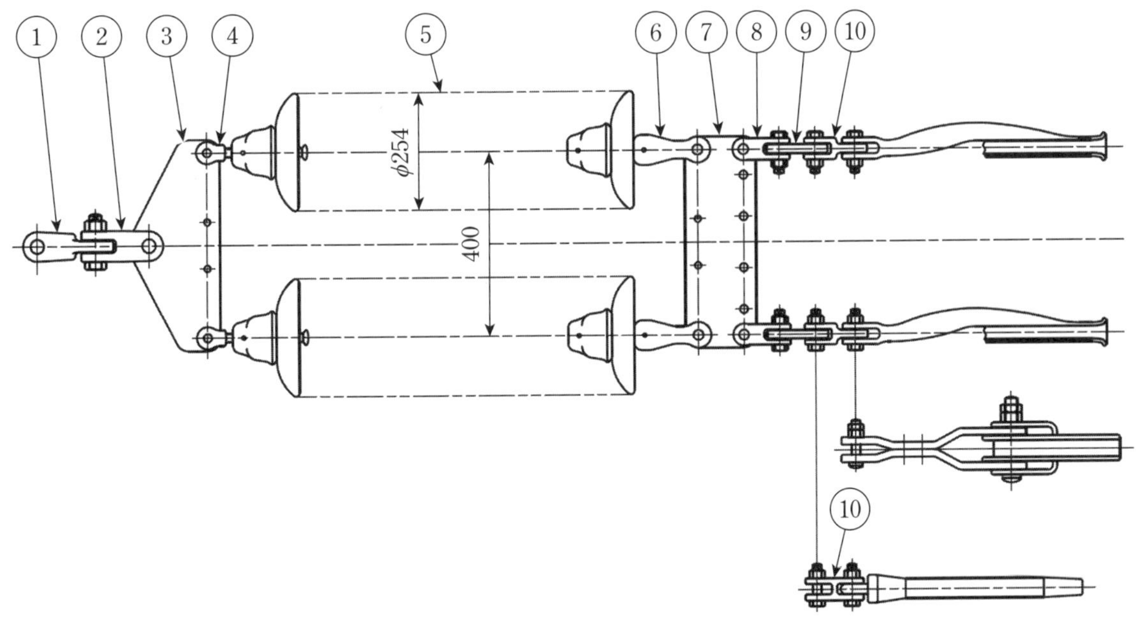

連品番		B2T24D-B-2		B2T24D-C-2	
引張強度　kN		240		240	
符号	品名	品番	長さ mm	品番	長さ mm
1	直角クレビスリンク	CLR-2413	130	CLR-2413	130
2	直角クレビス	CR-2412	120	CR-2412	120
3	2 連ヨーク	Y-2440HT	130	Y-2440HT	130
4	ボールクレビス	BC-1275	75	BC-1275	75
5	懸垂がいし	250 mm ボールソケット形（146 mm × *n* 個）			
6	直角ソケットクレビス	SCR-1212	120	SCR-1212	120
7	2 連ヨーク	YR-24404	100	YR-24404	100
8	直角クレビス	CR-1280D	80	CR-1280D	80
9	扇形 1 枚リンク	DL-1280	80±20	DL-1280	80±20
10	平行クレビスリンク	CLP-1290	90	－	－
	平行クレビス	－	－	CP-1280	80
適用クランプ		ボルト，楔		圧縮	
適用線条		A240～330		A240～330	
素導体間隔		400		400	

連品番		B2T33D-BS-2		B2T33D-BM-2	
引張強度　kN		330		330	
符号	品名	品番	長さ mm	品番	長さ mm
1	直角クレビスリンク	CLR-33145	145	CLR-33145	145
2	直角クレビス	CR-3314	140	CR-3314	140
3	2連ヨーク	Y-3340HT	140	Y-3340HT	140
4	ボールクレビス	BC-1675	75	BC-1675	75
5	懸垂がいし	250 mm ボールソケット形（146 mm × n 個）			
6	直角ソケットクレビス	SCR-1612	120	SCR-1612	120
7	2連ヨーク	YR-33404	110	YR-33405	110
8	直角クレビス	CR-1610D	100	CR-1610D	100
9	扇形1枚リンク	DL-1680	80±20	DL-1680	80±20
10	平行クレビスリンク	CLP-16105	105	CLP-16105D	105
適用クランプ		ボルト，楔		ボルト，楔	
適用線条		A410		A610～810	
素導体間隔		400		500	

連品番		B2T33D-CS-2		B2T33D-CM-2	
引張強度　kN		330		330	
符号	品名	品番	長さ mm	品番	長さ mm
1	直角クレビスリンク	CLR-33145	145	CLR-33145	145
2	直角クレビス	CR-3314	140	CR-3314	140
3	2連ヨーク	Y-3340HT	140	Y-3340HT	140
4	ボールクレビス	BC-1675	75	BC-1675	75
5	懸垂がいし	250 mm ボールソケット形（146 mm × n 個）			
6	直角ソケットクレビス	SCR-1612	120	SCR-1612	120
7	2連ヨーク	YR-33404	110	YR-33405	110
8	直角クレビス	CR-1610D	100	CR-1610D	100
9	扇形1枚リンク	DL-1680	80±20	DL-1680	80±20
10	平行クレビス	CP-1690	90	CP-1612	120
適用クランプ		圧縮		圧縮	
適用線条		A410		A610～810	
素導体間隔		400		500	

A.5.5　2連耐張装置（B2T）（3）

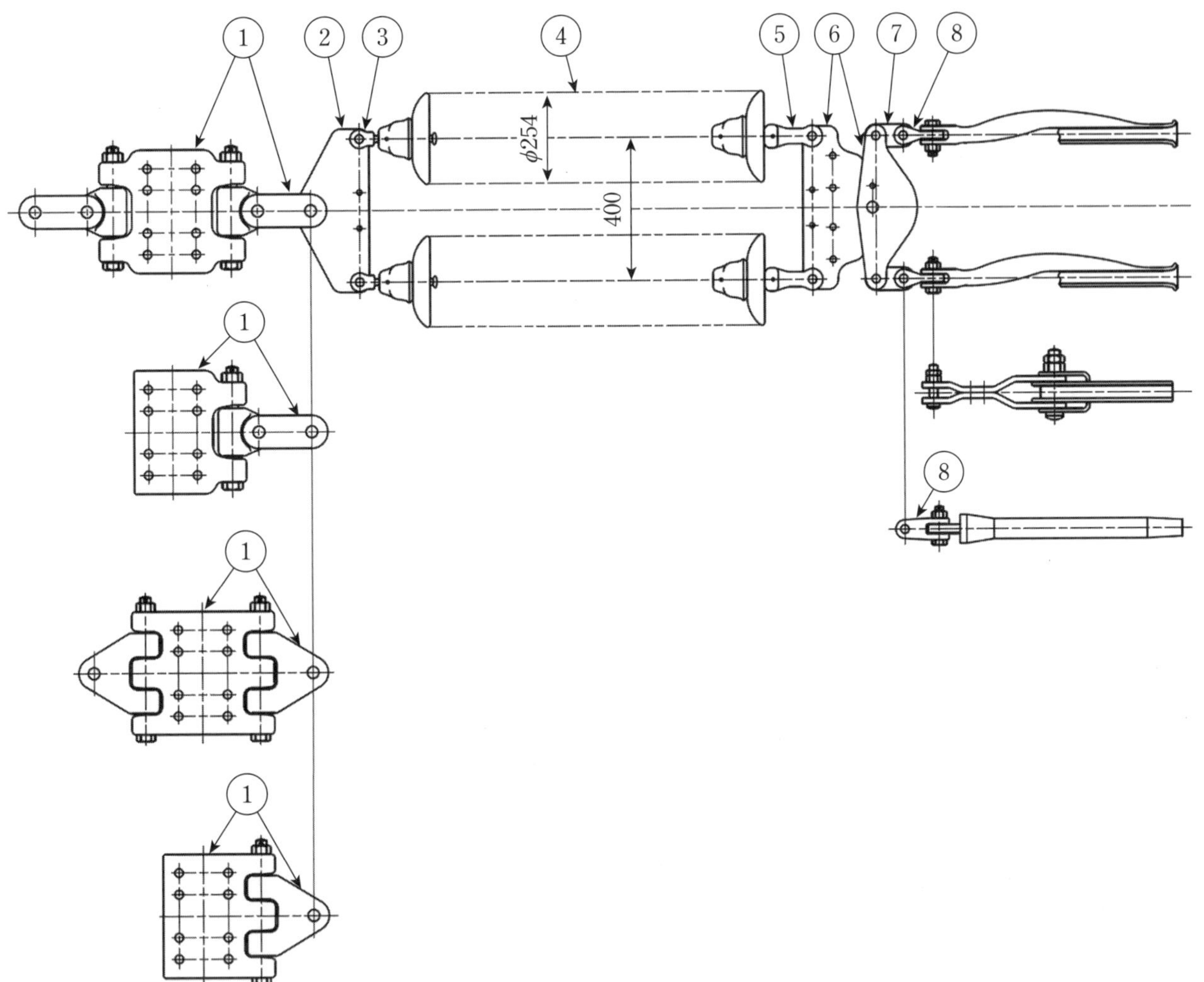

連品番		B2T33D-BS-3		B2T33D-BM-3	
引張強度　kN		330		330	
符号	品名	品番	長さ mm	品番	長さ mm
1	耐張装置取付金具	※	※	※	※
2	2連ヨーク	Y-3340HT	140	Y-3340HT	140
3	ボールクレビス	BC-1675	75	BC-1675	75
4	懸垂がいし	250 mm ボールソケット形（146 mm × *n* 個）			
5	直角ソケットクレビス	SCR-1612	120	SCR-1612	120
6	2連バランスヨーク	YB-33404	185	YB-33405	185
7	1枚リンク	L-1680	80	L-1680	80
8	直角クレビスリンク	CLR-1685D	85	CLR-1685F	85
適用クランプ		ボルト，楔		ボルト，楔	
適用線条		A410		A610～810	
素導体間隔		400		500	
注記　※印は**付表 1** による。ただし，連構成品目には含まない。					

連品番		B2T33D-CS-3		B2T33D-CM-3	
引張強度　kN		330		330	
符号	品名	品番	長さ mm	品番	長さ mm
1	耐張装置取付金具	※	※	※	※
2	2連ヨーク	Y-3340HT	140	Y-3340HT	140
3	ボールクレビス	BC-1675	75	BC-1675	75
4	懸垂がいし	250 mm ボールソケット形（146 mm × *n* 個）			
5	直角ソケットクレビス	SCR-1612	120	SCR-1612	120
6	2連バランスヨーク	YB-33404	185	YB-33405	185
7	1枚リンク	L-1680	80	L-1680	80
8	直角クレビス	CR-1610D	100	CR-1610F	100
適用クランプ		圧縮		圧縮	
適用線条		A410		A610～810	
素導体間隔		400		500	
注記　※印は**付表 1** による。ただし，連構成品目には含まない。					

付表 1

符号	合掌腕金取付	長さ mm	箱腕金取付	長さ mm
1	TAW-3314 □	−	TAS-3314 □	−

A.5.6　2 連耐張装置（B2T）（4）

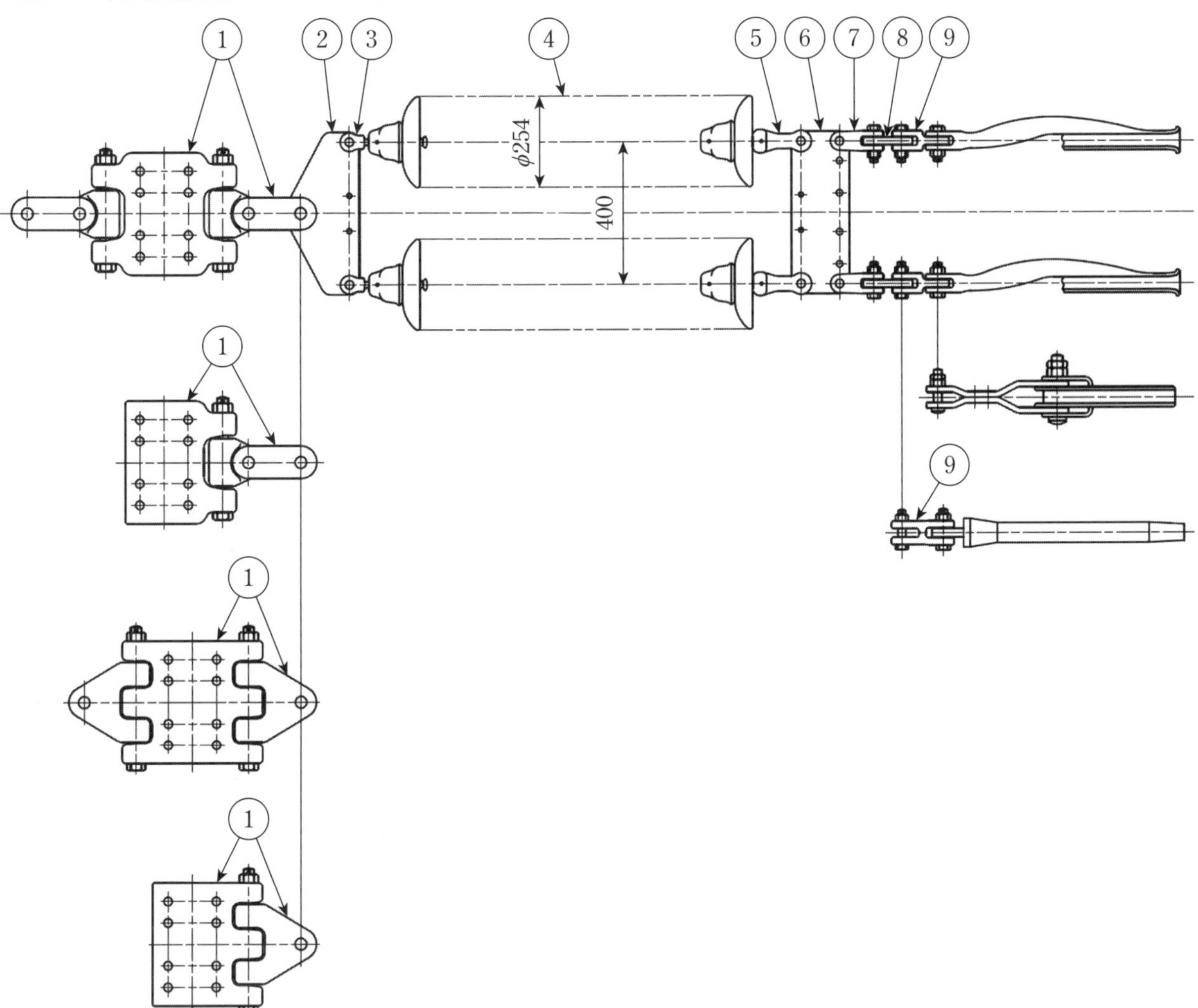

連品番		B2T33D-BS-4		B2T33D-BM-4	
引張強度　kN		330		330	
符号	品名	品番	長さ mm	品番	長さ mm
1	耐張装置取付金具	※	※	※	※
2	2連ヨーク	Y-3340HT	140	Y-3340HT	140
3	ボールクレビス	BC-1675	75	BC-1675	75
4	懸垂がいし	250 mm ボールソケット形（146 mm × n 個）			
5	直角ソケットクレビス	SCR-1612	120	SCR-1612	120
6	2連ヨーク	YR-33404	110	YR-33405	110
7	直角クレビス	CR-1610D	100	CR-1610D	100
8	扇形1枚リンク	DL-1680	80±20	DL-1680	80±20
9	平行クレビスリンク	CLP-16105	105	CLP-16105D	105
適用クランプ		ボルト，楔		ボルト，楔	
適用線条		A410		A610～810	
素導体間隔		400		500	
注記　※印は**付表 1** による。ただし，連構成品目には含まない。					

連品番		B2T33D-CS-4		B2T33D-CM-4	
引張強度　kN		330		330	
符号	品名	品番	長さ mm	品番	長さ mm
1	耐張装置取付金具	※	※	※	※
2	2連ヨーク	Y-3340HT	140	Y-3340HT	140
3	ボールクレビス	BC-1675	75	BC-1675	75
4	懸垂がいし	250 mm ボールソケット形（146 mm × n 個）			
5	直角ソケットクレビス	SCR-1612	120	SCR-1612	120
6	2連ヨーク	YR-33404	110	YR-33405	110
7	直角クレビス	CR-1610D	100	CR-1610D	100
8	扇形1枚リンク	DL-1680	80±20	DL-1680	80±20
9	平行クレビス	CP-1690	90	CP-1612	120
適用クランプ		圧縮		圧縮	
適用線条		A410		A610～810	
素導体間隔		400		500	
注記　※印は**付表 1** による。ただし，連構成品目には含まない。					

付表 1

符号	合掌腕金取付	長さ mm	箱腕金取付	長さ mm
1	TAW-3314 □	–	TAS-3314 □	–

A.6　2 導体用 280 mm ボールソケット形懸垂がいし装置

A.6.1　1 連懸垂装置（B1S）

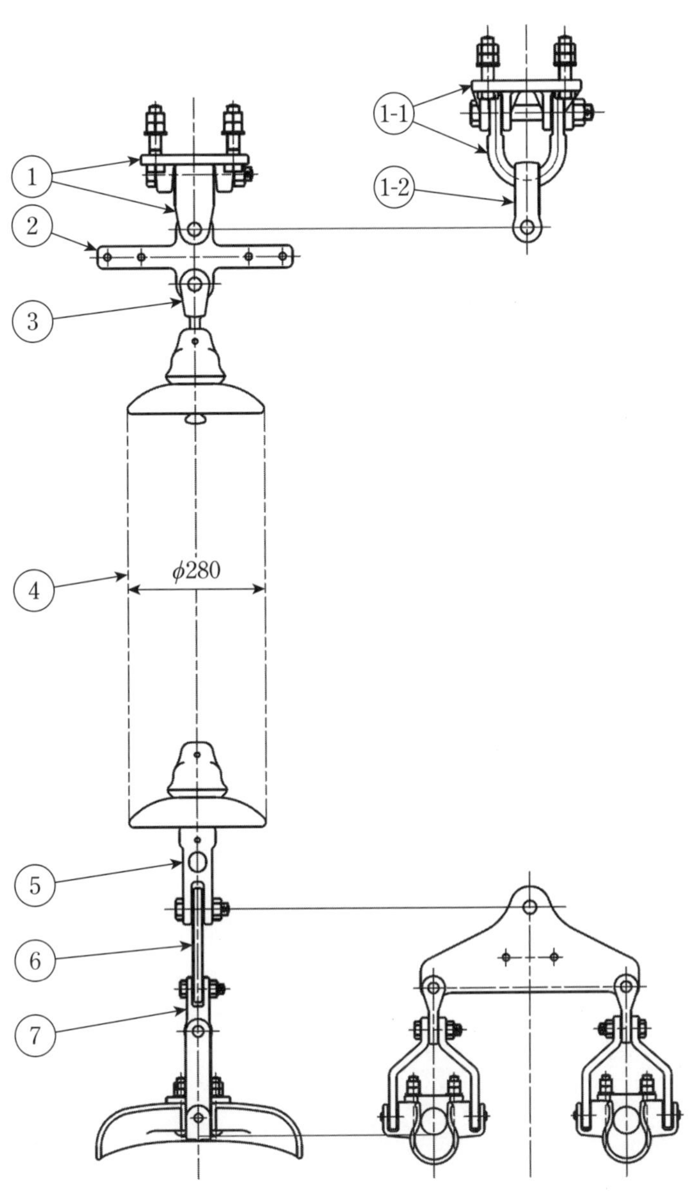

連品番		B1S21D-S		B1S21D-M		B1S21D-L	
引張強度　kN		210		210		210	
符号	品名	品番	長さ mm	品番	長さ mm	品番	長さ mm
1 1-1 1-2	懸垂装置取付金具又は懸垂装置取付金具とプレート形Uクレビス	※	※	※	※	※	※
2	ホーン取付金具	X-2111	110	X-2111	110	X-2111	110
3	ボールクレビス	BC-2111	110	BC-2111	110	BC-2111	110
4	懸垂がいし	280 mm ボールソケット形（170 mm × n 個）					
5	平行ソケットクレビス	SCP-21145D	145	SCP-21145D	145	SCP-21145D	145
6	2連ヨーク	Y-2140DS	160	Y-2150DS	160	Y-2160DS	160
7	直角クレビスリンク	CLR-1285	85	CLR-1285	85	CLR-1285D	85
適用クランプ		FS		FS		FS	
適用線条		A610		A610～810		A1160	
素導体間隔		400		500		600	
注記　※印は**付表 1** による。ただし，連構成品目には含まない。							

付表 1

符号	懸垂装置取付金具 プレート形Uクレビス	長さ mm	懸垂装置取付金具	長さ mm
1	−	−	SAS-211616	150
1-1	SAU-21 □□□□	185	−	−
1-2	UCF-2111	110	−	−

A.6.2　2 連懸垂装置（B2S）

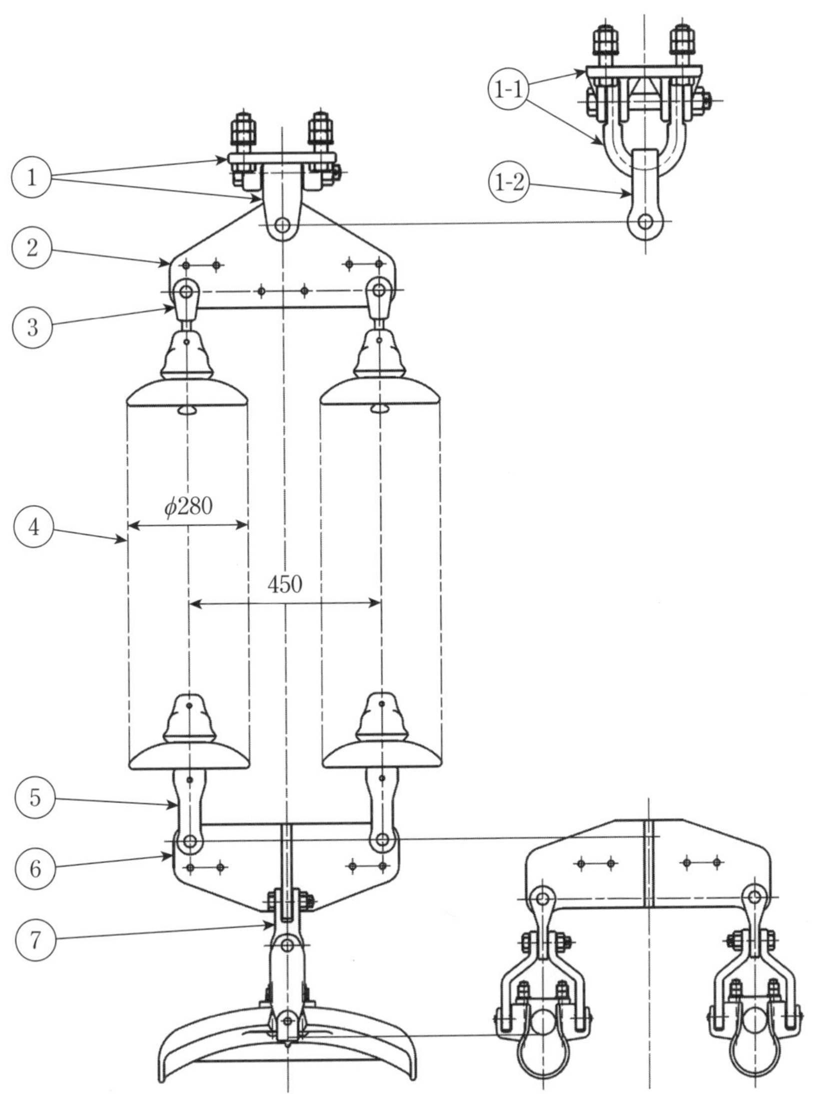

連品番		B2S42D-M		B2S42D-L	
引張強度　kN		420		420	
符号	品名	品番	長さ mm	品番	長さ mm
1 1-1 1-2	懸垂装置取付金具又は懸垂装置取付金具とプレート形Uクレビス	※	※	※	※
2	2連ヨーク	Y-4245HS	150	Y-4245HS	150
3	ボールクレビス	BC-2111	110	BC-2111	110
4	懸垂がいし	280 mm ボールソケット形（170 mm × n 個）			
5	直角ソケットクレビス	SCR-21145	145	SCR-21145	145
6	十字ヨーク	YX-42455	140	YX-42456	140
7	直角クレビスリンク	CLR-2110	100	CLR-2110	100
適用クランプ		FS		FS	
適用線条		A810～1160		A1160	
素導体間隔		500		600	
注記　※印は**付表 1** による。ただし，連構成品目には含まない。					

付表 1

符号	懸垂装置取付金具 プレート形Uクレビス	長さ mm	懸垂装置取付金具	長さ mm
1	–	–	SAS-421818	180
1-1	SAU-42 □□□□	215	–	–
1-2	UCF-4214	140	–	–

A.6.3　2 連耐張装置（B2T）（1）

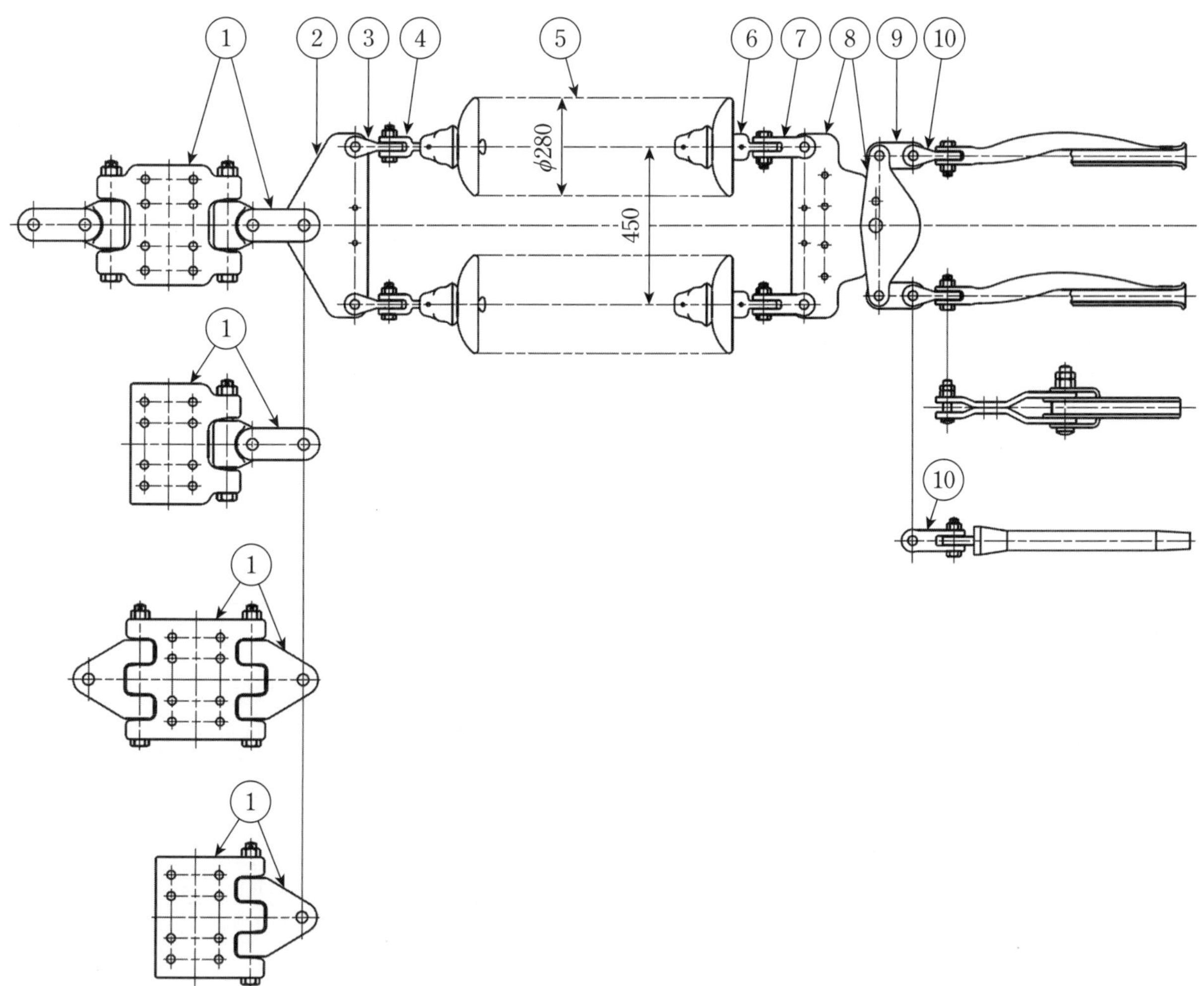

連品番		B2T42D-BS-3		B2T42D-BM-3		B2T42D-BL-3	
引張強度　kN		420		420		420	
符号	品名	品番	長さ mm	品番	長さ mm	品番	長さ mm
1	耐張装置取付金具	※	※	※	※	※	※
2	2連ヨーク	Y-4245HT	140	Y-4245HT	140	Y-4245HT	140
3	直角クレビスリンク	CLR-2110	100	CLR-2110	100	CLR-2110	100
4	ボールクレビス	BC-2111	110	BC-2111	110	BC-2111	110
5	懸垂がいし	280 mm ボールソケット形（170 mm × n 個）					
6	平行ソケットリンク	SLP-2170	70	SLP-2170	70	SLP-2170	70
7	直角クレビス	CR-2112	120	CR-2112	120	CR-2112	120
8	2連バランスヨーク	YB-42454	220	YB-42455	220	YB-42456	220
9	1枚リンク	L-2110	100	L-2110	100	L-2110	100
10	直角クレビスリンク	CLR-2110	100	CLR-2110	100	CLR-2111D	110
適用クランプ		ボルト，楔		ボルト，楔		ボルト，楔	
適用線条		A610		A610～810		A1160	
素導体間隔		400		500		600	
注記　※印は**付表 1** による。ただし，連構成品目には含まない。							

連品番		B2T42D-CS-3		B2T42D-CM-3		B2T42D-CL-3	
引張強度　kN		420		420		420	
符号	品名	品番	長さ mm	品番	長さ mm	品番	長さ mm
1	耐張装置取付金具	※	※	※	※	※	※
2	2連ヨーク	Y-4245HT	140	Y-4245HT	140	Y-4245HT	140
3	直角クレビスリンク	CLR-2110	100	CLR-2110	100	CLR-2110	100
4	ボールクレビス	BC-2111	110	BC-2111	110	BC-2111	110
5	懸垂がいし	280 mm ボールソケット形（170 mm × n 個）					
6	平行ソケットリンク	SLP-2170	70	SLP-2170	70	SLP-2170	70
7	直角クレビス	CR-2112	120	CR-2112	120	CR-2112	120
8	2連バランスヨーク	YB-42454	220	YB-42455	220	YB-42456	220
9	1枚リンク	L-2110	100	L-2110	100	L-2110	100
10	直角クレビス	CR-2112D	120	CR-2112D	120	CR-2112F	120
適用クランプ		圧縮		圧縮		圧縮	
適用線条		A610		A610～810		A1160	
素導体間隔		400		500		600	
注記　※印は**付表 1** による。ただし，連構成品目には含まない。							

付表 1

符号	合掌腕金取付	長さ mm	箱腕金取付	長さ mm
1	TAW-4214 □	−	TAS-4214 □	−

A.6.4　2 連耐張装置（B2T）（2）

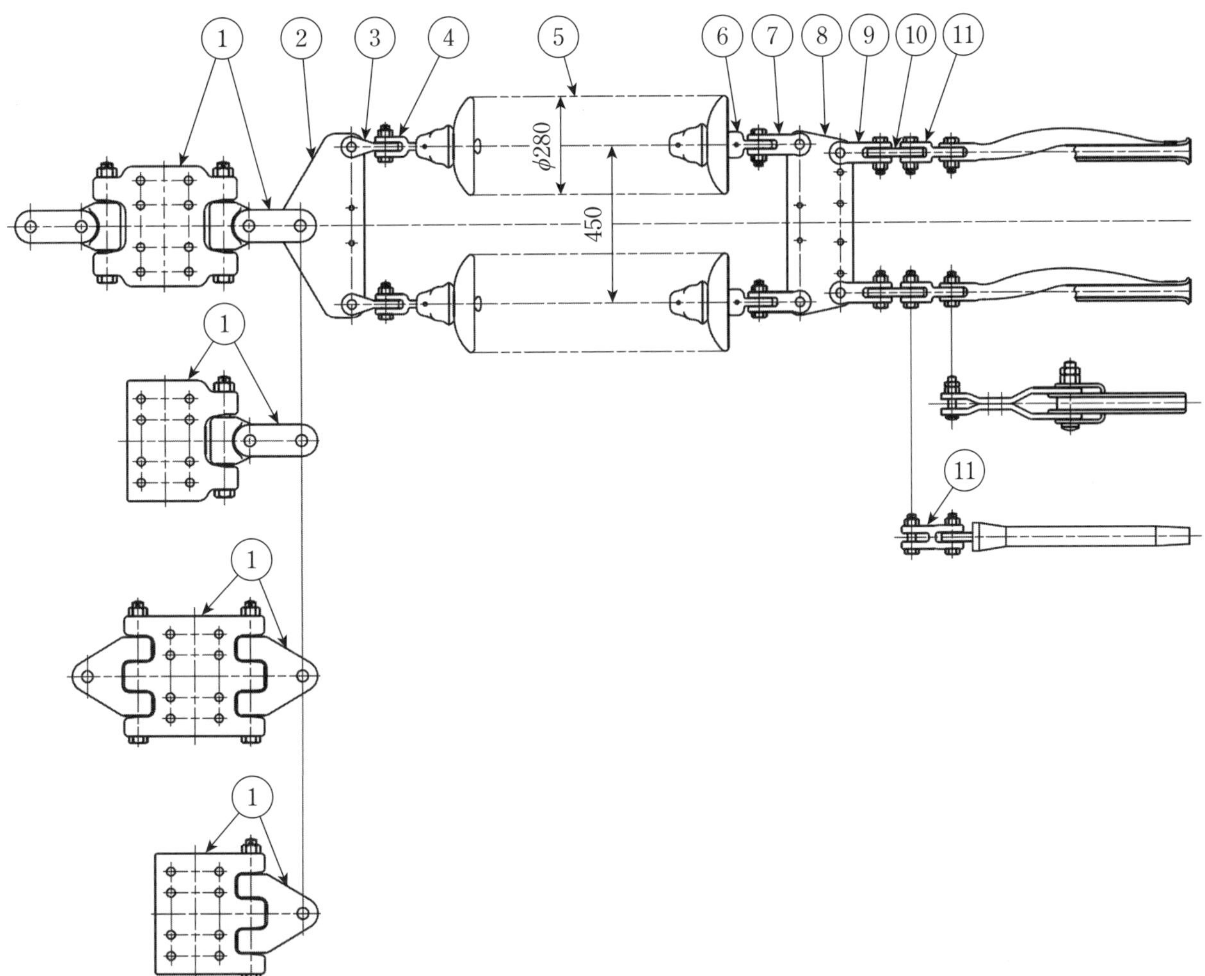

連品番		B2T42D-BS-4		B2T42D-BM-4		B2T42D-BL-4	
引張強度　kN		420		420		420	
符号	品名	品番	長さ mm	品番	長さ mm	品番	長さ mm
1	耐張装置取付金具	※	※	※	※	※	※
2	2連ヨーク	Y-4245HT	140	Y-4245HT	140	Y-4245HT	140
3	直角クレビスリンク	CLR-2110	100	CLR-2110	100	CLR-2110	100
4	ボールクレビス	BC-2111	110	BC-2111	110	BC-2111	110
5	懸垂がいし	280 mm ボールソケット形（170 mm × n 個）					
6	平行ソケットリンク	SLP-2170	70	SLP-2170	70	SLP-2170	70
7	直角クレビス	CR-2112	120	CR-2112	120	CR-2112	120
8	2連ヨーク	YR-42454	120	YR-42455	120	YR-42456	120
9	直角クレビス	CR-2112	120	CR-2112	120	CR-2112	120
10	扇形1枚リンク	DL-2190	90±20	DL-2190	90±20	DL-2190	90±20
11	平行クレビスリンク	CLP-2112	120	CLP-2112	120	CLP-2112D	120
適用クランプ		ボルト，楔		ボルト，楔		ボルト，楔	
適用線条		A610		A610～810		A1160	
素導体間隔		400		500		600	
注記　※印は**付表 1** による。ただし，連構成品目には含まない。							

連品番		B2T42D-CS-4		B2T42D-CM-4		B2T42D-CL-4	
引張強度　kN		420		420		420	
符号	品名	品番	長さ mm	品番	長さ mm	品番	長さ mm
1	耐張装置取付金具	※	※	※	※	※	※
2	2連ヨーク	Y-4245HT	140	Y-4245HT	140	Y-4245HT	140
3	直角クレビスリンク	CLR-2110	100	CLR-2110	100	CLR-2110	100
4	ボールクレビス	BC-2111	110	BC-2111	110	BC-2111	110
5	懸垂がいし	280 mm ボールソケット形（170 mm × n 個）					
6	平行ソケットリンク	SLP-2170	70	SLP-2170	70	SLP-2170	70
7	直角クレビス	CR-2112	120	CR-2112	120	CR-2112	120
8	2連ヨーク	YR-42454	120	YR-42455	120	YR-42456	120
9	直角クレビス	CR-2112	120	CR-2112	120	CR-2112	120
10	扇形1枚リンク	DL-2190	90±20	DL-2190	90±20	DL-2190	90±20
11	平行クレビス	CP-2112	120	CP-2112	120	CP-2112D	120
適用クランプ		圧縮		圧縮		圧縮	
適用線条		A610		A610～810		A1160	
素導体間隔		400		500		600	
注記　※印は**付表 1** による。ただし，連構成品目には含まない。							

付表 1

符号	合掌腕金取付	長さ mm	箱腕金取付	長さ mm
1	TAW-4214 □	－	TAS-4214 □	－

A.6.5　2 連耐張装置（B2T）（3）正吊

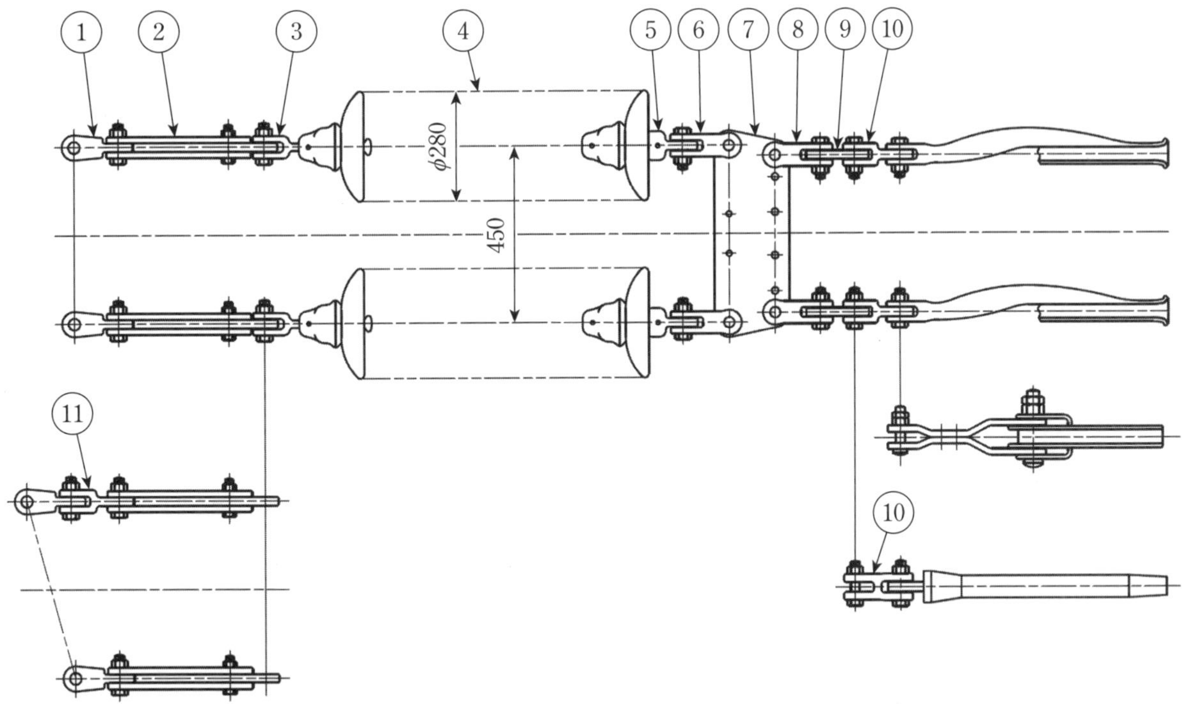

連品番		B2T42D-BS-5		B2T42D-BM-5		B2T42D-BL-5	
引張強度　kN		420		420		420	
符号	品名	品番	長さ mm	品番	長さ mm	品番	長さ mm
1	直角クレビスリンク	CLR-21115	115	CLR-21115	115	CLR-21115	115
2	バーニヤ金具	VCL-2138	380^{+126}_{-0}	VCL-2138	380^{+126}_{-0}	VCL-2138	380^{+126}_{-0}
3	ボールクレビス	BC-2111	110	BC-2111	110	BC-2111	110
4	懸垂がいし	280 mm ボールソケット形（170 mm × n 個）					
5	平行ソケットリンク	SLP-2170	70	SLP-2170	70	SLP-2170	70
6	直角クレビス	CR-2112	120	CR-2112	120	CR-2112	120
7	2 連ヨーク	YR-42454	120	YR-42455	120	YR-42456	120
8	直角クレビス	CR-2112	120	CR-2112	120	CR-2112	120
9	扇形 1 枚リンク	DL-2190	90±20	DL-2190	90±20	DL-2190	90±20
10	平行クレビスリンク	CLP-2112	120	CLP-2112	120	CLP-2112D	120
11	平行クレビスリンク a)	CLP-21126	126	CLP-21126	126	CLP-21126	126
適用クランプ		ボルト，楔		ボルト，楔		ボルト，楔	
適用線条		A610		A610〜810		A1160	
素導体間隔		400		500		600	
注 a)　連構成品目には含まない。							

連品番		B2T42D-CS-5		B2T42D-CM-5		B2T42D-CL-5	
引張強度　kN		420		420		420	
符号	品名	品番	長さ mm	品番	長さ mm	品番	長さ mm
1	直角クレビスリンク	CLR-21115	115	CLR-21115	115	CLR-21115	115
2	バーニヤ金具	VCL-2138	380^{+126}_{-0}	VCL-2138	380^{+126}_{-0}	VCL-2138	380^{+126}_{-0}
3	ボールクレビス	BC-2111	110	BC-2111	110	BC-2111	110
4	懸垂がいし	280 mm ボールソケット形（170 mm × n 個）					
5	平行ソケットリンク	SLP-2170	70	SLP-2170	70	SLP-2170	70
6	直角クレビス	CR-2112	120	CR-2112	120	CR-2112	120
7	2 連ヨーク	YR-42454	120	YR-42455	120	YR-42456	120
8	直角クレビス	CR-2112	120	CR-2112	120	CR-2112	120
9	扇形 1 枚リンク	DL-2190	90±20	DL-2190	90±20	DL-2190	90±20
10	平行クレビス	CP-2112	120	CP-2112	120	CP-2112D	120
11	平行クレビスリンク a)	CLP-21126	126	CLP-21126	126	CLP-21126	126
適用クランプ		圧縮		圧縮		圧縮	
適用線条		A610		A610〜810		A1160	
素導体間隔		400		500		600	
注 a)　連構成品目には含まない。							

A.6.6　2 連耐張装置（B2T）（4）逆吊

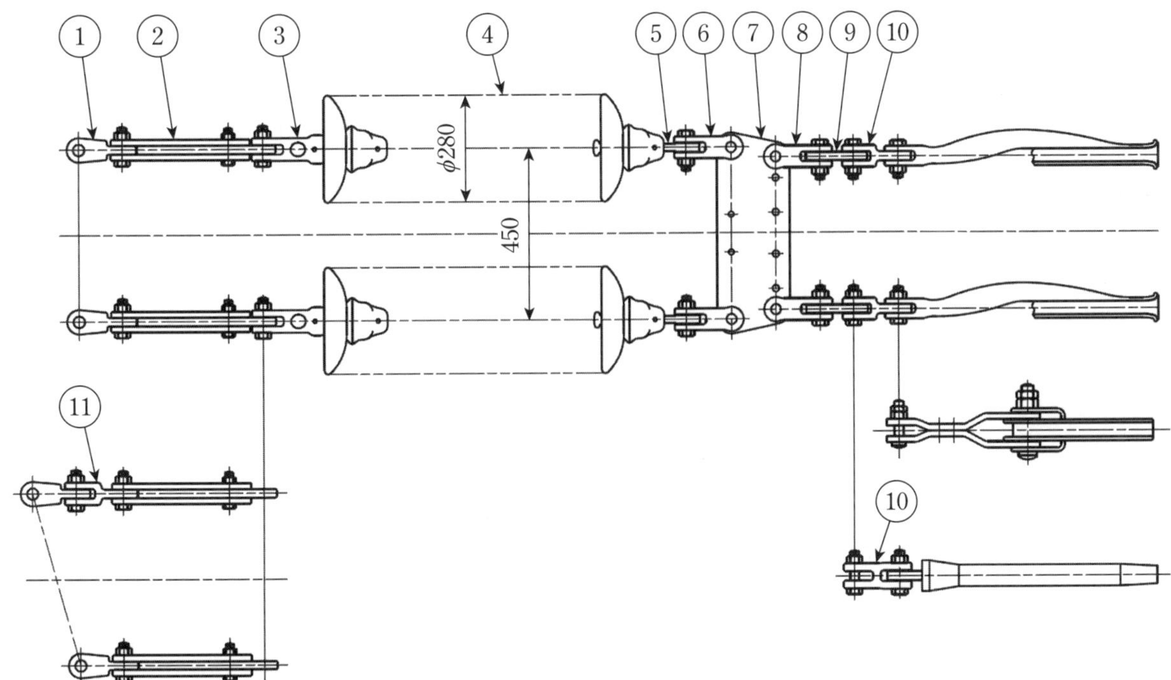

連品番		B2T42D-BS-6		B2T42D-BM-6		B2T42D-BL-6	
引張強度　kN		420		420		420	
符号	品名	品番	長さ mm	品番	長さ mm	品番	長さ mm
1	直角クレビスリンク	CLR-21115	115	CLR-21115	115	CLR-21115	115
2	バーニヤ金具	VCL-2138	380^{+126}_{-0}	VCL-2138	380^{+126}_{-0}	VCL-2138	380^{+126}_{-0}
3	平行ソケットクレビス	SCP-21145	145	SCP-21145	145	SCP-21145	145
4	懸垂がいし	280 mm ボールソケット形（170 mm × n 個）					
5	ボールリンク	BL-2180	80	BL-2180	80	BL-2180	80
6	直角クレビス	CR-2112	120	CR-2112	120	CR-2112	120
7	2連ヨーク	YR-42454	120	YR-42455	120	YR-42456	120
8	直角クレビス	CR-2112	120	CR-2112	120	CR-2112	120
9	扇形1枚リンク	DL-2190	90±20	DL-2190	90±20	DL-2190	90±20
10	平行クレビスリンク	CLP-2112	120	CLP-2112	120	CLP-2112D	120
11	平行クレビスリンク [a)]	CLP-21126	126	CLP-21126	126	CLP-21126	126
適用クランプ		ボルト，楔		ボルト，楔		ボルト，楔	
適用線条		A610		A610〜810		A1160	
素導体間隔		400		500		600	
注 [a)]　連構成品目には含まない。							

連品番		B2T42D-CS-6		B2T42D-CM-6		B2T42D-CL-6	
引張強度　kN		420		420		420	
符号	品名	品番	長さ mm	品番	長さ mm	品番	長さ mm
1	直角クレビスリンク	CLR-21115	115	CLR-21115	115	CLR-21115	115
2	バーニヤ金具	VCL-2138	380^{+126}_{-0}	VCL-2138	380^{+126}_{-0}	VCL-2138	380^{+126}_{-0}
3	平行ソケットクレビス	SCP-21145	145	SCP-21145	145	SCP-21145	145
4	懸垂がいし	280 mm ボールソケット形（170 mm × n 個）					
5	ボールリンク	BL-2180	80	BL-2180	80	BL-2180	80
6	直角クレビス	CR-2112	120	CR-2112	120	CR-2112	120
7	2連ヨーク	YR-42454	120	YR-42455	120	YR-42456	120
8	直角クレビス	CR-2112	120	CR-2112	120	CR-2112	120
9	扇形1枚リンク	DL-2190	90±20	DL-2190	90±20	DL-2190	90±20
10	平行クレビス	CP-2112	120	CP-2112	120	CP-2112D	120
11	平行クレビスリンク [a)]	CLP-21126	126	CLP-21126	126	CLP-21126	126
適用クランプ		圧縮		圧縮		圧縮	
適用線条		A610		A610〜810		A1160	
素導体間隔		400		500		600	
注 [a)]　連構成品目には含まない。							

A.7　架空地線用装置

A.7.1　懸垂装置（GS）

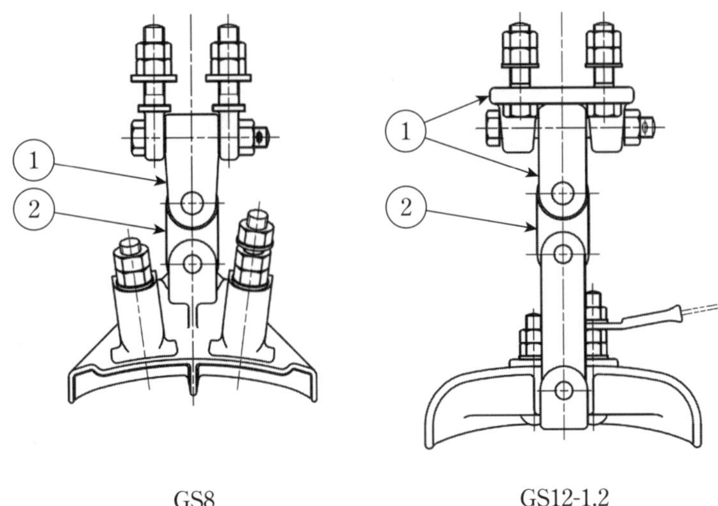

GS8　　GS12-1.2

連品番		GS8	
引張強度　kN		80	
符号	品名	品番	長さ mm
1	懸垂装置取付金具	IBC-1275W-2	97
2	1枚リンク	L-1260V	60
適用クランプ		GSN	
適用線条		GSW55～90，AC55～90	

連品番		GS12-1		GS12-2	
引張強度　kN		120		120	
符号	品名	品番	長さ mm	品番	長さ mm
1	懸垂装置取付金具	SAS-128590	105	SAS-161313X	140
2	1枚リンク	L-1260V	60	L-1270W	70
適用クランプ		GFS		GFS	
適用線条		AC100，IACSR79～120		AC160	

A.7.2　耐張装置（GT）

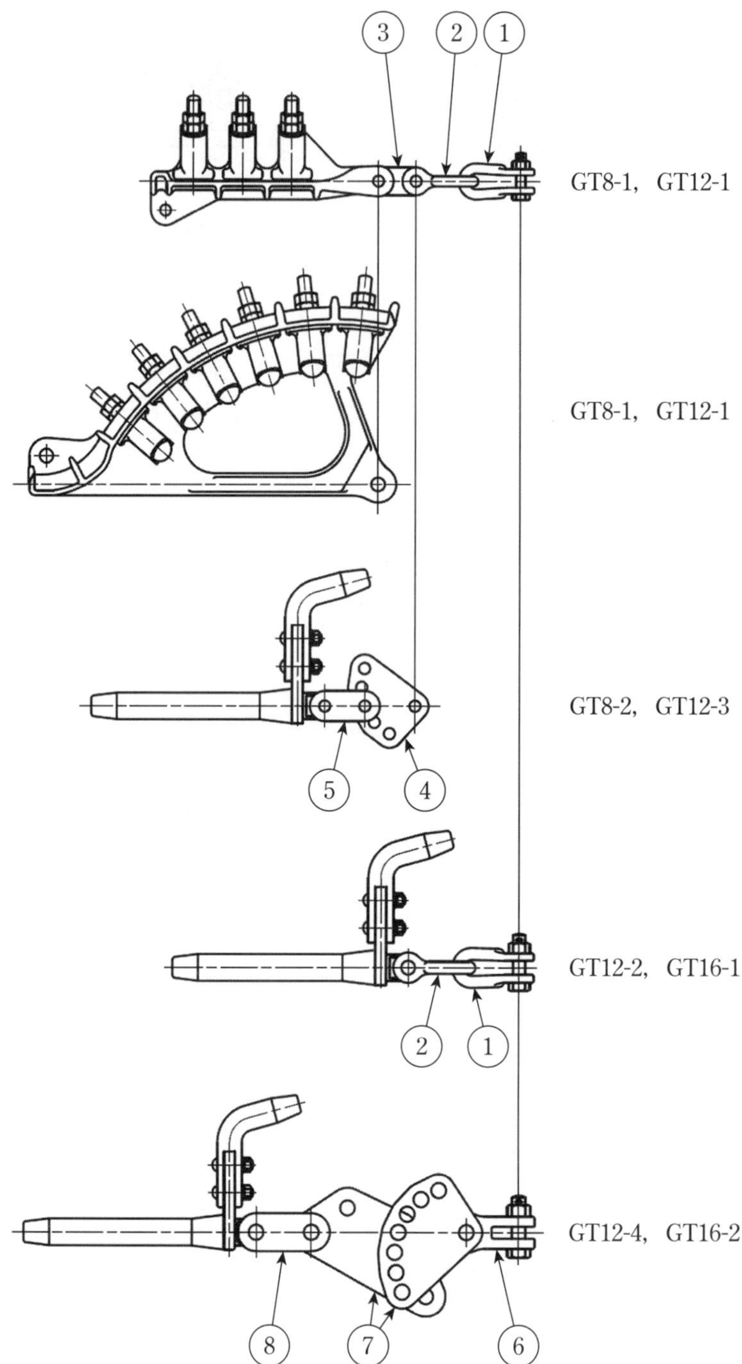
3
2
1
GT8-1，GT12-1
GT8-1，GT12-1
GT8-2，GT12-3
5
4
GT12-2，GT16-1
2
1
GT12-4，GT16-2
8
7
6

連品番		GT8-1		GT8-2	
引張強度　kN		80		80	
符号	品名	品番	長さ mm	品番	長さ mm
1	Ｕクレビス	UC-885	85	UC-885	85
2	Ｕクレビス	UC-885	85	UC-885	85
3	１枚リンク	L-860	60	−	−
4	扇形一枚リンク	−	−	DL-880-1	80±20
5	平行クレビス	−	−	CP-865	65
適用クランプ		ボルト		圧縮	
適用線条		GSW38～70，AC38～70		GSW38～70，AC38～70	

連品番		GT12-1		GT12-2		GT12-3		GT12-4	
引張強度　kN		120		120		120		120	
符号	品名	品番	長さ mm	品番	長さ mm	品番	長さ mm	品番	長さ mm
1	Ｕクレビス	UC-1290	90	UC-1290	90	UC-1290	90	−	−
2	Ｕクレビス	UC-1290	90	UC-1290	90	UC-1290	90	−	−
3	１枚リンク	L-1270	70	−	−	−	−	−	−
4	扇形一枚リンク	−	−	−	−	DL-1280	80±20	−	−
5	平行クレビス	−	−	−	−	CP-1280	80	−	−
6	直角クレビスリンク	−	−	−	−	−	−	CLR-1685	85
7	調整金具	−	−	−	−	−	−	DDL-1214-1	140^{+200}_{-0}
8	平行クレビス	−	−	−	−	−	−	CP-1280	80
適用クランプ		ボルト		圧縮		圧縮		圧縮	
適用線条		GSW90，AC90		AC100，IACSR79～120		AC100，IACSR79～120		AC100，IACSR79～120	

連品番		GT16-1		GT16-2	
引張強度　kN		165		165	
符号	品名	品番	長さ mm	品番	長さ mm
1	Ｕクレビス	UC-1695	95	−	−
2	Ｕクレビス	UC-1695	95	−	−
6	直角クレビスリンク	−	−	CLR-1685-5	85
7	調整金具	−	−	DDL-1615-1	150^{+200}_{-0}
8	平行クレビス	−	−	CP-1690	90
適用クランプ		圧縮		圧縮	
適用線条		AC160		AC160	

附属書 B
（規定）
架線金具規格図

目 次

B.1　懸垂装置鉄塔取付金具（SAT）

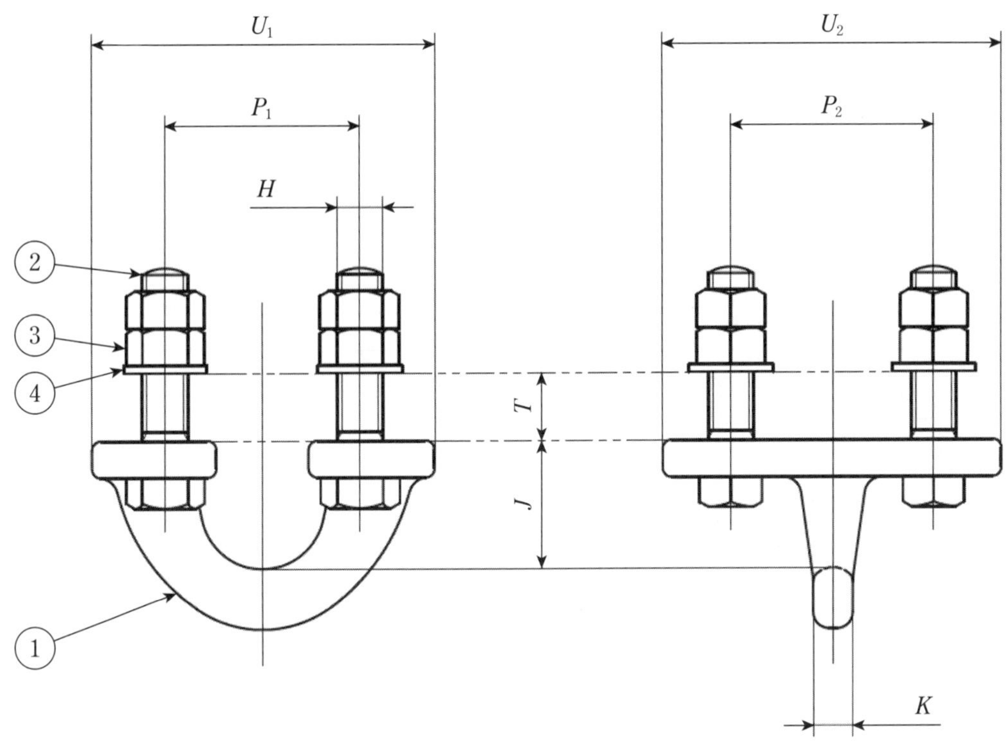

記号	1	2	3	4
名称	本体	締付ボルト	六角ナット	平座金
材料	鋳鋼，鋳鉄又は軟鋼	軟鋼	軟鋼	軟鋼
個数	1	4	8	4

品番	寸法 mm							適用プレート厚さ T mm	引張強度 kN
	J	P_1	P_2	U_1	U_2	K	H		
SAT-128590	55±3	85±1	90±1	150	150	17.5	M20	9～30	120
SAT-168590	55±3	85±1	90±1	150	150	17.5	M22	9～35	165
SAT-161010	55±3	100±1	100±1	150	150	17.5	M22	9～35	165

B.2　懸垂装置鉄塔取付金具（SAU）

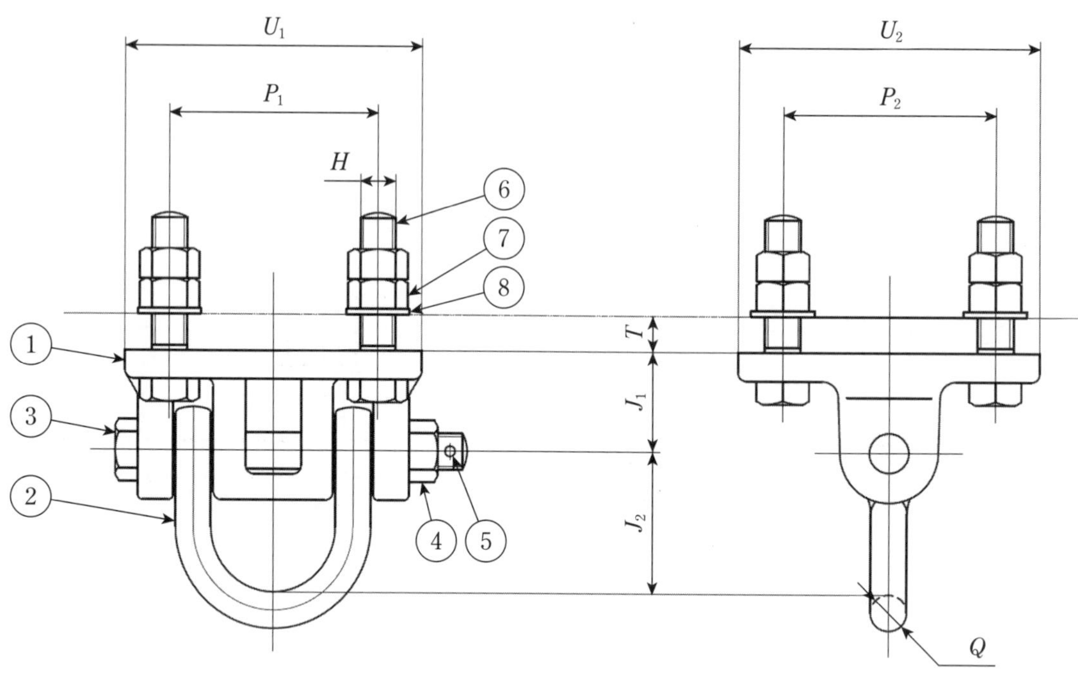

記号	1	2	3	4	5	6	7	8
名称	本体	U 金具	コッタボルト	六角ナット	割りピン	締付ボルト	六角ナット	平座金
材料	鋳鋼，鋳鉄又は軟鋼	軟鋼	軟鋼	軟鋼	銅合金線	軟鋼	軟鋼	軟鋼
個数	1	1	1	1	1	4	8	4

品番	寸法 mm								適用プレート厚さ T mm	引張強度 kN
	J_1	J_2	P_1	P_2	U_1	U_2	Q	H		
SAU-161313	60±3	85±3	130±1	130±1	185	185	22	M22	9～35	165
SAU-211616	65±3	120±3	160±1	160±1	225	225	32	M24	12～41	210
SAU-211620	65±3	120±3	160±1	200±1	230	270	32	M30	12～41	210
SAU-211818	65±3	120±3	180±1	180±1	255	255	32	M30	12～41	210
SAU-331620	70±3	130±4	160±1	200±1	240	280	36	M30	12～41	330
SAU-331818	70±3	130±4	180±1	180±1	260	260	36	M30	12～41	330
SAU-421620	80±3	135±4	160±1	200±1	250	290	42	M30	12～41	420
SAU-421818	80±3	135±4	180±1	180±1	270	270	42	M30	12～41	420

B.3　懸垂装置鉄塔取付金具（SAS）

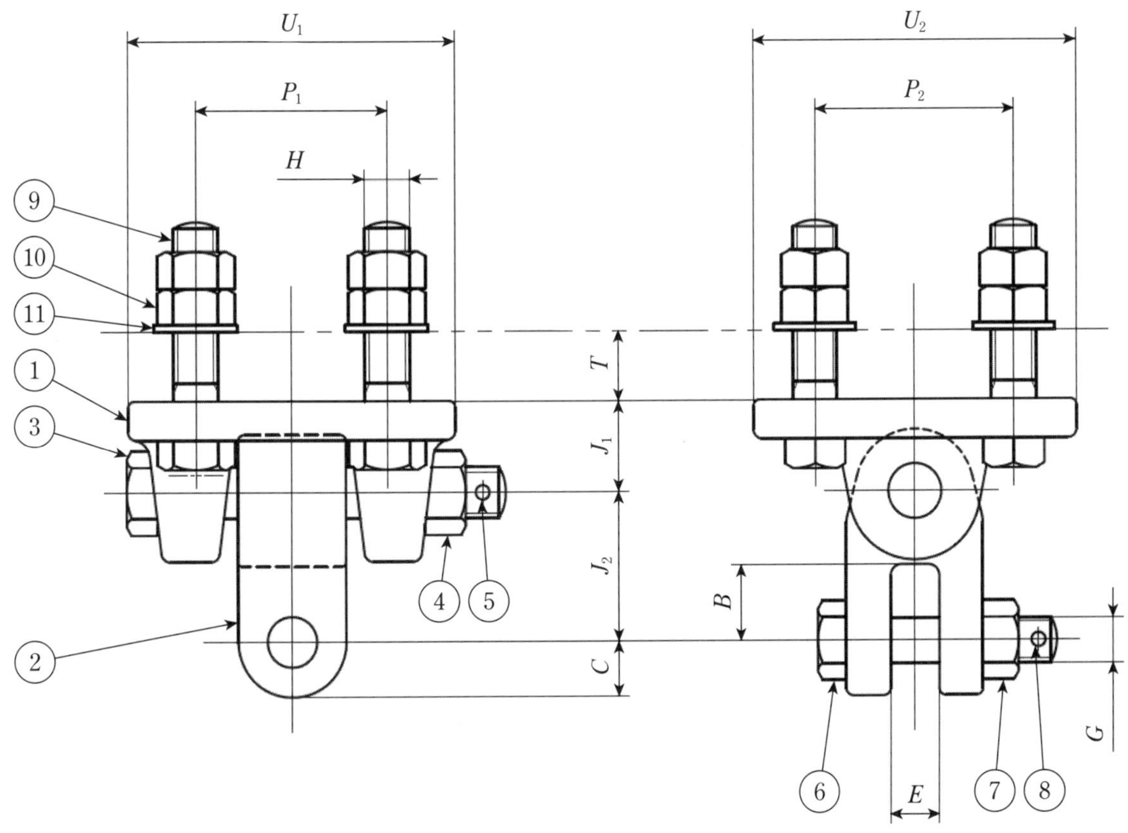

記号	1	2	3	4	5	6	7	8	9	10	11
名称	本体	直角クレビスリンク	コッタボルト	六角ナット	割りピン	コッタボルト	六角ナット	割りピン	締付ボルト	六角ナット	平座金
材料	鋳鋼，鋳鉄又は軟鋼	軟鋼	高張力鋼	軟鋼	銅合金線	軟鋼又は高張力鋼	軟鋼	銅合金線	軟鋼又は高張力鋼	軟鋼	軟鋼
個数	1	1	1	1	1	1	1	1	4	8	4

品番	寸法 mm											適用プレート厚さ T mm	引張強度 kN
	J_1	J_2	P_1	P_2	U_1	U_2	B	C	E	G	H		
SAS-128590	40±2	65±3	85±1	90±1	146	146	33 以上	24±1	22±1	M20	M20	9〜30	120
SAS-161313X	40±2	100±3	130±1	130±1	190	190	40 以上	30±1	25±1	M22	M22	9〜35	165
SAS-211616	40±2	110±3	160±1	160±1	220	220	43 以上	30±1	25±1	M24	M24	12〜41	210
SAS-331818	45±2	120±3	180±1	180±1	250	250	58 以上	36±1	25±1	M30	M30	12〜41	330
SAS-421818	50±2	130±4	180±1	180±1	250	250	68 以上	40±1	25±1	M36	M30	12〜41	420

B.4　懸垂装置鉄塔取付金具（IBC）

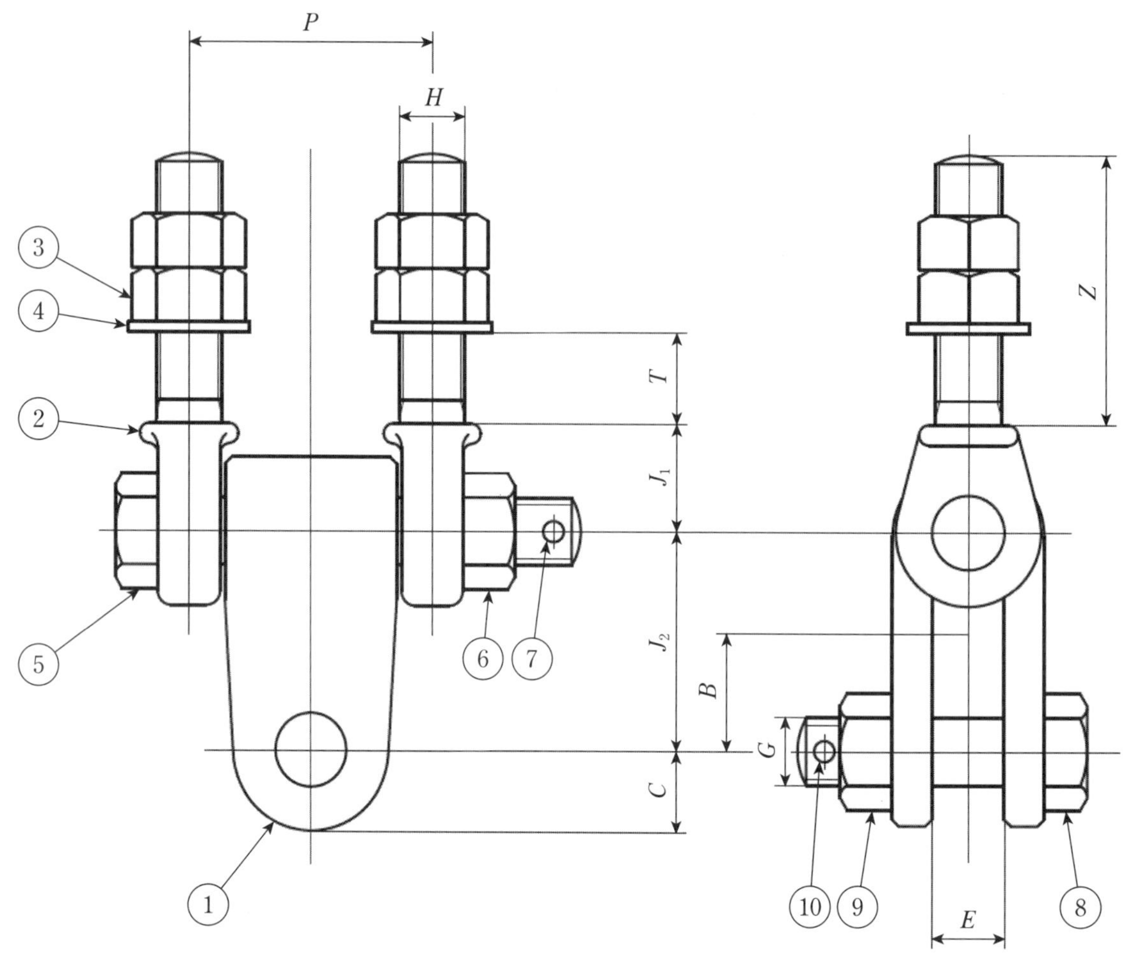

記号	1	2	3	4	5	6	7	8	9	10
名称	本体	アイボルト	六角ナット	平座金	コッタボルト	六角ナット	割りピン	コッタボルト	六角ナット	割りピン
材料	軟鋼	軟鋼	軟鋼	軟鋼	高張力鋼	軟鋼	銅合金線	高張力鋼	軟鋼	銅合金線
個数	1	2	4	2	1	1	1	1	1	1

品番	寸法 mm									適用プレート厚さ T mm	引張強度 kN
	J_1	J_2	P	B	C	E	G	H	ボルト長 Z（最大）		
IBC-1275WV-2	32±3	65±3	75～80	32 以上	24±2	22±1	M16	M20	80	9～30	120
IBC-1275W-2	32±3	65±3	75～80	32 以上	24±2	22±1	M20	M20	80	9～30	120

B.5 耐張装置鉄塔取付金具（TAW）（1）

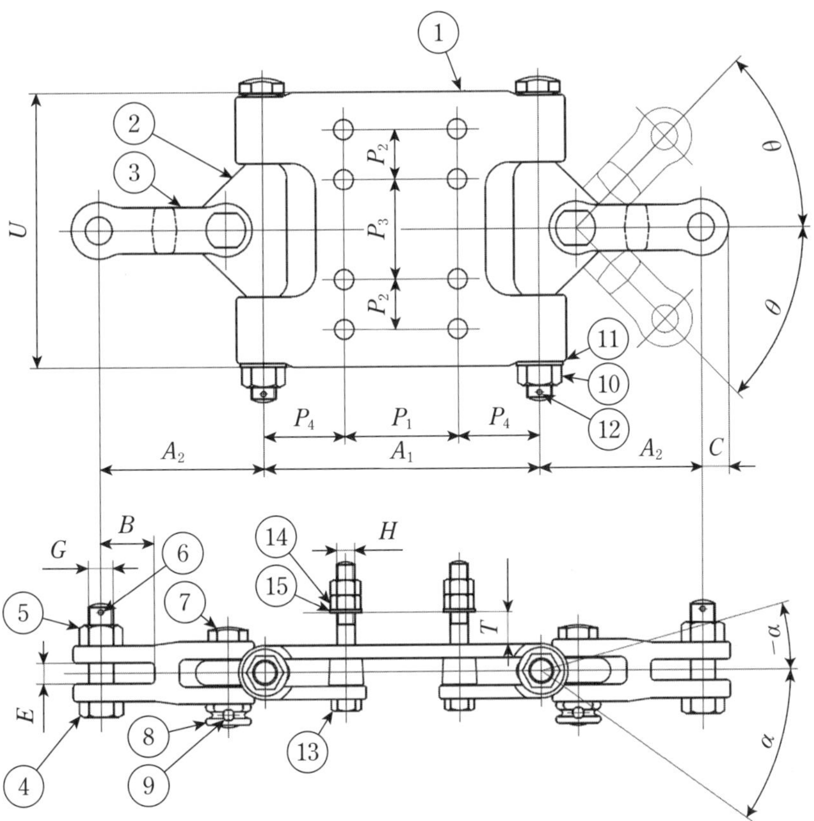

記号	1	2	3	4	5	6	7	8	9	10	11	12	13	14	15
名称	本体	接手金具	平行クレビス	コッタボルト	六角ナット	割りピン	コッタボルト	コロナ防止ナット	割りピン	六角ナット	平座金	割りピン	締付ボルト	六角ナット	平座金
材料	鋳鋼，鋳鉄又は軟鋼	軟鋼又は高張力鋼	軟鋼又は高張力鋼	軟鋼又は高張力鋼	軟鋼	銅合金線	軟鋼又は高張力鋼	鋳鋼，鋳鉄又は軟鋼	銅合金線	軟鋼	軟鋼	銅合金線	高張力鋼	軟鋼	軟鋼
個数	1	2	2	2	2	2	2	2	2	2	2	2	8	16	8

品番	寸法 mm												適用条件				引張強度 kN
	A_1	A_2	P_1	P_2	P_3	P_4	U	B	C	E	G	H	適用プレート厚さ T mm	垂直角度 α	水平角度 θ	アングルサイズ	
TAW-3314A	340	200	140±0.5	60±0.5	120±0.5	100	330	62 以上	34±1	25±1	M30	M22	9～41	−15°～35°	35°	L90～L150	330
TAW-3314FN	340	225	140±0.5	60±0.5	120±0.5	100	344	78 以上	$46^{+2.0}_{-1.0}$	25±1	M30	M22					
TAW-4214A	340	225	140±0.5	70±0.5	120±0.5	100	340	73 以上	38±1	25±1	M36	M24	19～43	−15°～35°	35°	L100～L150	420
TAW-4214FN	340	225	140±0.5	70±0.5	120±0.5	100	344	78 以上	$46^{+2.0}_{-1.0}$	25±1	M36	M24					

B.6　耐張装置鉄塔取付金具（TAW）（2）

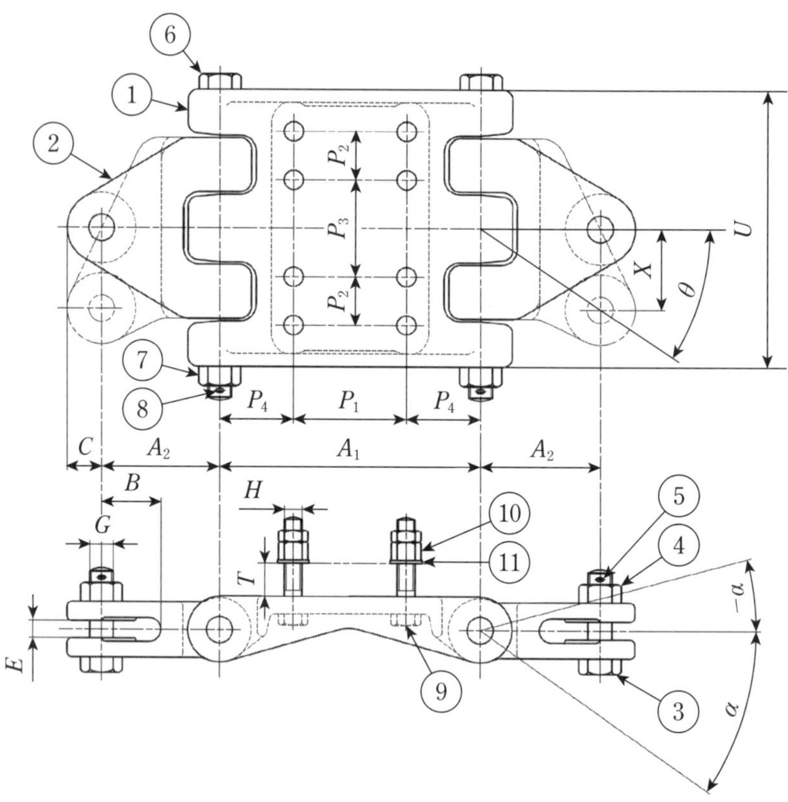

記号	1	2	3	4	5	6	7	8	9	10	11
名称	本体	接手金具	コッタボルト	六角ナット	割りピン	コッタボルト	六角ナット	割りピン	締付ボルト	六角ナット	平座金
材料	鋳鋼，鋳鉄又は軟鋼	軟鋼，鋳鉄又は高張力鋼	軟鋼又は高張力鋼	軟鋼	銅合金線	軟鋼又は高張力鋼	軟鋼	銅合金線	高張力鋼	軟鋼	軟鋼
個数	1	2	2	2	2	2	2	2	8	16	8

品番	寸法 mm													適用条件				引張強度 kN
	A_1	A_2	P_1	P_2	P_3	P_4	U	B	C	E	G	H	X	適用プレート厚さ T mm	垂直角度 α	水平角度 θ	アングルサイズ	
TAW-3314NA	326	150	140 ±0.5	60 ±0.5	120 ±0.5	93	344	74 以上	$44^{+2.0}_{-1.0}$	25±1	M30	M22	0	9〜41	−15°〜35°	25° 以下	L90〜L150	330
TAW-3314NB	326	150	140 ±0.5	60 ±0.5	120 ±0.5	93	344	74 以上	$44^{+2.0}_{-1.0}$	25±1	M30	M22	100			25.1°〜35°		
TAW-4214NA	326	150	140 ±0.5	70 ±0.5	120 ±0.5	93	344	74 以上	$44^{+2.0}_{-1.0}$	25±1	M36	M24	0	19〜43	−15°〜35°	25° 以下	L100〜L150	420
TAW-4214NB	326	150	140 ±0.5	70 ±0.5	120 ±0.5	93	344	74 以上	$44^{+2.0}_{-1.0}$	25±1	M36	M24	100			25.1°〜35°		

B.7 耐張装置鉄塔取付金具（TAS）（1）

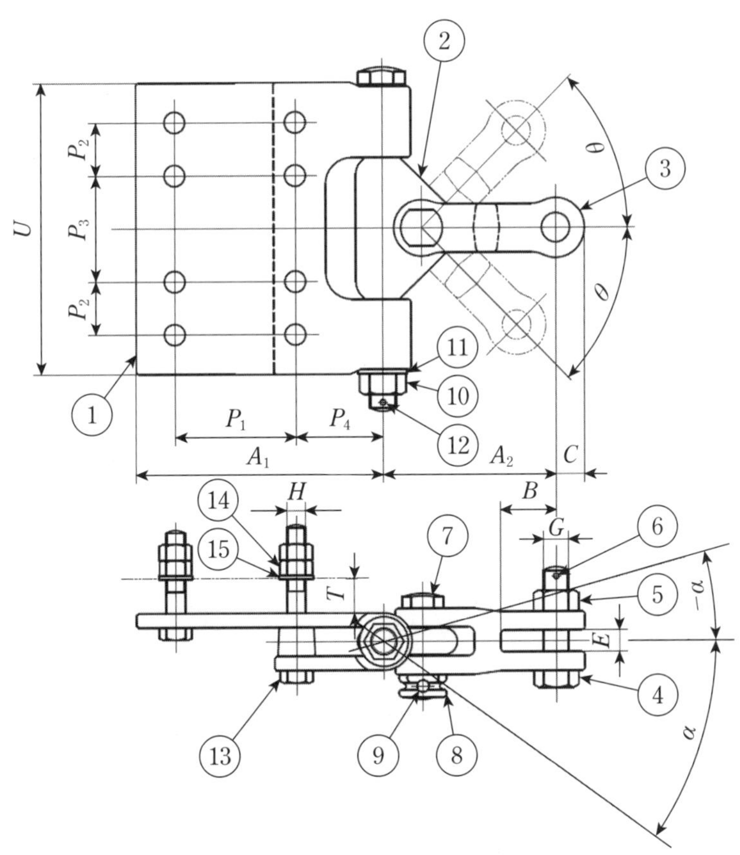

記号	1	2	3	4	5	6	7	8	9	10	11	12	13	14	15
名称	本体	接手金具	平行クレビス	コッタボルト	六角ナット	割りピン	コッタボルト	コロナ防止ナット	割りピン	六角ナット	平座金	割りピン	締付ボルト	六角ナット	平座金
材料	鋳鋼，鋳鉄又は軟鋼	軟鋼又は高張力鋼	軟鋼又は高張力鋼	軟鋼又は高張力鋼	軟鋼	銅合金線	軟鋼又は高張力鋼	鋳鋼，鋳鉄又は軟鋼	銅合金線	軟鋼	軟鋼	銅合金線	高張力鋼	軟鋼	軟鋼
個数	1	1	1	1	1	1	1	1	1	1	1	1	8	16	8

品番	寸法 mm												適用条件				引張強度 kN
	A_1	A_2	P_1	P_2	P_3	P_4	U	B	C	E	G	H	適用プレート厚さ T mm	垂直角度 α	水平角度 θ	アングルサイズ	
TAS-3314A	285	200	140±0.5	60±0.5	120±0.5	100	330	62 以上	34±1	25±1	M30	M22	9〜41	−15°〜35°	45°	L90〜L150	330
TAS-3314FN	280	225	140±0.5	60±0.5	120±0.5	100	344	78 以上	$46^{+2.0}_{-1.0}$	25±1	M30	M22					
TAS-4214A	285	225	140±0.5	70±0.5	120±0.5	100	340	73 以上	38±1	25±1	M36	M24	19〜43	−15°〜35°	45°	L100〜L150	420
TAS-4214FN	280	225	140±0.5	70±0.5	120±0.5	100	344	78 以上	$46^{+2.0}_{-1.0}$	25±1	M36	M24					

B.8　耐張装置鉄塔取付金具（TAS）（2）

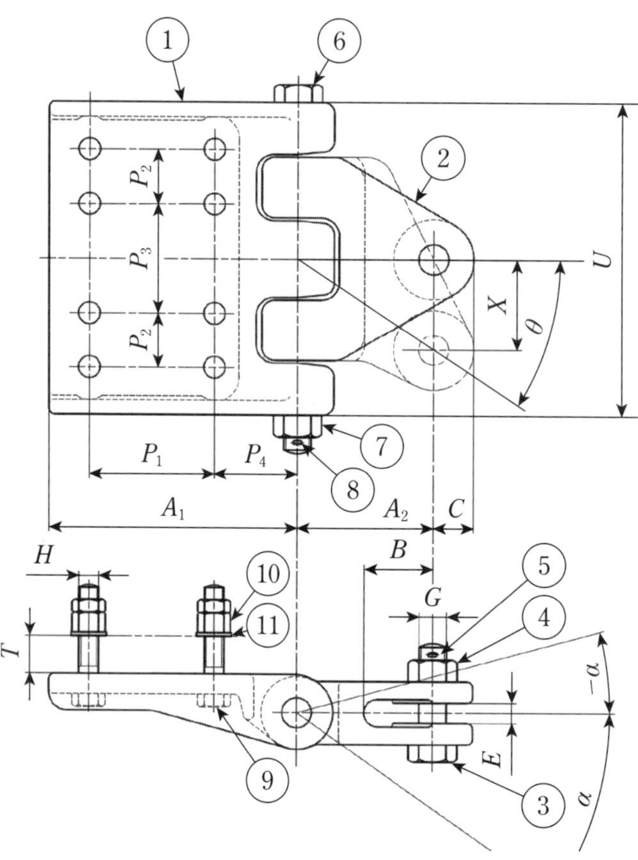

記号	1	2	3	4	5	6	7	8	9	10	11
名称	本体	接手金具	コッタボルト	六角ナット	割りピン	コッタボルト	六角ナット	割りピン	締付ボルト	六角ナット	平座金
材料	鋳鋼，鋳鉄又は軟鋼	軟鋼，鋳鉄又は高張力鋼	軟鋼又は高張力鋼	軟鋼	銅合金線	軟鋼又は高張力鋼	軟鋼	銅合金線	高張力鋼	軟鋼	軟鋼
個数	1	1	1	1	1	1	1	1	8	16	8

品番	寸法 mm													適用条件				引張強度 kN
	A_1	A_2	P_1	P_2	P_3	P_4	U	B	C	E	G	H	X	適用プレート厚さ T mm	垂直角度 α	水平角度 θ	アングルサイズ	
TAS-3314NA	278	150	140 ±0.5	60 ±0.5	120 ±0.5	93	344	74 以上	$44^{+2.0}_{-1.0}$	25±1	M30	M22	0	9～41	−15°～35°	25° 以下	L90～L150	330
TAS-3314NB	278	150	140 ±0.5	60 ±0.5	120 ±0.5	93	344	74 以上	$44^{+2.0}_{-1.0}$	25±1	M30	M22	100			25.1°～45°		
TAS-4214NA	278	150	140 ±0.5	70 ±0.5	120 ±0.5	93	344	74 以上	$44^{+2.0}_{-1.0}$	25±1	M36	M24	0	19～43	−15°～35°	25° 以下	L100～L150	420
TAS-4214NB	278	150	140 ±0.5	70 ±0.5	120 ±0.5	93	344	74 以上	$44^{+2.0}_{-1.0}$	25±1	M36	M24	100			25.1°～45°		

B.9　プレート形 U クレビス（UCF）

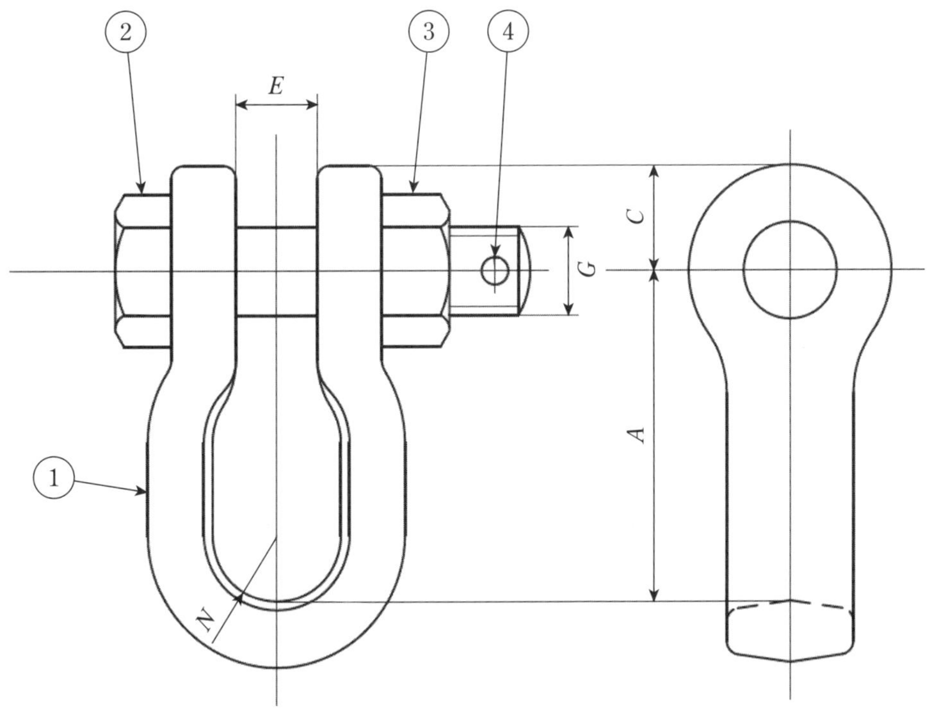

記号	1	2	3	4
名称	本体	コッタボルト	六角ナット	割りピン
材料	軟鋼	軟鋼	軟鋼	銅合金線
個数	1	1	1	1

品番	寸法 mm					引張 強度 kN
	A	*C*	*E*	*G*	*N*	
UCF-865	65±3	22±1	19±1	M16	15	80
UCF-1275	75±3	24±1	19±1	M20	15	120
UCF-1680	80±3	26±1	25±1	M22	15	165
UCF-1680D	80±3	26±1	19±1	M22	15	165
UCF-2111	110±3	30±1	25±1	M24	22	210
UCF-3313	130±4	36±1	25±1	M30	24	330
UCF-4214	140±4	42±1	25±1	M36	25	420

B.10　U クレビス（UC）

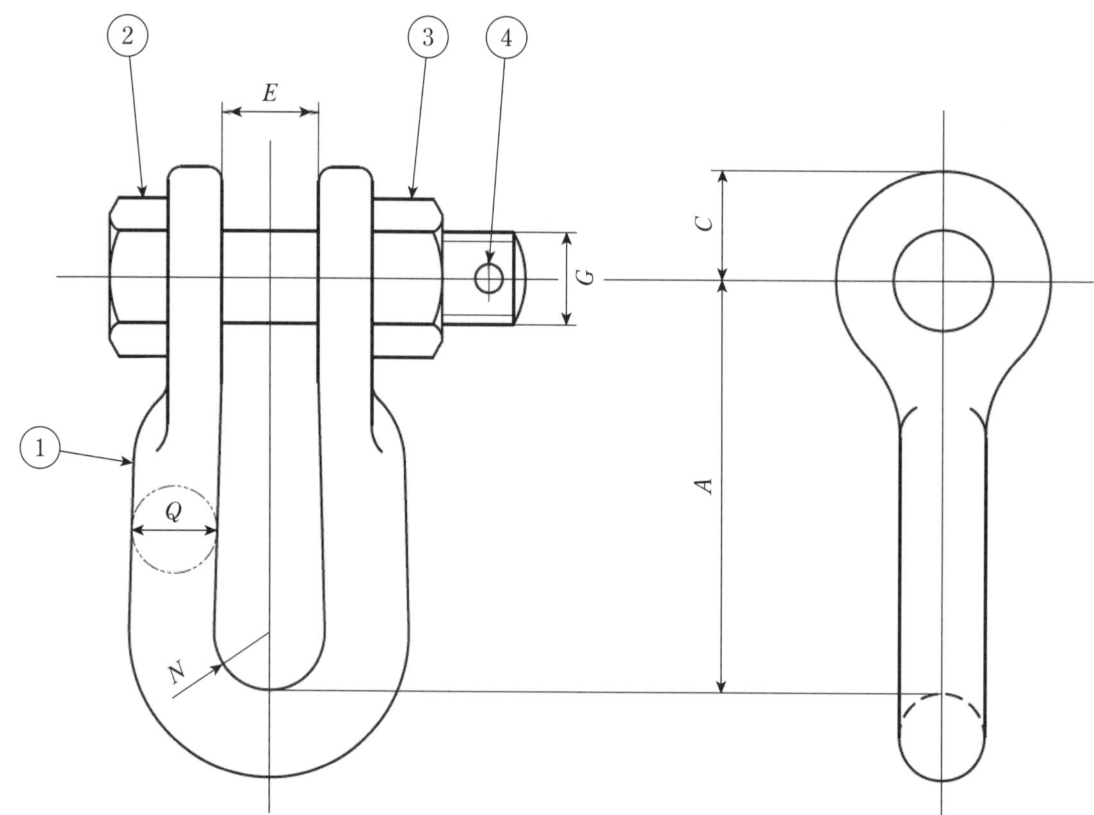

記号	1	2	3	4
名称	本体	コッタボルト	六角ナット	割りピン
材料	軟鋼	軟鋼	軟鋼	銅合金線
個数	1	1	1	1

品番	寸法 mm						引張 強度 kN
	A	*C*	*E*	*G*	*N*	*Q*	
UC-885	85±3	22±1	19±1	M16	12.5	16	80
UC-1275VW-2	75±3	24±1	19±1	M20	15.5	19	120
UC-1290	90±3	24±1	22±1	M20	12.5	19	120
UC-1695	95±3	26±1	25±1	M22	12.5	22	165
UC-2410	100±3	32±1	28±1	M27	15.5	28	240
UC-2410D	100±3	32±1	31±1	M27	15.5	28	240

B.11　ホーン取付金具（X）（1）

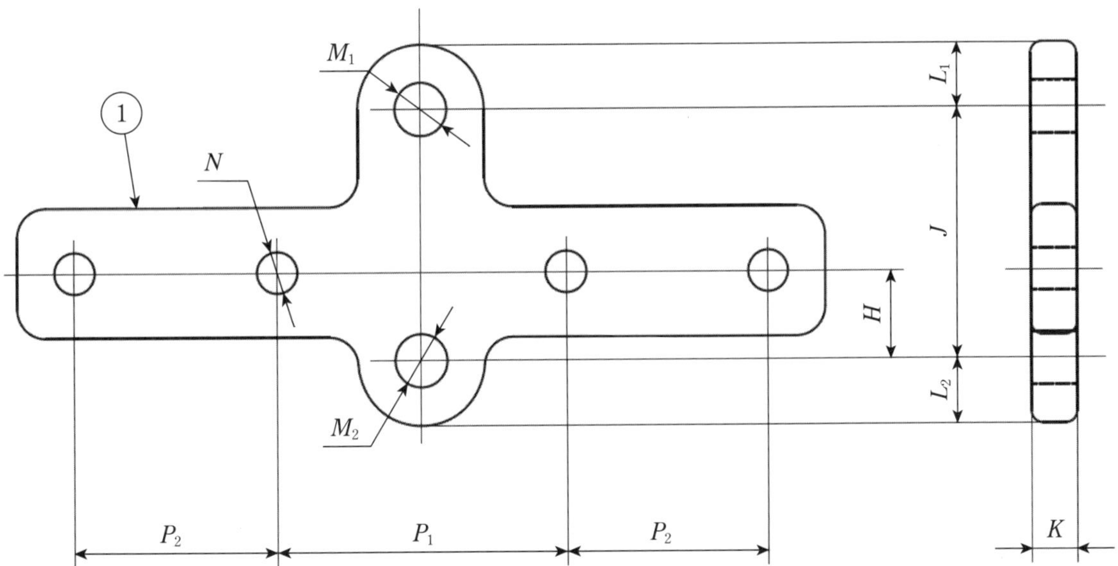

記号	1
名称	本体
材料	軟鋼
個数	1

品番	寸法 mm										引張強度 kN
	J	H	K	L_1	L_2	M_1	M_2	N	P_1	P_2	
X-855	55±3	55±1	16±1	22±1	22±1	18±0.5	18±0.5	14±0.5	100	70±0.5	80
X-885	85±3	55±1	16±1	22±1	22±1	18±0.5	18±0.5	14±0.5	100	70±0.5	80
X-1255	55±3	55±1	16±1	30±1	22±1	22±0.5	18±0.5	14±0.5	100	70±0.5	120
X-1255C	55±3	55±1	16±1	30±1	22±1	22±0.5	18±0.5	22±0.5	220	75±0.5	120
X-1665C	65±3	55±1	22±1	28±1	28±1	24±0.5	24±0.5	22±0.5	220	75±0.5	165
X-2111	110±3	55±1	22±1	38±1	38±1	27±0.5	27±0.5	14±0.5	220	70±0.5	210
X-2111C	110±3	55±1	22±1	38±1	38±1	27±0.5	27±0.5	22±0.5	220	75±0.5	210

B.12　ホーン取付金具（X）（2）

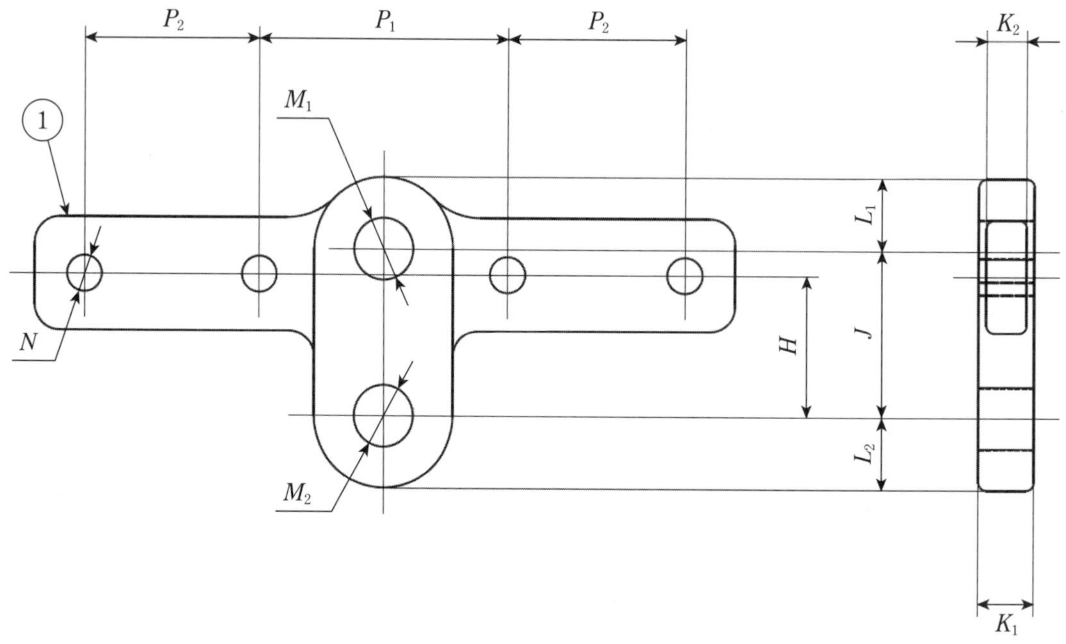

記号	1
名称	本体
材料	軟鋼
個数	1

品番	寸法 mm											引張強度 kN
	J	H	K_1	K_2	L_1	L_2	M_1	M_2	N	P_1	P_2	
X-1665	65±3	55±1	22±1	16±1	28±1	28±1	24±0.5	24±0.5	14±0.5	100	70±0.5	165

B.13　ホーン取付金具（LX）（1）

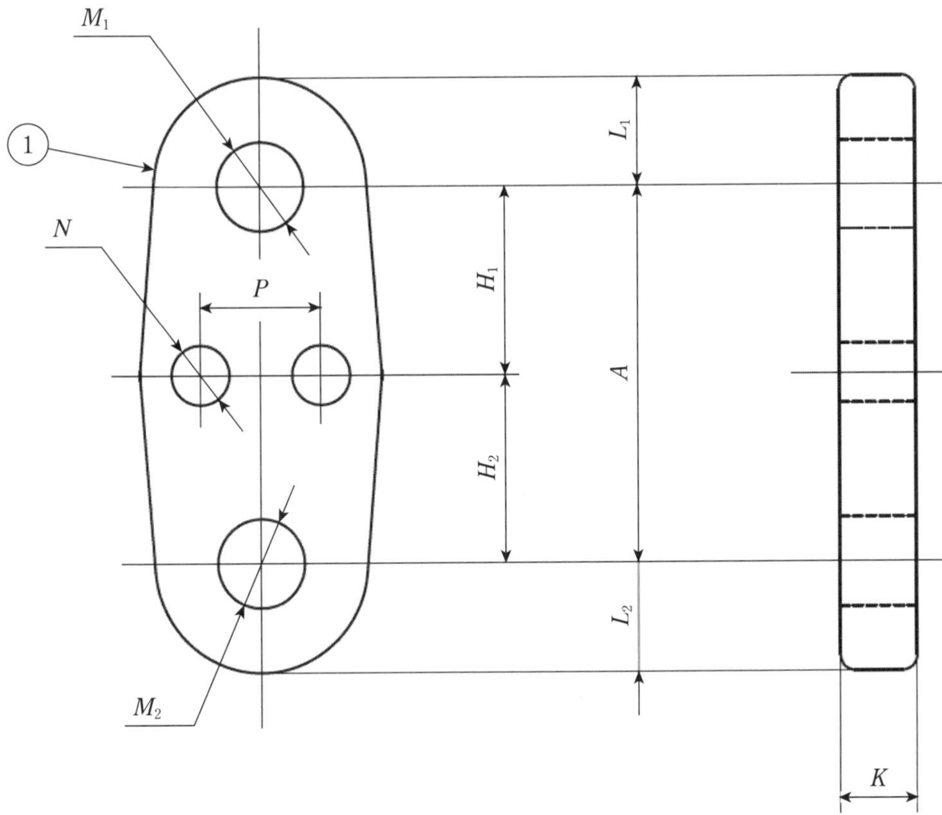

記号	1
名称	本体
材料	軟鋼
個数	1

品番	寸法 mm										引張強度 kN
	A	L_1	L_2	M_1	M_2	N	P	H_1	H_2	K	
LX-876	76±3	55±1	22±1	18±0.5	18±0.5	12±0.5	25±0.5	38±1	38±1	16±1	80
LX-1278	78±3	26±1	22±1	22±0.5	18±0.5	12±0.5	25±0.5	40±1	38±1	16±1	120

B.14　ホーン取付金具（LX）（2）

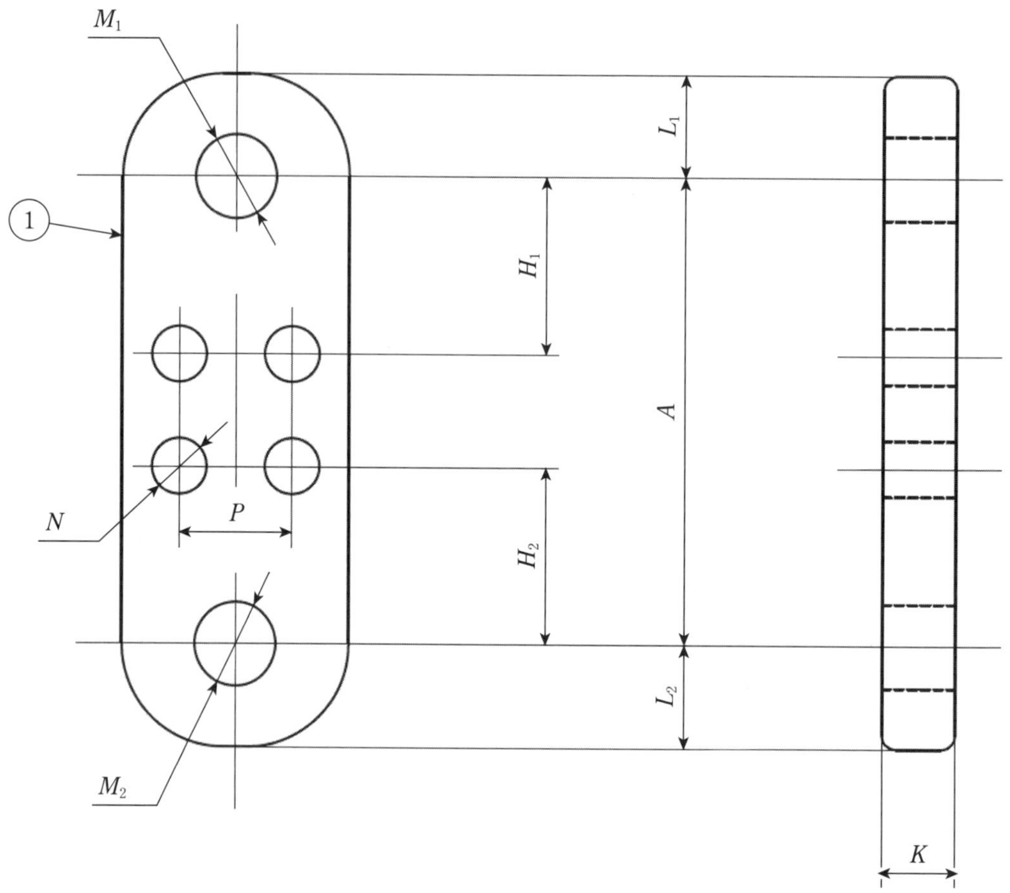

記号	1
名称	本体
材料	軟鋼
個数	1

品番	寸法 mm										引張強度 kN
	A	L_1	L_2	M_1	M_2	N	P	H_1	H_2	K	
LX-1210	100±3	22±1	22±1	18±0.5	18±0.5	12±0.5	25±0.5	38±1	38±1	16±1	120

B.15　ホーン取付金具（LH）（1）

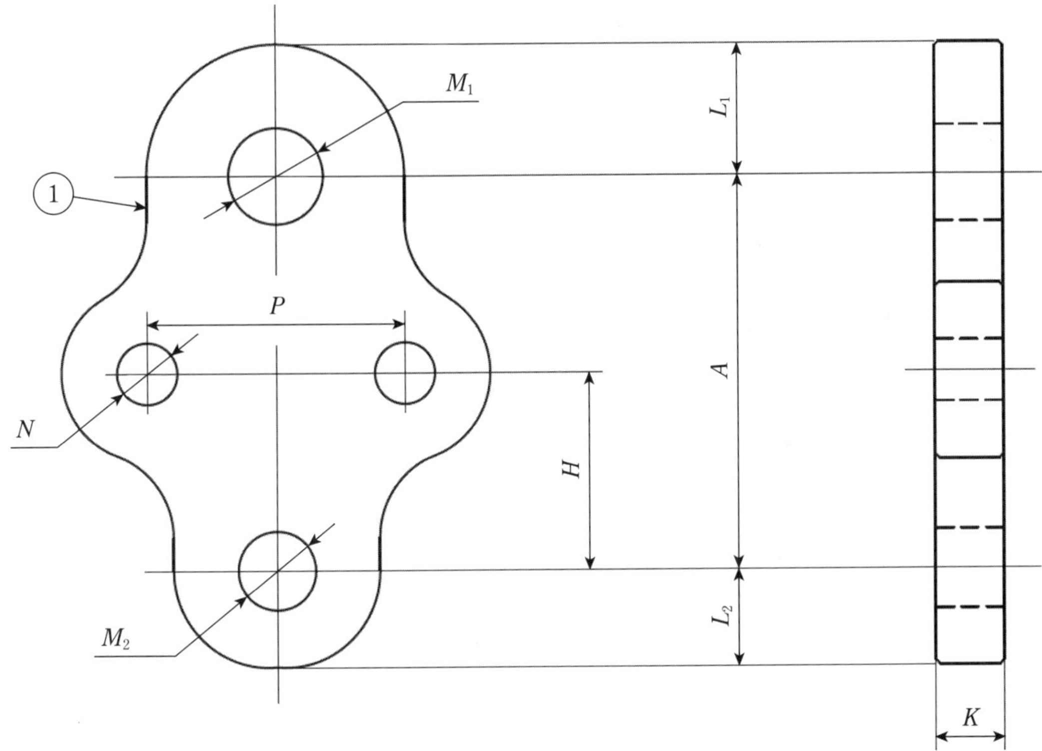

記号	1
名称	本体
材料	軟鋼
個数	1

品番	寸法 mm									引張 強度 kN
	A	H	K	L_1	L_2	M_1	M_2	N	P	
LH-1290-1	90±2	45±1	16±1	30±2	22±1	22±0.5	18±0.5	14±0.5	60±0.5	120

B.16　ホーン取付金具（BLH）

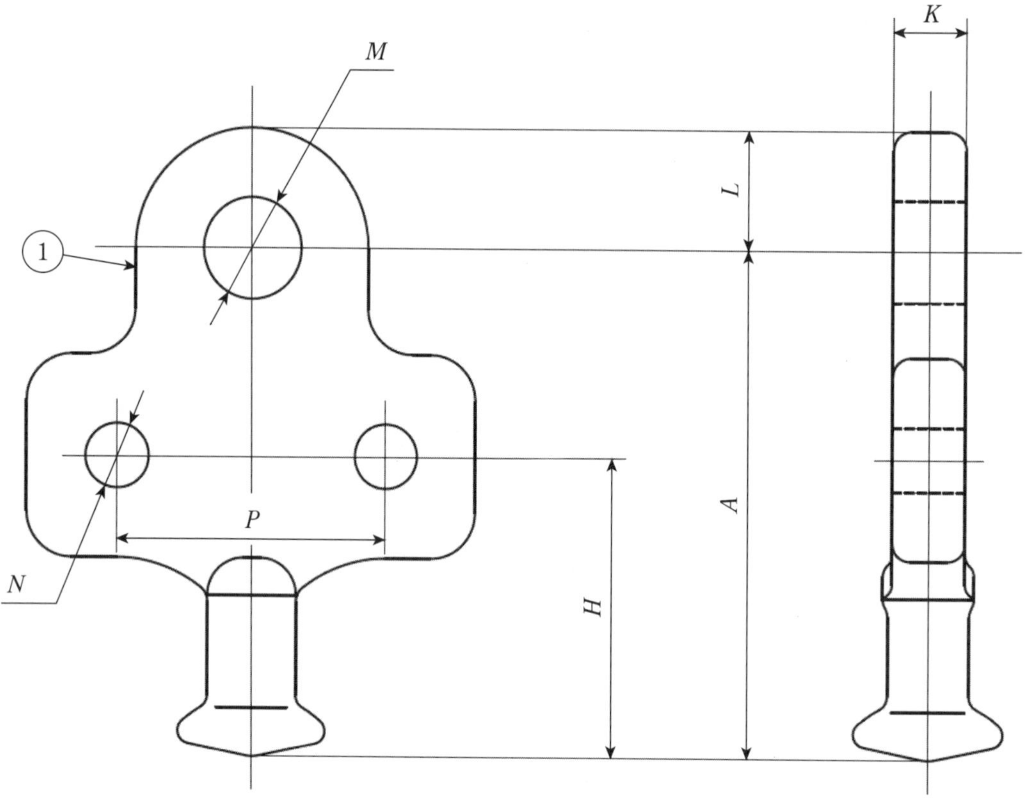

記号	1
名称	本体
材料	高張力鋼
個数	1

品番	寸法 mm							引張 強度 kN	ボール部の 適用規格
	A	*H*	*K*	*L*	*M*	*N*	*P*		
BLH-1211-1	110±3	65	16±1	26±1	22±0.5	14±0.5	60±0.5	120	**JIS C 3810**

B.17　ホーン取付金具（CLX）

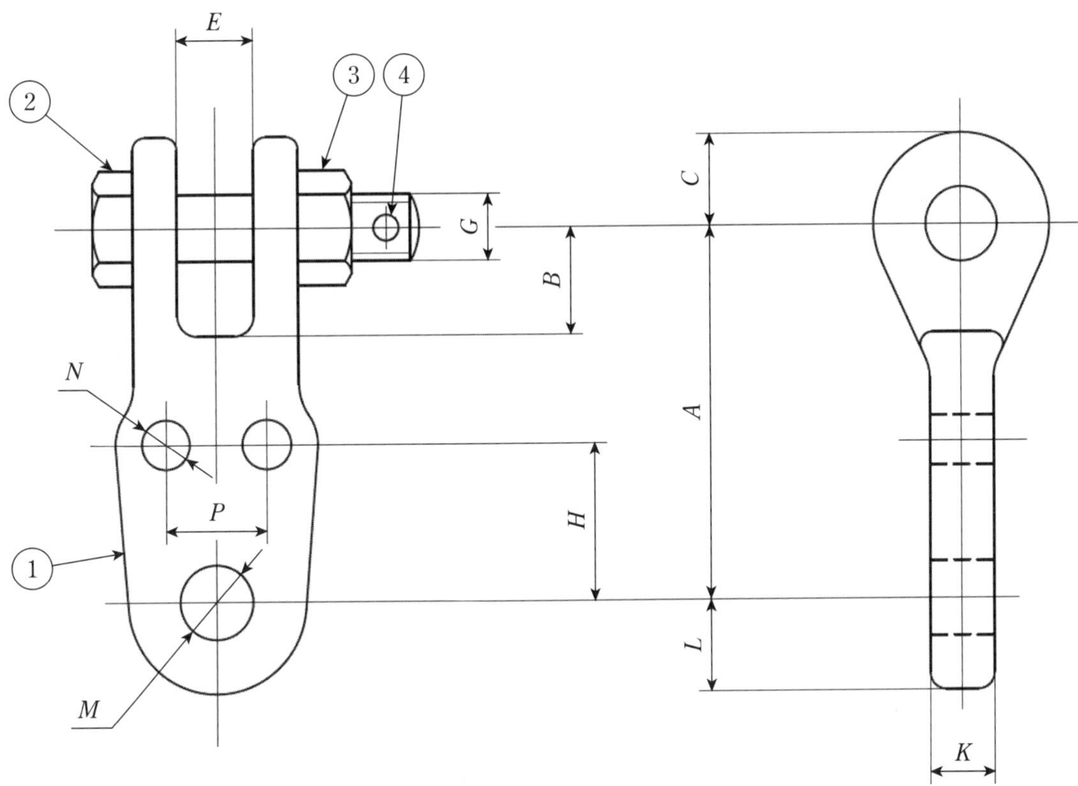

記号	1	2	3	4
名称	本体	コッタボルト	六角ナット	割りピン
材料	軟鋼	軟鋼	軟鋼	銅合金線
個数	1	1	1	1

品番	寸法 mm											引張 強度 kN
	A	*B*	*C*	*E*	*G*	*K*	*L*	*M*	*N*	*H*	*P*	
CLX-890	90±3	24 以上	22±1	19±1	M16	16±1	22±1	18±0.5	12±0.5	38±1	25±0.5	80
CLX-1210	100±3	33 以上	24±1	22±1	M20	16±1	22±1	18±0.5	12±0.5	38±1	25±0.5	120

B.18　ホーン取付金具（CPH）

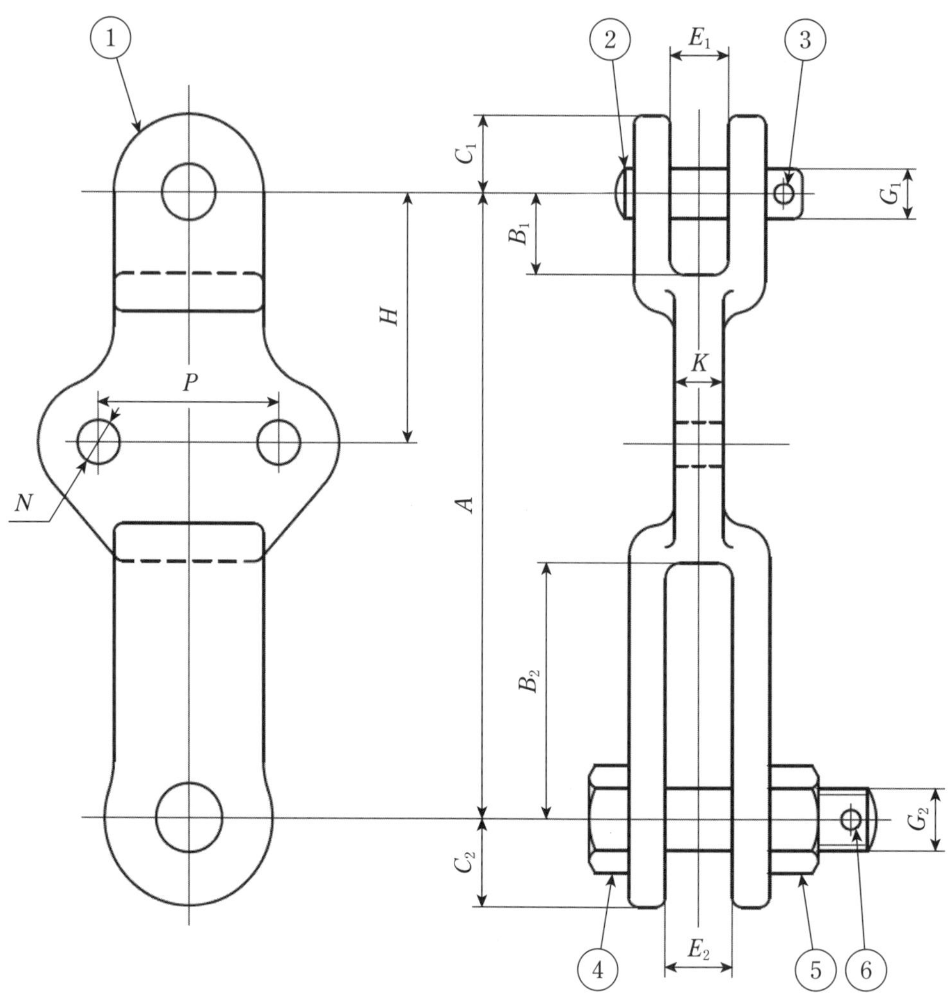

記号	1	2	3	4	5	6
名称	本体	コッタピン	割りピン	コッタボルト	六角ナット	割りピン
材料	鋳鉄又は軟鋼	軟鋼	銅合金線	高張力鋼	軟鋼	銅合金線
個数	1	1	1	1	1	1

品番	寸法 mm													引張強度 kN
	A	B_1	B_2	C_1	C_2	E_1	E_2	G_1	G_2	K	H	N	P	
CPH-1220-1	200±4	24 以上	80 以上	24±1	28±1	19±1	22±1	16	M20	16±1	80±1	14±0.5	60±0.5	120
注記　250 mm クレビス型懸垂がいし直結用														

B.19　ホーン取付金具（SCH）

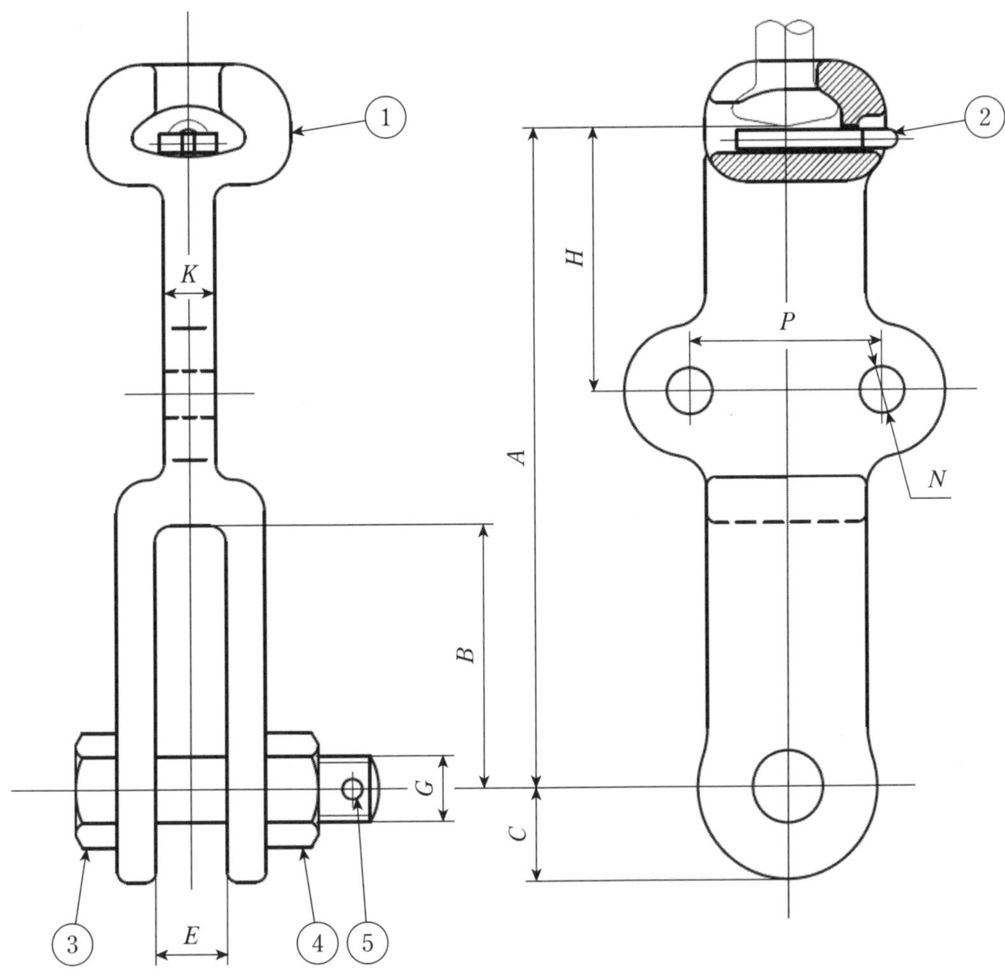

記号	1	2	3	4	5
名称	本体	割りピン	コッタボルト	六角ナット	割りピン
材料	鋳鉄又は軟鋼	ステンレス鋼	高張力鋼	軟鋼	銅合金線
個数	1	1	1	1	1

品番	寸法 mm									引張強度 kN	ソケット部の適用規格
	A	*H*	*B*	*C*	*E*	*G*	*K*	*N*	*P*		
SCH-1220-1	200	80	80 以上	28±1	22±1	M20	16±1	14±0.5	60±0.5	120	**JIS C 3810**

B.20　ホーン取付金具（CRH）

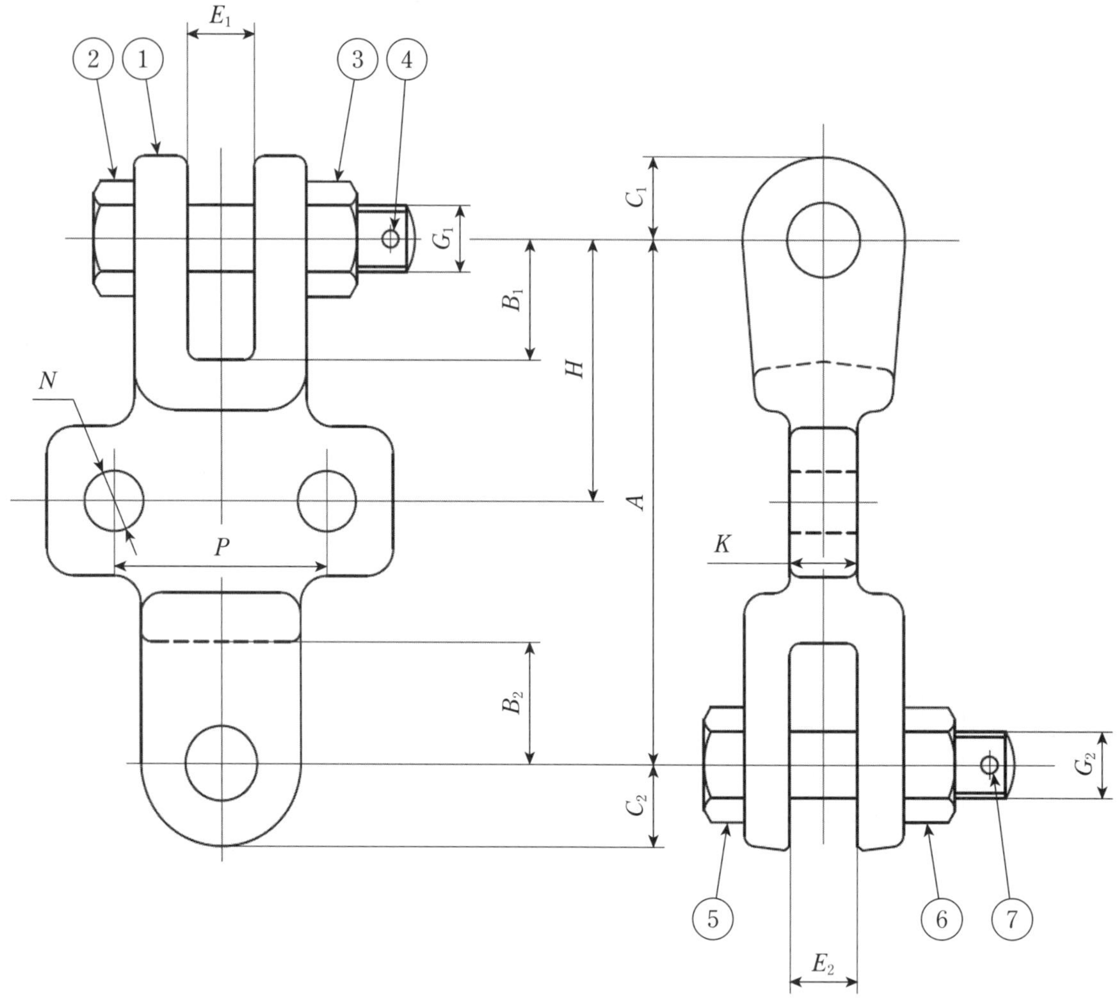

記号	1	2	3	4	5	6	7
名称	本体	コッタボルト	六角ナット	割りピン	コッタボルト	六角ナット	割りピン
材料	軟鋼	軟鋼	軟鋼	銅合金線	軟鋼	軟鋼	銅合金線
個数	1	1	1	1	1	1	1

品番	寸法 mm													引張強度 kN
	A	B_1	B_2	C_1	C_2	E_1	E_2	G_1	G_2	K	H	N	P	
CRH-2119-2	190±4	42 以上	42 以上	30±1	30±1	25±1	25±1	M24	M24	25±1	95	22±0.5	80±0.5	210

B.21　2連ヨーク（Y-HS）

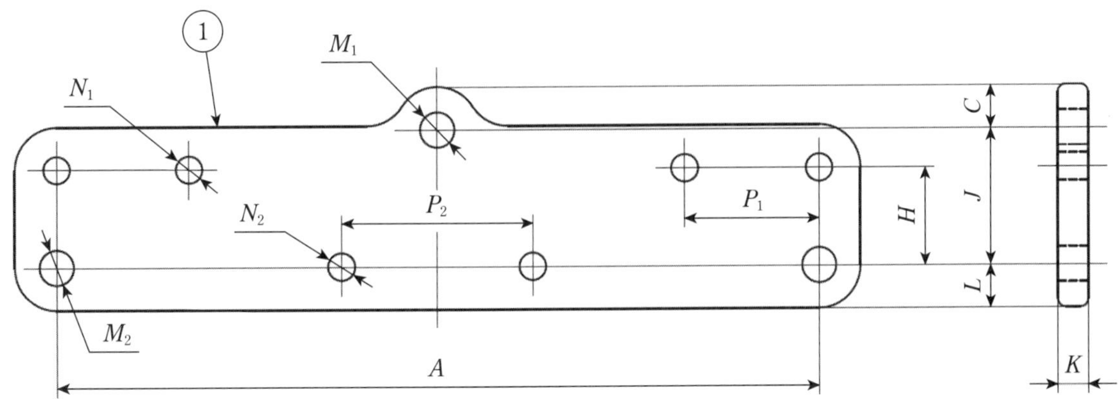

記号	1
名称	本体
材料	軟鋼
個数	1

品番	寸法 mm												引張 強度 kN
	A	J	H	C	K	L	M_1	M_2	N_1	N_2	P_1	P_2	
Y-840HS	400	70±3	50±1	22±1	16±1	22±1	18±0.5	18±0.5	14±0.5	14±0.5	70±0.5	100±0.5	80
Y-1240HS	400	90±3	50±1	30±1	16±1	22±1	22±0.5	18±0.5	14±0.5	14±0.5	70±0.5	100±0.5	120
Y-1640HS	400	110±3	50±1	38±1	16±1	22±1	24±0.5	18±0.5	14±0.5	14±0.5	70±0.5	100±0.5	165
Y-3340HS	400	140±4	50±1	48±1	22±1	28±1	33±0.5	24±0.5	14±0.5	14±0.5	70±0.5	100±0.5	330
Y-4245HS	450	150±4	60±1	66±1	22±1	28±1	39±0.5	27±0.5	14±0.5	14±0.5	70±0.5	100±0.5	420

B.22　2 連ヨーク（Y-HT）（1）

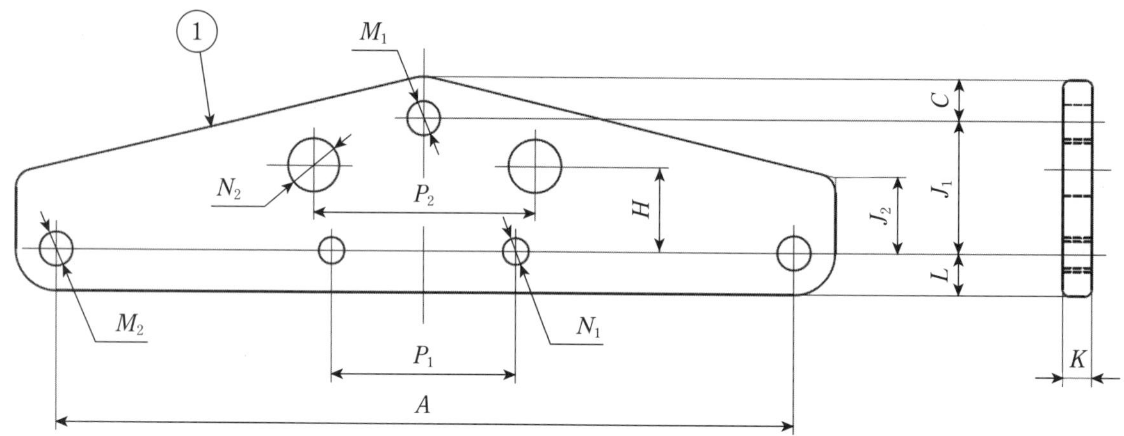

記号	1
名称	本体
材料	軟鋼
個数	1

品番	寸法 mm													引張強度 kN
	A	J_1	J_2	C	K	L	M_1	M_2	N_1	N_2	H	P_1	P_2	
Y-840HT	400	70±3	40	22±1	16±1	22±1	18±0.5	18±0.5	14±0.5	28±0.5	45	100±0.5	120	80
Y-1240HT	400	90±3	40	30±1	16±1	22±1	22±0.5	18±0.5	14±0.5	28±0.5	45	100±0.5	120	120
Y-1640HT	400	110±3	44	38±1	16±1	22±1	24±0.5	18±0.5	14±0.5	28±0.5	55	100±0.5	120	165

B.23　2連ヨーク（Y-HT）（2）

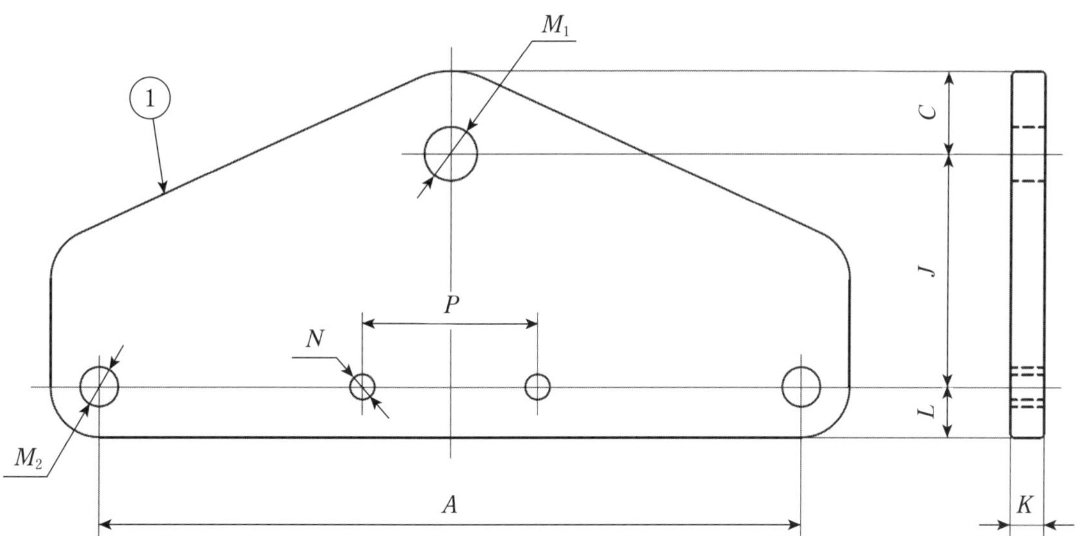

記号	1
名称	本体
材料	軟鋼
個数	1

品番	寸法 mm									引張 強度 kN
	A	J	C	K	L	M_1	M_2	N	P	
Y-2440HT	400	130±4	46±1	19±1	28±1	30±0.5	22±0.5	14±0.5	100±0.5	240
Y-3340HT	400	140±4	48±1	22±1	28±1	33±0.5	24±0.5	14±0.5	100±0.5	330
Y-3345HT	450	140±4	54±1	22±1	32±1	33±0.5	27±0.5	14±0.5	100±0.5	330
Y-4245HT	450	150±4	66±1	22±1	38±1	39±0.5	27±0.5	14±0.5	100±0.5	420

B.24　2 連ヨーク（YL）

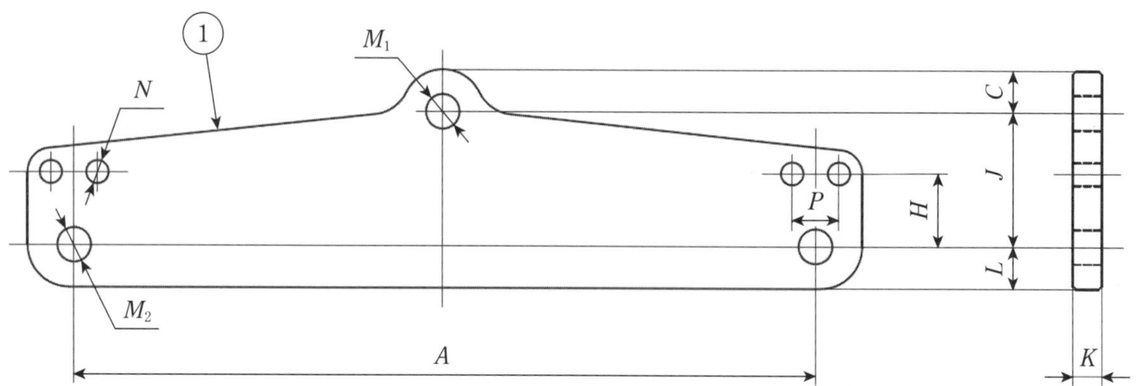

記号	1
名称	本体
材料	軟鋼
個数	1

品番	寸法 mm										引張 強度
	A	*J*	*H*	M_1	M_2	*N*	*P*	*C*	*L*	*K*	kN
YL-840	400	70±3	38±1	18±0.5	18±0.5	12±0.5	25±0.5	22±1	22±1	16±1	80
YL-1240	400	90±3	38±1	22±0.5	18±0.5	12±0.5	25±0.5	30±1	22±1	16±1	120

B.25　2 連ヨーク（YR）（1）

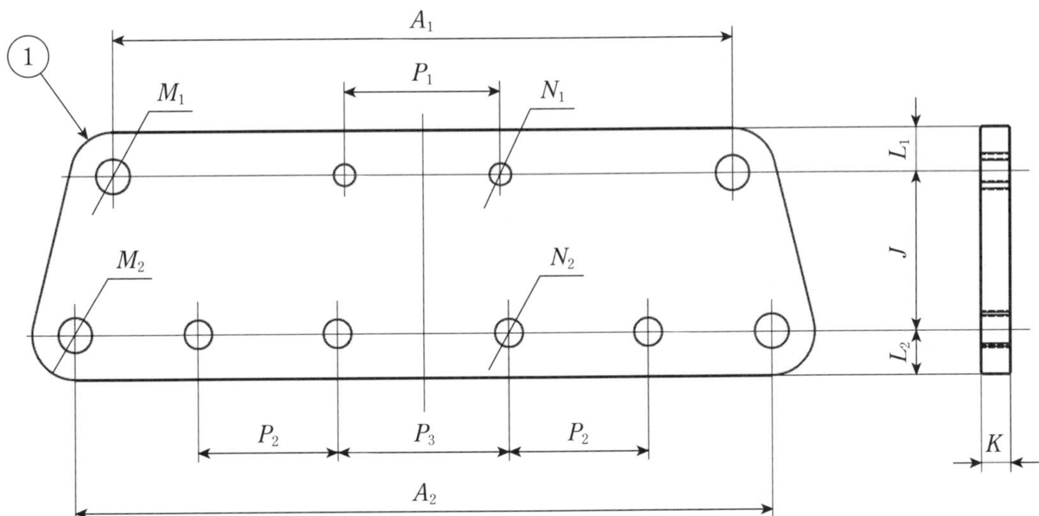

記号	1
名称	本体
材料	軟鋼
個数	1

品番	寸法 mm													引張 強度 kN
	A_1	A_2	J	K	L_1	L_2	M_1	M_2	N_1	N_2	P_1	P_2	P_3	
YR-24404	400	400	100±3	19±1	28±1	28±1	22±0.5	22±0.5	14±0.5	18±0.5	100±0.5	90±0.5	110	240
YR-33404	400	400	110±3	22±1	28±1	28±1	24±0.5	24±0.5	14±0.5	18±0.5	100±0.5	90±0.5	110	330
YR-33405	400	500	110±3	22±1	28±1	28±1	24±0.5	24±0.5	14±0.5	18±0.5	100±0.5	90±0.5	110	330
YR-33455	450	500	110±3	22±1	32±1	32±1	27±0.5	24±0.5	14±0.5	18±0.5	100±0.5	90±0.5	110	330
YR-42454	450	400	120±3	22±1	38±1	38±1	27±0.5	27±0.5	14±0.5	18±0.5	100±0.5	90±0.5	110	420
YR-42455	450	500	120±3	22±1	38±1	38±1	27±0.5	27±0.5	14±0.5	18±0.5	100±0.5	90±0.5	110	420
YR-42456	450	600	120±3	22±1	38±1	38±1	27±0.5	27±0.5	14±0.5	18±0.5	100±0.5	90±0.5	110	420

B.26　2連ヨーク（YR）（2）

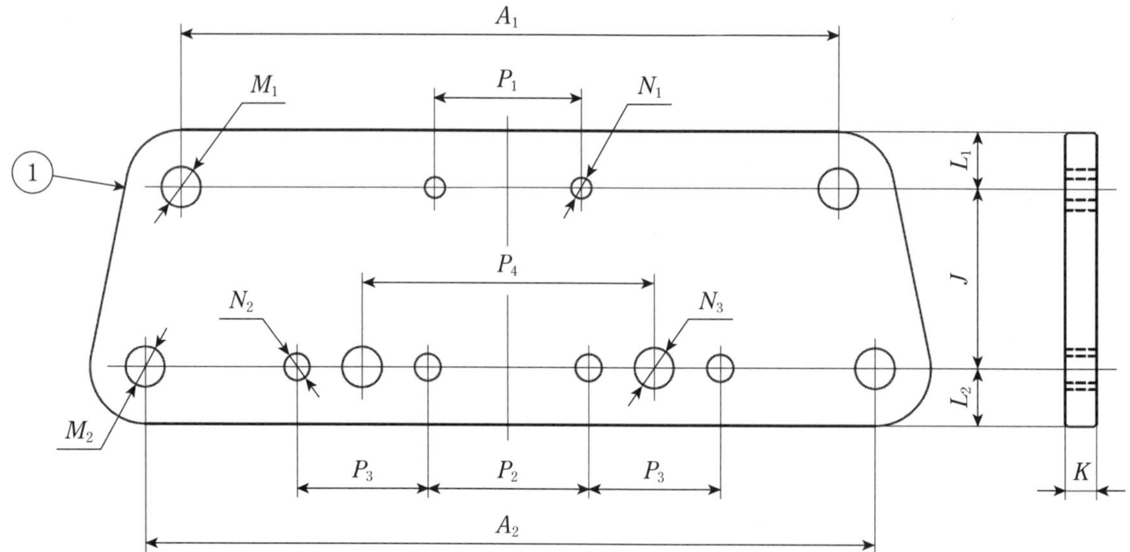

記号	1
名称	本体
材料	軟鋼
個数	1

品番	寸法 mm															引張 強度 kN
	A_1	A_2	J	K	L_1	L_2	M_1	M_2	N_1	N_2	N_3	P_1	P_2	P_3	P_4	
YR-42455-1	450	500	120±3	22±1	38±1	38±1	27±0.5	27±0.5	14±0.5	18±0.5	27±0.5	100±0.5	110±1	90±0.5	200±1	420

B.27　2 連ヨーク（Y）

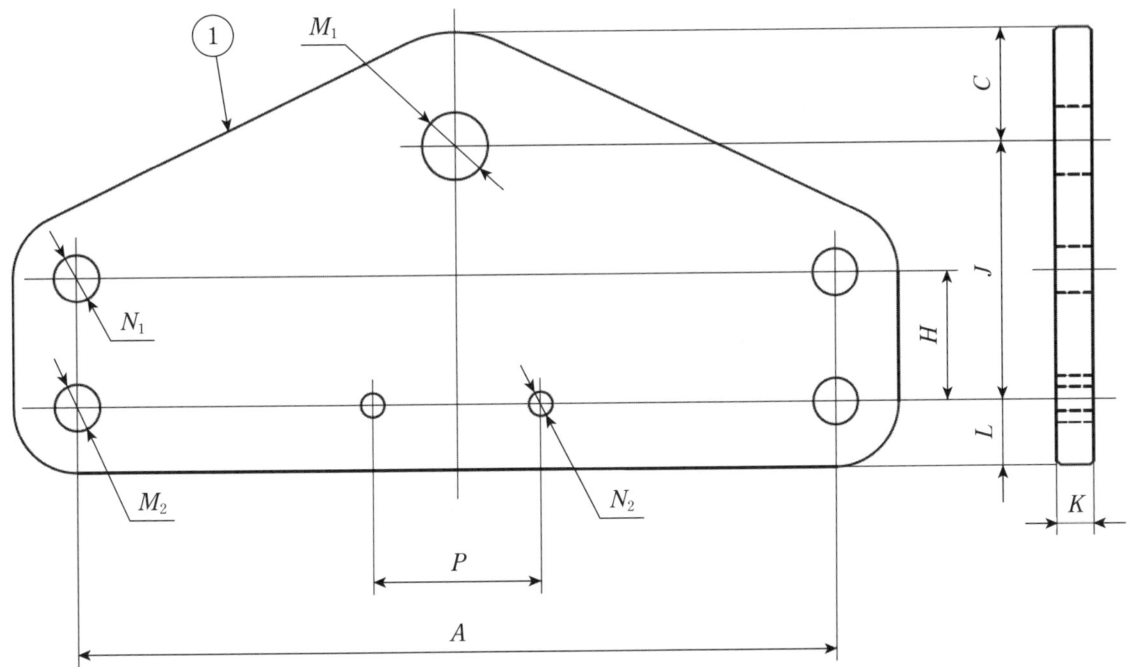

記号	1
名称	本体
材料	軟鋼
個数	1

品番	寸法 mm											引張 強度 kN
	A	J	C	H	K	L	M_1	M_2	N_1	N_2	P	
Y-4245-1	450	150±4	66±1	75±1	22±1	38±1	39±0.5	27±0.5	27±0.5	14±0.5	100±0.5	420

B.28　V 吊ヨーク（VY）

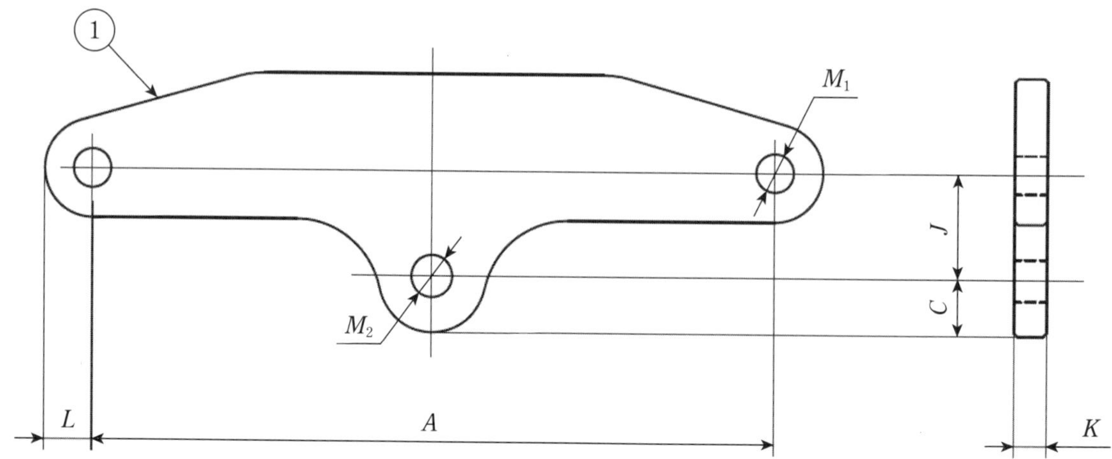

記号	1
名称	本体
材料	高張力鋼
個数	1

品番	寸法 mm							引張強度 kN
	A	*J*	*K*	*C*	*L*	M_1	M_2	
VY-1240-1	400	60±3	19±1	32±1	28±1	22±0.5	24±0.5	120

B.29　2連ヨーク（Y-DS）

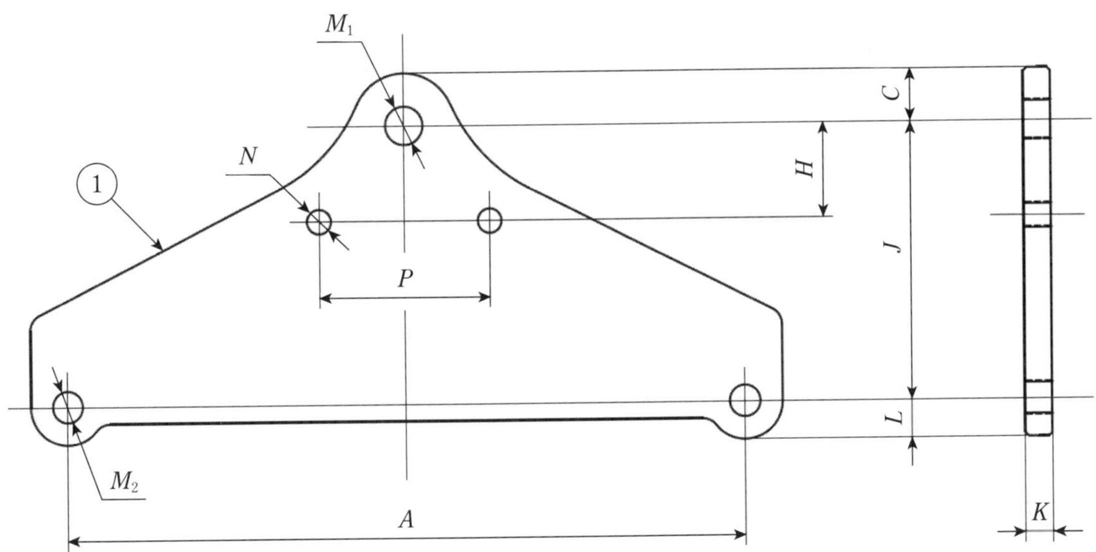

記号	1
名称	本体
材料	軟鋼
個数	1

品番	寸法 mm										引張強度 kN
	A	J	C	K	L	M_1	M_2	N	H	P	
Y-1240DS	400	160±4	30±1	16±1	22±1	22±0.5	18±0.5	14±0.5	55±1	100±0.5	120
Y-1640DS	400	160±4	38±1	16±1	22±1	24±0.5	18±0.5	14±0.5	55±1	100±0.5	165
Y-1650DS	500	160±4	38±1	16±1	22±1	24±0.5	18±0.5	14±0.5	55±1	100±0.5	165
Y-2140DS	400	160±4	42±1	19±1	26±1	27±0.5	22±0.5	14±0.5	100±1	100±0.5	210
Y-2150DS	500	160±4	42±1	19±1	26±1	27±0.5	22±0.5	14±0.5	100±1	100±0.5	210
Y-2160DS	600	160±4	42±1	19±1	26±1	27±0.5	22±0.5	14±0.5	100±1	100±0.5	210

B.30 十字ヨーク（YX）

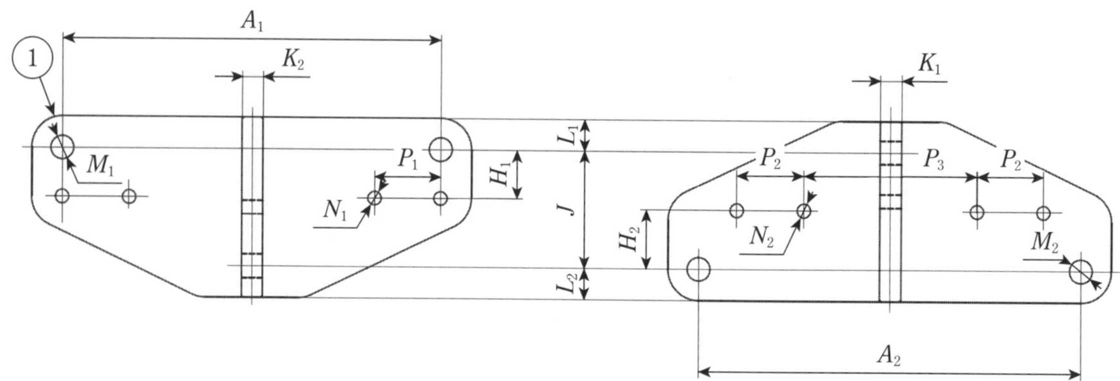

記号	1
名称	本体
材料	軟鋼
個数	1

品番	寸法 mm																引張強度 kN
	A_1	A_2	J	H_1	H_2	P_1	P_2	P_3	M_1	M_2	N_1	N_2	L_1	L_2	K_1	K_2	
YX-33404	400	400	120±3	50±1	60±1	70±1	70±1	180	24±0.5	24±0.5	14±0.5	14±0.5	32±1	32±1	22±1	22±1	330
YX-33405	400	500	120±3	50±1	60±1	70±1	70±1	180	24±0.5	24±0.5	14±0.5	14±0.5	32±1	32±1	22±1	22±1	330
YX-33406	400	600	120±3	50±1	60±1	70±1	70±1	180	24±0.5	24±0.5	14±0.5	14±0.5	32±1	32±1	22±1	22±1	330
YX-42455	450	500	140±4	60±1	80±1	70±1	70±1	180	27±0.5	27±0.5	14±0.5	14±0.5	38±1	38±1	22±1	22±1	420
YX-42456	450	600	140±4	60±1	80±1	70±1	70±1	180	27±0.5	27±0.5	14±0.5	14±0.5	38±1	38±1	22±1	22±1	420

B.31　2連バランスヨーク（YB）

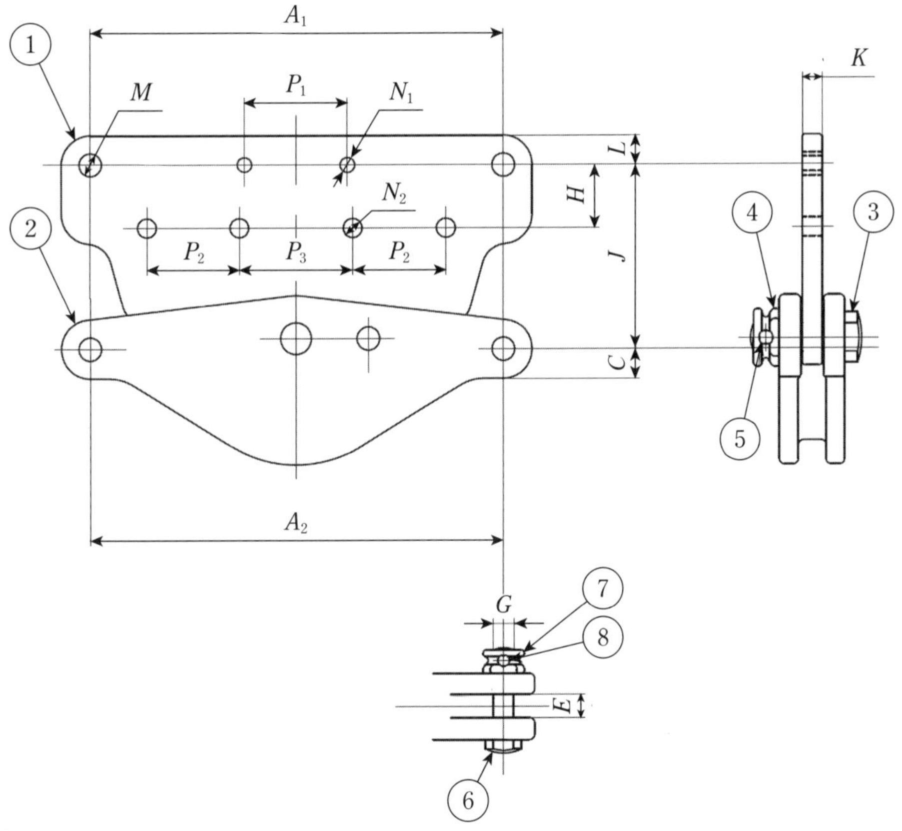

記号	1	2	3	4	5	6	7	8
名称	本体 1	本体 2	コッタボルト	コロナ 防止ナット	割りピン	コッタボルト	コロナ 防止ナット	割りピン
材料	軟鋼	鋳鉄 又は軟鋼	軟鋼	鋳鋼，鋳鉄 又は軟鋼	銅合金線	軟鋼	鋳鋼，鋳鉄 又は軟鋼	銅合金線
個数	1	1	1	1	1	2	2	2

品番	寸法 mm															引張 強度 kN
	A_1	A_2	J	H	C	E	G	K	L	M	N_1	N_2	P_1	P_2	P_3	
YB-24404	400	400	175±4	60±1	28±1	22±1	M20	19±1	28±1	22±0.5	14±0.5	18±0.5	100±0.5	90±0.5	110	240
YB-33404	400	400	185±4	60±1	30±1	25±1	M22	22±1	28±1	24±0.5	14±0.5	18±0.5	100±0.5	90±0.5	110	330
YB-33405	400	500	185±4	60±1	30±1	25±1	M22	22±1	28±1	24±0.5	14±0.5	18±0.5	100±0.5	90±0.5	110	330
YB-42454	450	400	220±4	60±1	34±1	25±1	M24	22±1	38±1	27±1	14±0.5	18±0.5	100±0.5	90±0.5	110	420
YB-42455	450	500	220±4	60±1	34±1	25±1	M24	22±1	38±1	27±1	14±0.5	18±0.5	100±0.5	90±0.5	110	420
YB-42456	450	600	220±4	60±1	34±1	25±1	M24	22±1	38±1	27±1	14±0.5	18±0.5	100±0.5	90±0.5	110	420

B.32　平行クレビスリンク（CLP）

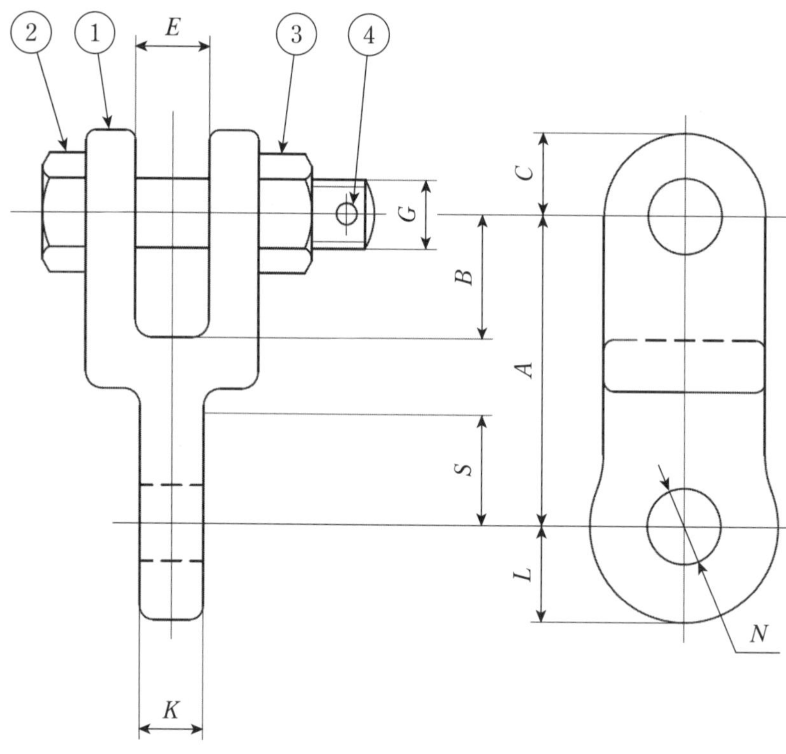

記号	1	2	3	4
名称	本体	コッタボルト	六角ナット	割りピン
材料	軟鋼	軟鋼	軟鋼	銅合金線
個数	1	1	1	1

品番	寸法 mm									引張強度 kN
	A	*B*	*C*	*E*	*G*	*N*	*K*	*L*	*S*	
CLP-865G	65±3	24 以上	22±1	19±1	M16	18±0.5	16±1	22±1	26 以上	80
CLP-1215GH	150±3	33 以上	$24^{+3.0}_{-1.0}$	19±1	M20	22±0.5	16±1	30±1	32 以上	120
CLP-1285GH	85±3	33 以上	$24^{+3.0}_{-1.0}$	19±1	M20	22±0.5	16±1	30±1	32 以上	120
CLP-1290	90±3	34 以上	24±1	22±1	M20	22±0.5	19±1	28±1	32 以上	120
CLP-16105	105±3	44 以上	26±1	25±1	M22	24±0.5	22±1	32±1	36 以上	165
CLP-16105D	105±3	44 以上	26±1	25±1	M22	27±0.5	22±1	32±1	36 以上	165
CLP-2110K	100±3	43 以上	30±1	28±1	M24	27±0.5	25±1	34±1	32 以上	210
CLP-2112	120±3	44 以上	30±1	25±1	M24	27±0.5	25±1	36±1	40 以上	210
CLP-2112D	120±3	44 以上	30±1	25±1	M24	30±0.5	25±1	36±1	40 以上	210
CLP-21126	126±3	48 以上	30±1	25±1	M24	27±0.5	22±1	38±1	40 以上	210

B.33　直角クレビスリンク（CLR）

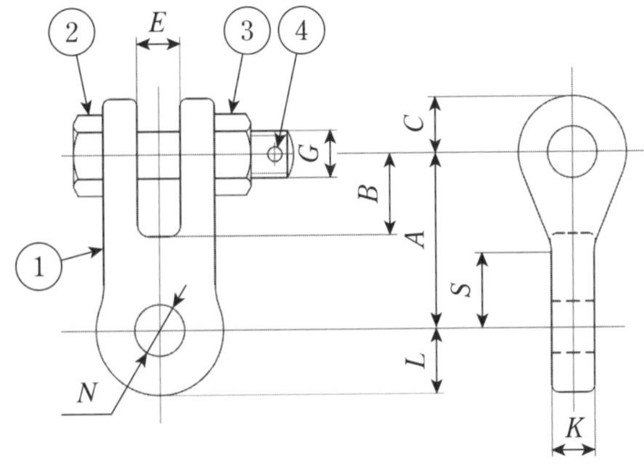

記号	1	2	3	4
名称	本体	コッタボルト	六角ナット	割りピン
材料	軟鋼	軟鋼	軟鋼	銅合金線
個数	1	1	1	1

品番	寸法 mm									引張強度 kN
	A	*B*	*C*	*E*	*G*	*K*	*L*	*N*	*S*	
CLR-875	75±3	24 以上	22±1	19±1	M16	16±1	22±1	18±0.5	26 以上	80
CLR-875D	75±3	24 以上	22±1	19±1	M16	16±1	24±1	22±0.5	26 以上	80
CLR-885MR	85±3	36 以上	$26^{+3.0}_{-1.0}$	22±1	M22	16±1	22±1	18±0.5	26 以上	80
CLR-1275	75±3	33 以上	24±1	19±1	M20	19±1	28±1	22±0.5	32 以上	120
CLR-1275D	75±3	33 以上	24±1	22±1	M20	16±1	22±1	18±0.5	32 以上	120
CLR-1285	85±3	33 以上	24±1	22±1	M20	19±1	28±1	22±0.5	36 以上	120
CLR-1285D	85±3	33 以上	24±1	22±1	M20	22±1	28±1	24±0.5	36 以上	120
CLR-1285E	85±3	36 以上	26±1	25±1	M22	19±1	28±1	22±0.5	36 以上	120
CLR-1285MN	85±3	36 以上	28±1	22±1	M22	16±1	30±1	22±0.5	28 以上	120
CLR-1685	85±3	42 以上	26±1	19±1	M22	22±1	32±1	24±0.5	36 以上	165
CLR-1685-5	85±3	42 以上	26±1	19±1	M22	22±1	32±1	24±0.5	36 以上	165
CLR-1685D	85±3	42 以上	26±1	25±1	M22	22±1	32±1	24±0.5	36 以上	165
CLR-1685E	85±3	42 以上	26±1	19±1	M22	22±1	32±1	27±0.5	36 以上	165
CLR-1685F	85±3	42 以上	26±1	25±1	M22	22±1	32±1	27±0.5	36 以上	165
CLR-2110	100±3	44 以上	30±1	25±1	M24	22±1	38±1	27±0.5	36 以上	210
CLR-2111D	110±3	52 以上	32±1	25±1	M24	25±1	36±1	30±0.5	40 以上	210
CLR-2111	110±3	52 以上	32±1	22±1	M27	25±1	36±1	27±0.5	36 以上	210
CLR-21115	115±3	58 以上	32±1	25±1	M27	22±1	38±1	27±0.5	32 以上	210
CLR-2411	110±3	52 以上	32±1	22±1	M27	28±1	36±1	30±0.5	36 以上	240
CLR-2411D	110±3	52 以上	32±1	22±1	M27	25±1	40±1	30±0.5	40 以上	240
CLR-2413	130±4	64 以上	32±1	25±1	M27	25±1	40±1	30±0.5	36 以上	240
CLR-33145	145±4	68 以上	42±1	25±1	M30	25±1	50±1	33±0.5	40 以上	330
CLR-33145D	145±4	68 以上	42±1	25±1	M33	25±1	50±1	33±0.5	40 以上	330
CLR-42165BR	165±4	78 以上	48±1	25±1	M39	28±1	58±1	39±0.5	46 以上	420

B.34 平行クレビス（CP）

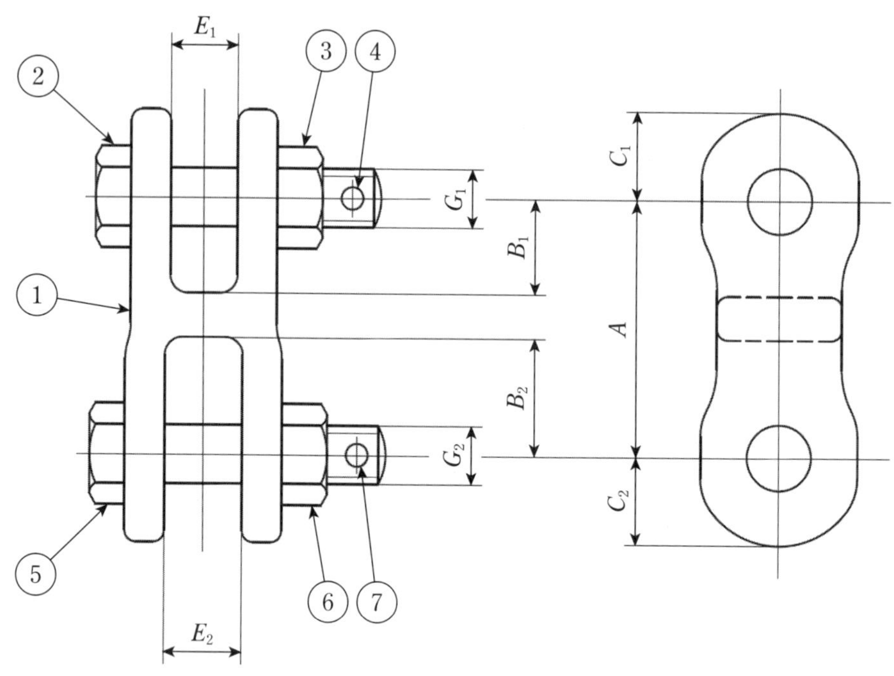

記号	1	2	3	4	5	6	7
名称	本体	コッタボルト	六角ナット	割りピン	コッタボルト	六角ナット	割りピン
材料	鋳鋼，鋳鉄又は軟鋼	軟鋼	軟鋼	銅合金線	軟鋼	軟鋼	銅合金線
個数	1	1	1	1	1	1	1

品番	寸法 mm									引張強度 kN
	A	B_1	B_2	C_1	C_2	E_1	E_2	G_1	G_2	
CP-865	65±3	24 以上	24 以上	24±1	24±1	19±1	19±1	M16	M16	80
CP-870	70±3	24 以上	30 以上	24±1	24±1	19±1	22±1	M16	M16	80
CP-1280	80±3	32 以上	32 以上	26±1	26±1	22±1	22±1	M20	M20	120
CP-1690	90±3	38 以上	32 以上	30±1	30±1	25±1	25±1	M22	M22	165
CP-1612	120±3	44 以上	44 以上	30±1	32±1	25±1	28±1	M22	M24	165
CP-2112	120±3	44 以上	44 以上	30±1	32±1	25±1	28±1	M24	M24	210
CP-2112D	120±3	44 以上	44 以上	30±1	32±1	25±1	28±1	M24	M27	210
CP-2412KL	120±3	48 以上	48 以上	32±1	32±1	28±1	28±1	M27	M27	240

B.35　平行クレビス（CP-P）

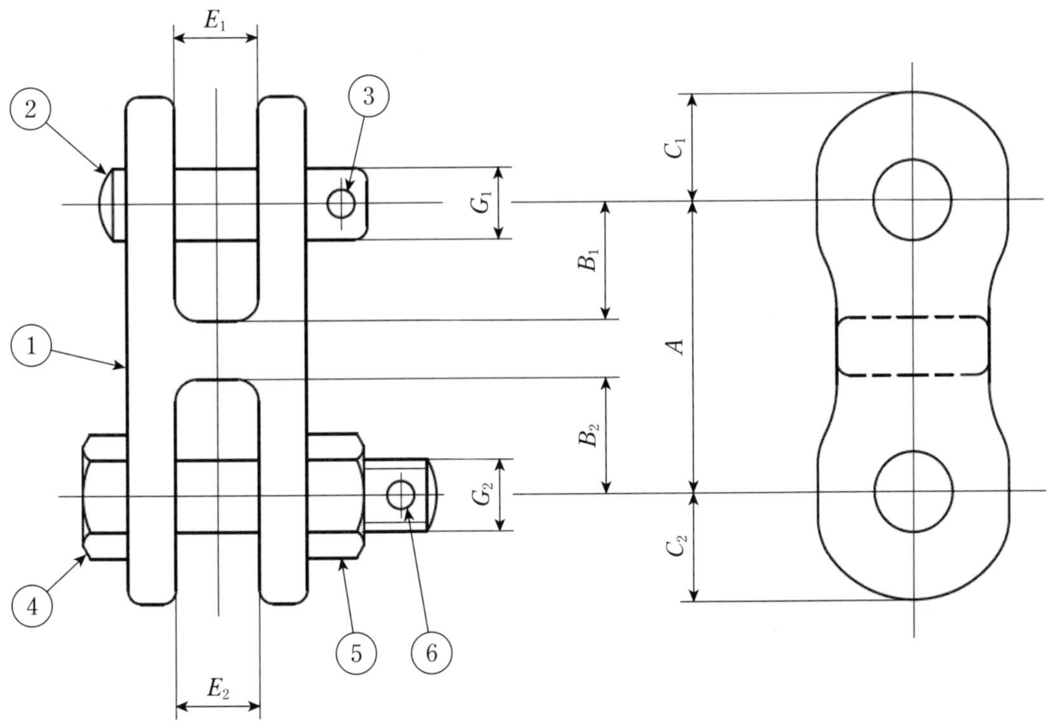

記号	1	2	3	4	5	6
名称	本体	コッタピン	割りピン	コッタボルト	六角ナット	割りピン
材料	鋳鉄又は軟鋼	軟鋼	銅合金線	軟鋼	軟鋼	銅合金線
個数	1	1	1	1	1	1

品番	寸法 mm									引張強度 kN
	A	B_1	B_2	C_1	C_2	E_1	E_2	G_1	G_2	
CP-865P	65±3	24 以上	24 以上	24±1	24±1	19±1	19±1	16	M16	80
CP-812P	120±3	24 以上	24 以上	24±1	24±1	19±1	19±1	16	M16	80
CP-1265P	65±3	24 以上	24 以上	25±1	25±1	19±1	19±1	16	M16	120
注記　250 mm クレビス型懸垂がいし直結用										

B.36 直角クレビス（CR）

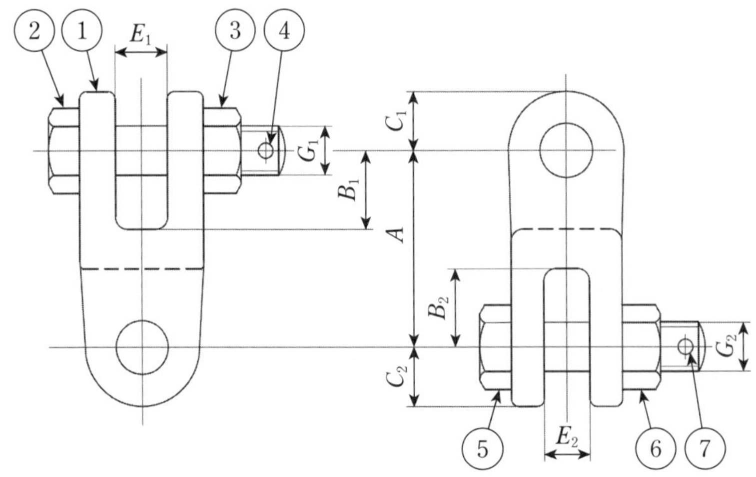

記　号	1	2	3	4	5	6	7
名　称	本体	コッタボルト	六角ナット	割りピン	コッタボルト	六角ナット	割りピン
材　料	軟鋼又は鋳鋼	軟鋼	軟鋼	銅合金線	軟鋼	軟鋼	銅合金線
個　数	1	1	1	1	1	1	1

品番	寸法 mm									引張強度 kN
	A	B_1	B_2	C_1	C_2	E_1	E_2	G_1	G_2	
CR-870	70±3	24 以上	32 以上	22±1	22±1	19±1	22±1	M16	M16	80
CR-1280	80±3	32 以上	32 以上	24±1	24±1	19±1	22±1	M20	M20	120
CR-1280D	80±3	32 以上	32 以上	24±1	24±1	22±1	22±1	M20	M20	120
CR-1610	100±3	42 以上	34 以上	26±1	28±1	19±1	25±1	M22	M22	165
CR-1610D	100±3	42 以上	34 以上	26±1	28±1	25±1	25±1	M22	M22	165
CR-1610E	100±3	42 以上	34 以上	26±1	28±1	19±1	28±1	M22	M24	165
CR-1610F	100±3	42 以上	34 以上	26±1	28±1	25±1	28±1	M22	M24	165
CR-2112	120±3	46 以上	46 以上	32±1	32±1	25±1	25±1	M24	M24	210
CR-2112D	120±3	46 以上	46 以上	32±1	32±1	25±1	28±1	M24	M24	210
CR-2112E	120±3	48 以上	46 以上	32±1	32±1	22±1	28±1	M27	M24	210
CR-2112F	120±3	46 以上	46 以上	32±1	32±1	25±1	28±1	M24	M27	210
CR-2112WQ	120±3	48 以上	44 以上	32±1	$30^{+3.0}_{-1.0}$	22±1	25±1	M27	M24	210
CR-2412	120±3	48 以上	46 以上	32±1	32±1	22±1	28±1	M27	M27	240
CR-3314	140±4	58 以上	56 以上	36±1	36±1	25±1	28±1	M30	M30	330
CR-4216BL	160±4	68 以上	64 以上	44±1	44±1	25±1	31±1	M36	M36	420

B.37　直角クレビス（CR-P）

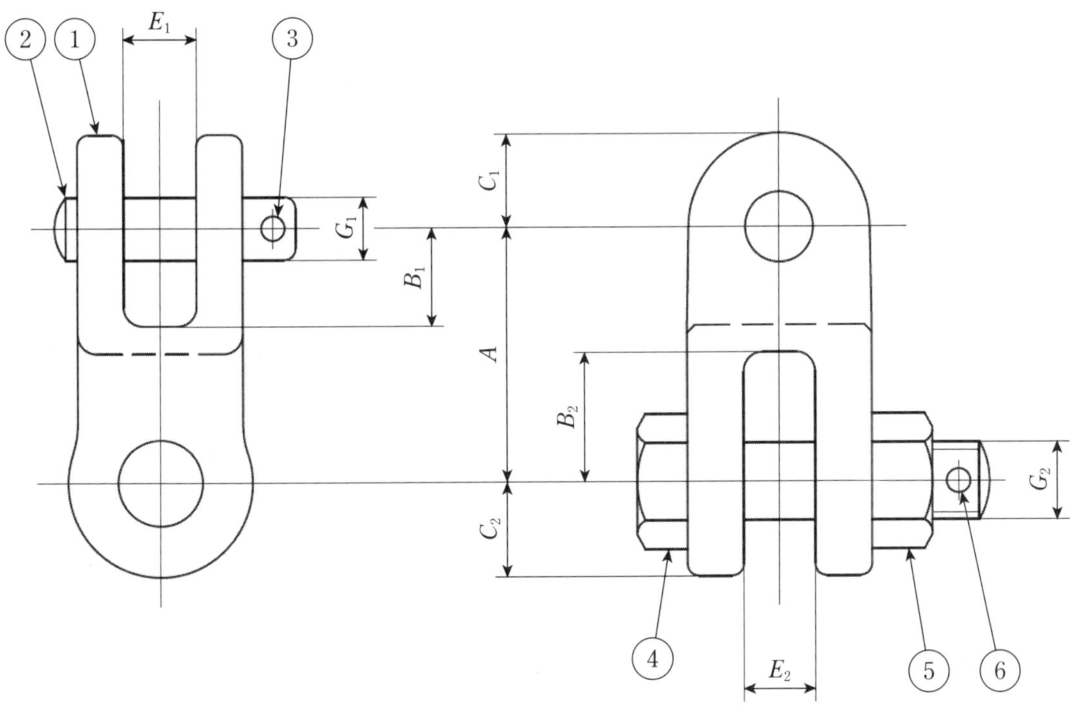

記号	1	2	3	4	5	6
名称	本体	コッタピン	割りピン	コッタボルト	六角ナット	割りピン
材料	鋳鉄又は軟鋼	軟鋼	銅合金線	軟鋼	軟鋼	銅合金線
個数	1	1	1	1	1	1

品番	寸法 mm									引張強度 kN
	A	B_1	B_2	C_1	C_2	E_1	E_2	G_1	G_2	
CR-812P	120±3	24 以上	24 以上	22±1	22±1	19±1	19±1	16	M16	80
CR-1265P	65±3	23 以上	31 以上	24±1	24±1	19±1	19±1	16	M20	120
CR-1212P	120±3	24 以上	33 以上	24±1	24±1	19±1	22±1	16	M20	120
注記　250 mm クレビス型懸垂がいし直結用										

B.38　ボールリンク（BL）

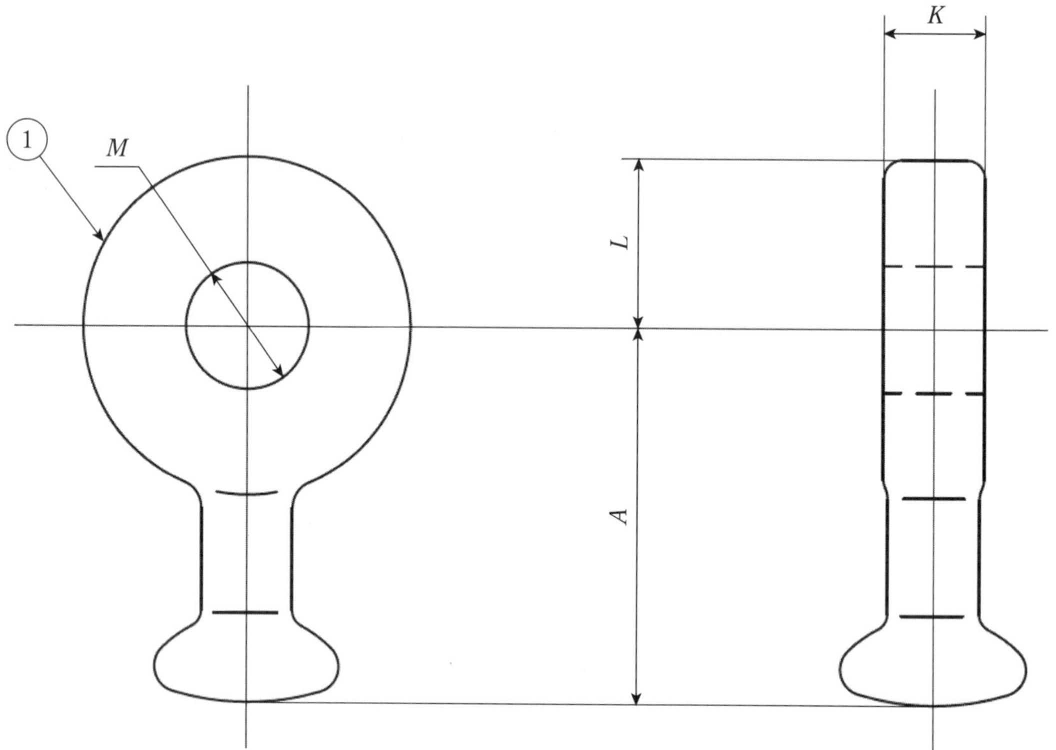

記号	1
名称	本体
材料	高張力鋼
個数	1

品番	寸法 mm				引張強度 kN	ボール部の適用ゲージ
	A	*K*	*L*	*M*		
BL-2180	80±3	22±1	36±1	27±0.5	210	**JIS C 3810**

B.39　ボールクレビス（BC）

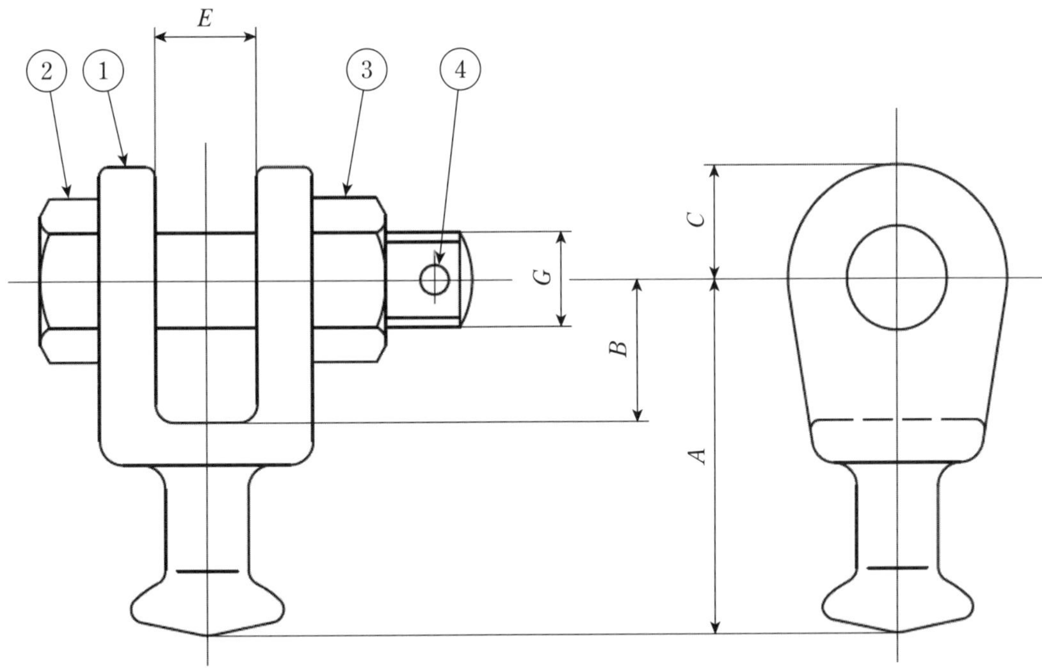

記号	1	2	3	4
名称	本体	コッタボルト	六角ナット	割りピン
材料	軟鋼又は高張力鋼	軟鋼	軟鋼	銅合金線
個数	1	1	1	1

品番	寸法 mm					引張強度 kN	ボール部の適用ゲージ
	A	*B*	*C*	*E*	*G*		
BC-875	75±3	24 以上	22±1	19±1	M16	80	**JIS C 3810**
BC-1275	75±3	30 以上	24±1	22±1	M20	120	**JIS C 3810**
BC-1275D	75±3	30 以上	24±1	19±1	M16	120	**JIS C 3810**
BC-1675	75±3	30 以上	26±1	25±1	M22	165	**JIS C 3810**
BC-2111	110±3	46 以上	30±1	25±1	M24	210	**JIS C 3810**

B.40 平行ソケットリンク（SLP）

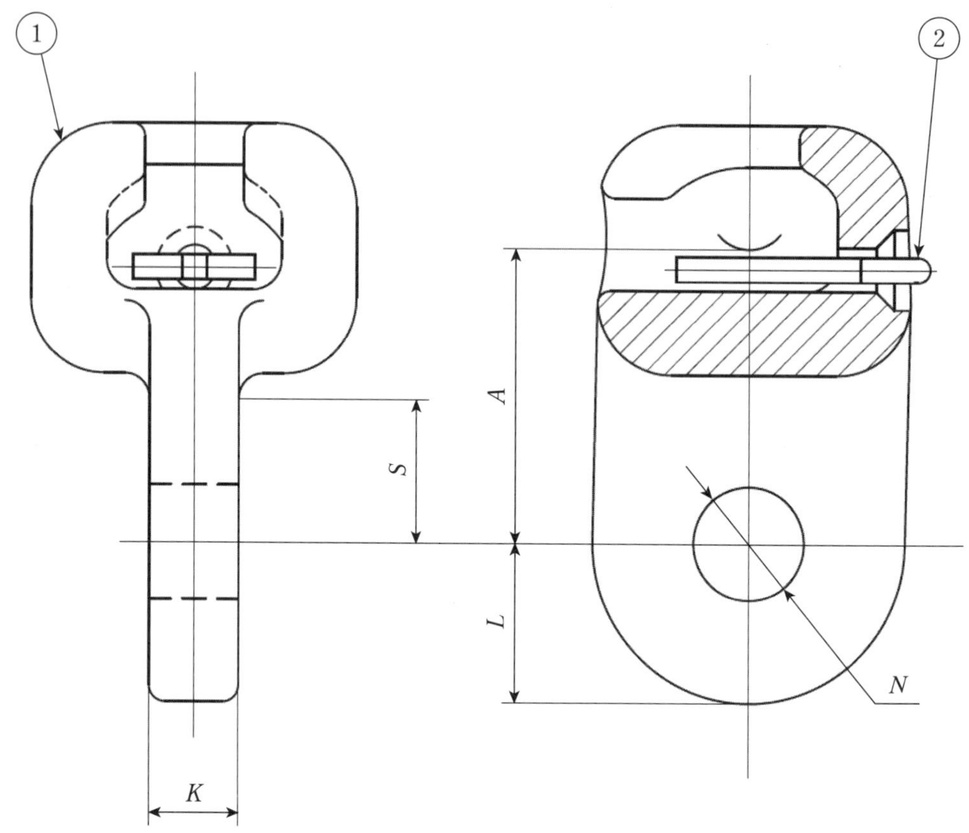

記号	1	2
名称	本体	割りピン
材料	鋳鋼，鋳鉄又は軟鋼	ステンレス鋼線
個数	1	1

品番	寸法 mm					引張強度 kN	ボール部の適用ゲージ
	A	*K*	*L*	*N*	*S*		
SLP-2170	70	22±1	38±1	27±0.5	33 以上	210	**JIS C 3810**

B.41 平行ソケットクレビス（SCP）

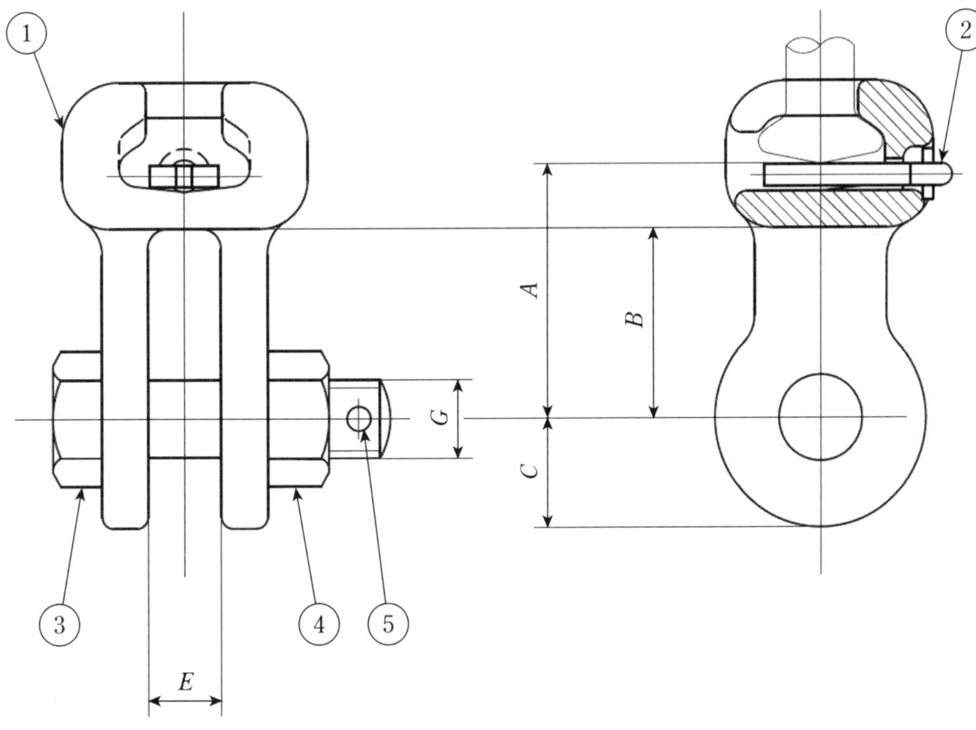

記号	1	2	3	4	5
名称	本体	割りピン	コッタボルト	六角ナット	割りピン
材料	鋳鋼，鋳鉄又は軟鋼	ステンレス鋼線	軟鋼	軟鋼	銅合金線
個数	1	1	1	1	1

品番	寸法 mm					引張強度 kN	ボール部の適用ゲージ
	A	*B*	*C*	*E*	*G*		
SCP-865V	65	42 以上	24±1	19±1	M16	80	**JIS C 3810**
SCP-1265	65	44 以上	28±1	19±1	M20	120	**JIS C 3810**
SCP-1265V	65	44 以上	$26^{+3.0}_{-1.0}$	19±1	M16	120	**JIS C 3810**
SCP-1665	65	44 以上	30±1	25±1	M22	165	**JIS C 3810**
SCP-1665D	65	44 以上	30±1	19±1	M22	165	**JIS C 3810**
SCP-21145	145	44 以上	30±1	25±1	M24	210	**JIS C 3810**
SCP-21145D	145	44 以上	30±1	22±1	M24	210	**JIS C 3810**

B.42　直角ソケットクレビス（SCR）

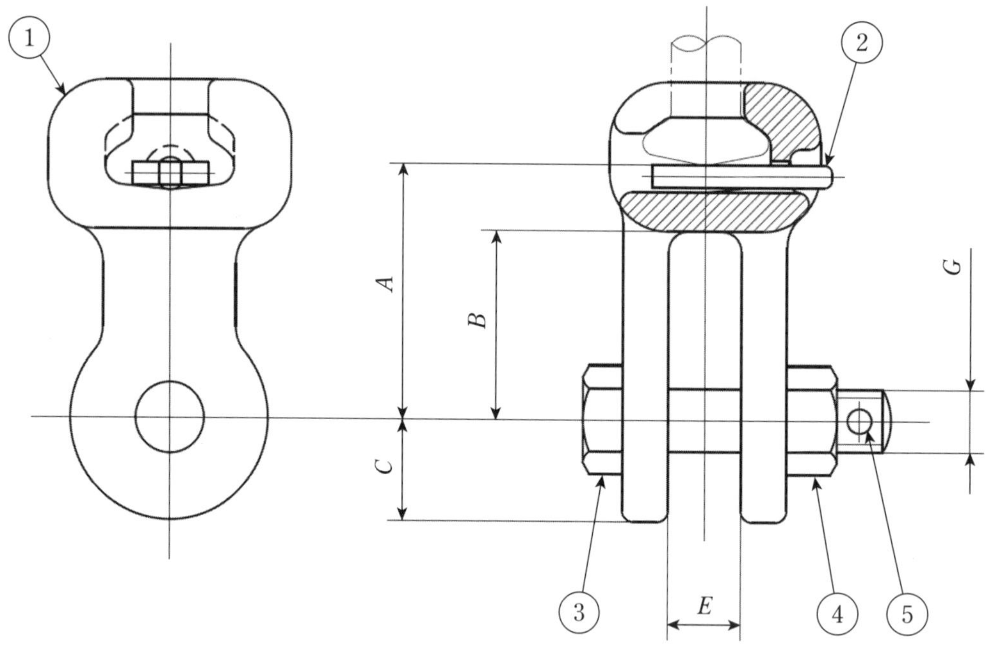

記号	1	2	3	4	5
名称	本体	割りピン	コッタボルト	六角ナット	割りピン
材料	鋳鋼，鋳鉄又は軟鋼	ステンレス鋼線	軟鋼	軟鋼	銅合金線
個数	1	1	1	1	1

品番	寸法 mm					引張 強度 kN	ボール部の 適用ゲージ
	A	*B*	*C*	*E*	*G*		
SCR-865	65	24 以上	24±1	19±1	M16	80	**JIS C 3810**
SCR-812	120	24 以上	24±1	19±1	M16	80	**JIS C 3810**
SCR-1265	65	33 以上	26±1	19±1	M16	120	**JIS C 3810**
SCR-1212	120	33 以上	28±1	22±1	M20	120	**JIS C 3810**
SCR-1665	65	44 以上	30±1	25±1	M22	165	**JIS C 3810**
SCR-1612	120	44 以上	30±1	25±1	M22	165	**JIS C 3810**
SCR-21145	145	44 以上	30±1	25±1	M24	210	**JIS C 3810**

B.43　Y 形金具（CPL）

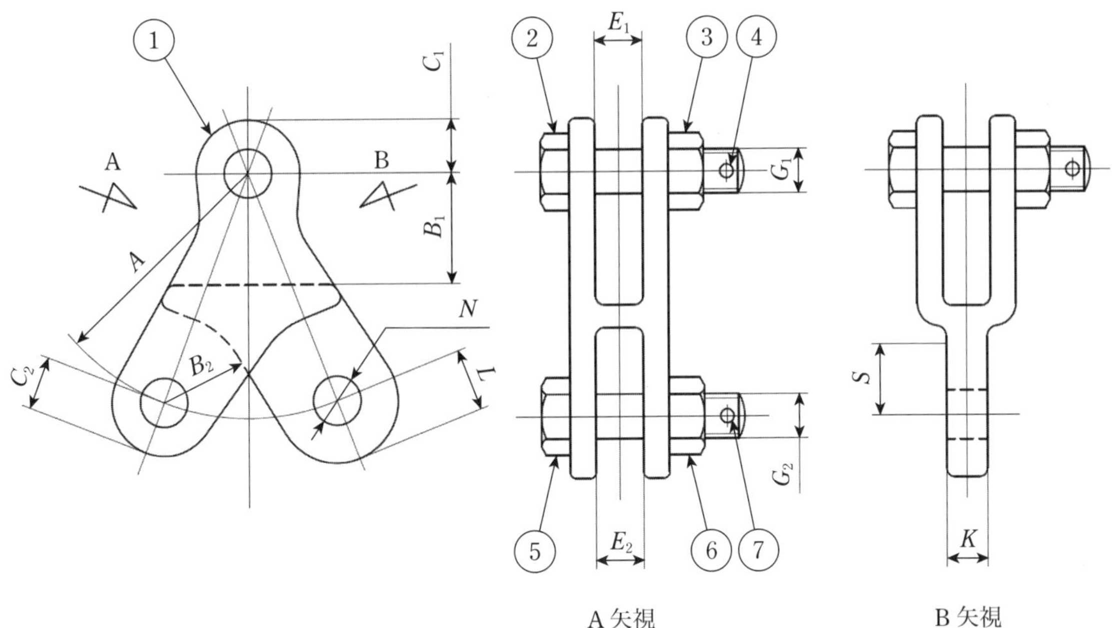

A 矢視　　B 矢視

記号	1	2	3	4	5	6	7
名称	本体	コッタボルト	六角ナット	割りピン	コッタボルト	六角ナット	割りピン
材料	鋳鉄	軟鋼	軟鋼	銅合金線	軟鋼	軟鋼	銅合金線
個数	1	1	1	1	1	1	1

品番	寸法 mm													引張 強度 kN
	A	B_1	B_2	C_1	C_2	E_1	E_2	G_1	G_2	K	L	N	S	
CPL-816	100	38 以上	38 以上	22±1	22±1	19±1	22±1	M16	M16	16±1	16±1	18±0.5	32 以上	80
CPL-1233	110	48 以上	38 以上	24±1	24±1	22±1	22±1	M20	M20	19±1	19±1	22±0.5	32 以上	120
CPL-1641	110	38 以上	48 以上	26±1	26±1	25±1	25±1	M22	M22	22±1	30±1	24±0.5	42 以上	165
CPL-1661	110	38 以上	38 以上	26±1	30±1	25±1	28±1	M22	M24	25±1	34±1	27±0.5	37 以上	165
CPL-2161	110	38 以上	48 以上	30±1	30±1	28±1	28±1	M24	M24	25±1	34±1	27±0.5	42 以上	210
CPL-2411	130	58 以上	48 以上	32±1	32±1	31±1	28±1	M27	M27	25±1	40±1	30±0.5	42 以上	240

B.44　1 枚リンク（L）

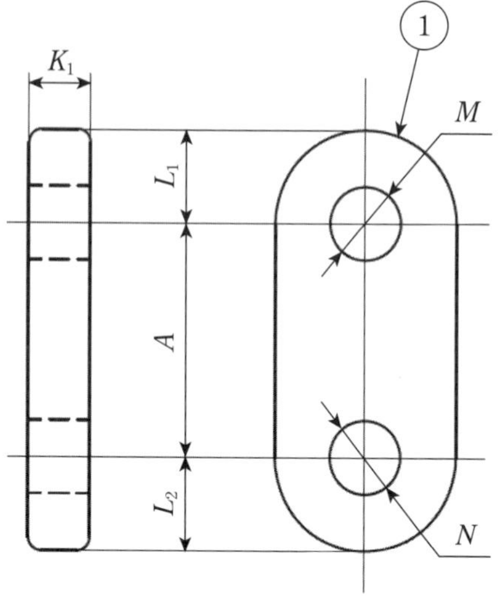

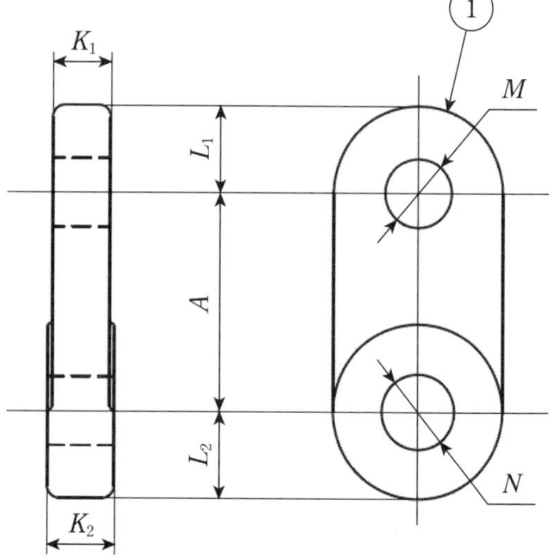

記号	1
名称	本体
材料	軟鋼
個数	1

品番	寸法 mm							引張 強度 kN
	A	K_1	K_2	L_1	L_2	M	N	
L-860	60±3	16±1	−	22±1	22±1	18±0.5	18±0.5	80
L-1260	60±3	16±1	−	22±1	22±1	18±0.5	18±0.5	120
L-1260V	60±3	16±1	19±1	22±1	26±1	18±0.5	22±0.5	120
L-1270	70±3	19±1	−	28±1	28±1	22±0.5	22±0.5	120
L-1270D	70±3	16±1	−	22±1	26±1	18±0.5	22±0.5	120
L-1270W	70±3	19±1	22±1	30±1	30±1	22±0.5	24±0.5	120
L-1270WZ	70±3	19±1	22±1	30±1	30±1	18±0.5	24±0.5	120
L-1680	80±3	22±1	−	32±1	32±1	24±0.5	24±0.5	165
L-2110	100±3	22±1	−	38±1	38±1	27±0.5	27±0.5	210

B.45 扇形 1 枚リンク（DL）

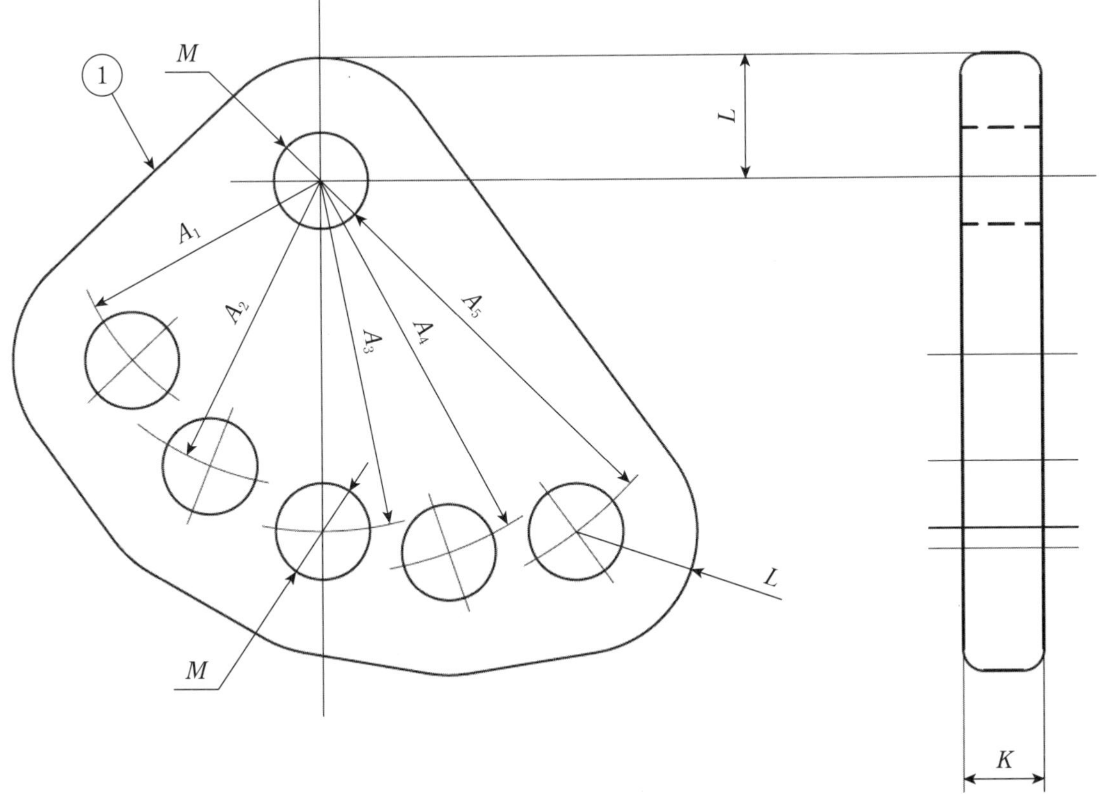

記号	1
名称	本体
材料	軟鋼
個数	1

品番	寸法 mm								引張強度 kN
	A_1	A_2	A_3	A_4	A_5	L	K	M	
DL-880-1	60±1	70±1	80±1	90±1	100±1	22±1	16±1	18±0.5	80
DL-1280	60±1	70±1	80±1	90±1	100±1	28±1	19±1	22±0.5	120
DL-1680	60±1	70±1	80±1	90±1	100±1	32±1	22±1	24±0.5	165
DL-2190	70±1	80±1	90±1	100±1	110±1	38±1	22±1	27±0.5	210
DL-2410	80±1	90±1	100±1	110±1	120±1	36±1	25±1	30±0.5	240

B.46　調整金具（DDL）

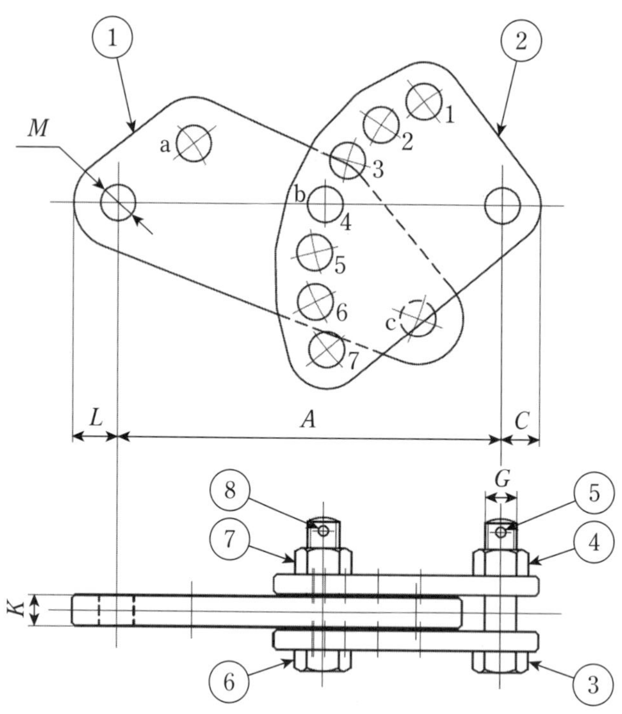

記号	1	2	3	4	5	6	7	8
名称	本体中板	本体外板	コッタボルト	六角ナット	割りピン	コッタボルト	六角ナット	割りピン
材料	軟鋼	軟鋼	軟鋼	軟鋼	銅合金線	軟鋼	軟鋼	銅合金線
個数	1	2	1	1	1	1	1	1

品番	寸法 mm					調整ピッチ mm	最小～最大 A mm	引張強度 kN
	C	G	K	L	M			
DDL-814-1	22±1	M16	16±1	22±1	18±0.5	10	140～340	80
DDL-1214-1	24±1	M20	19±1	28±1	22±0.5	10	140～340	120
DDL-1615-1	26±1	M22	22±1	32±1	24±0.5	10	150～350	165
DDL-2117-1	30±1	M24	22±1	38±1	27±0.5	10	170～370	210

組合せ寸法表　　**単位**　mm

穴位置		外						
		1	2	3	4	5	6	7
内	a	0	10	20	30	40	50	60
	b	70	80	90	100	110	120	130
	c	140	150	160	170	180	190	200

B.47　バーニヤ金具（VCL）（1）

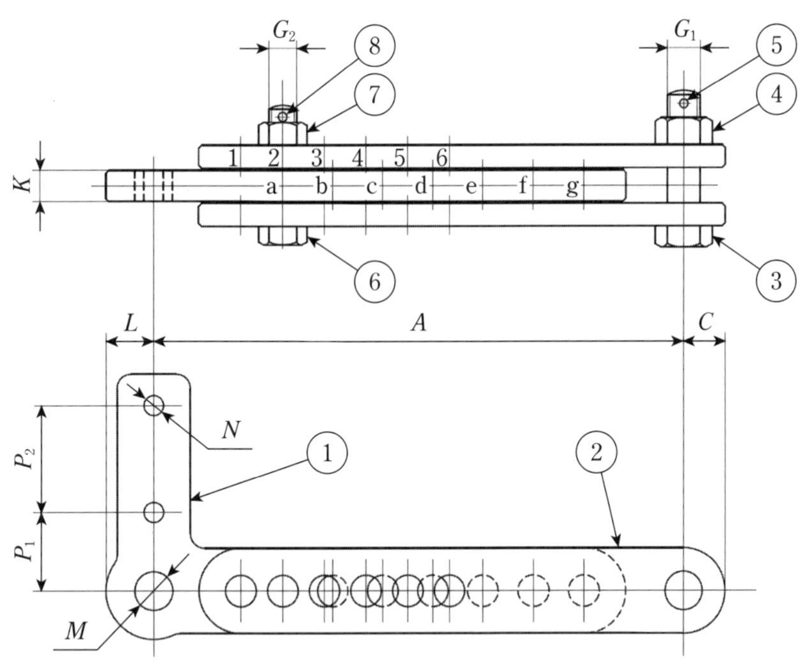

記号	1	2	3	4	5	6	7	8
名称	本体中板	本体外板	コッタボルト	六角ナット	割りピン	コッタボルト	六角ナット	割りピン
材料	軟鋼 又は 高張力鋼	軟鋼 又は 高張力鋼	軟鋼	軟鋼	銅合金線	高張力鋼	軟鋼	銅合金線
個数	1	2	1	1	1	1	1	1

品番	寸法 mm									調整 ピッチ mm	最小～最大 A mm	引張 強度 kN
	C	G_1	G_2	K	L	M	N	P_1	P_2			
VCL-2138	30±1	M24	M20	22±1	34±1	27±0.5	14±0.5	55	70±0.5	6	380～506	210
VCL-2138C	30±1	M24	M20	22±1	34±1	27±0.5	22±0.5	55	75±0.5	6	380～506	210

組合せ寸法表　　　　　　　　　　**単位**　mm

穴位置		外					
		1	2	3	4	5	6
内	a	30	0	–	–	–	–
	b	66	36	6	–	–	–
	c	102	72	42	12	–	–
	d	–	108	78	48	18	
	e	–	–	114	84	54	24
	f	–	–	–	120	90	60
	g	–	–	–	–	126	96

B.48　バーニヤ金具（VCL）（2）

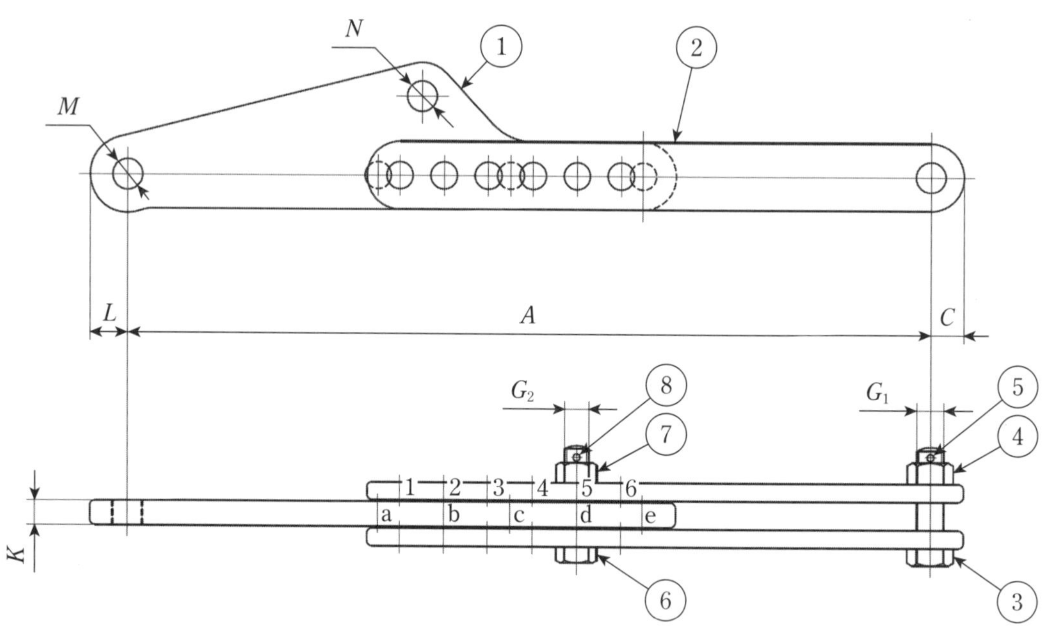

記号	1	2	3	4	5	6	7	8
名称	本体（中板）	本体（外板）	コッタボルト	六角ナット	割りピン	コッタボルト	六角ナット	割りピン
材料	高張力鋼	軟鋼	軟鋼	軟鋼	銅合金線	軟鋼	軟鋼	銅合金線
個数	1	2	1	1	1	1	1	1

品番	寸法 mm							調整ピッチ mm	最小～最大 A mm	引張強度 kN
	C	G_1	G_2	K	L	M	N			
VCL-2155-1	30±1	M24	M22	22±1	34±1	27±0.5	27±0.5	20	550～910	210

組合せ寸法表　　　　**単位**　mm

穴位置		外					
		1	2	3	4	5	6
内	a	–	–	–	40	0	–
	b	–	–	–	100	60	20
	c	–	–	–	160	120	80
	d	340	300	260	220	180	140
	e	–	360	320	280	240	200

B.49　250 mm 懸垂がいし用アークホーン（AH）（1）

単位：mm

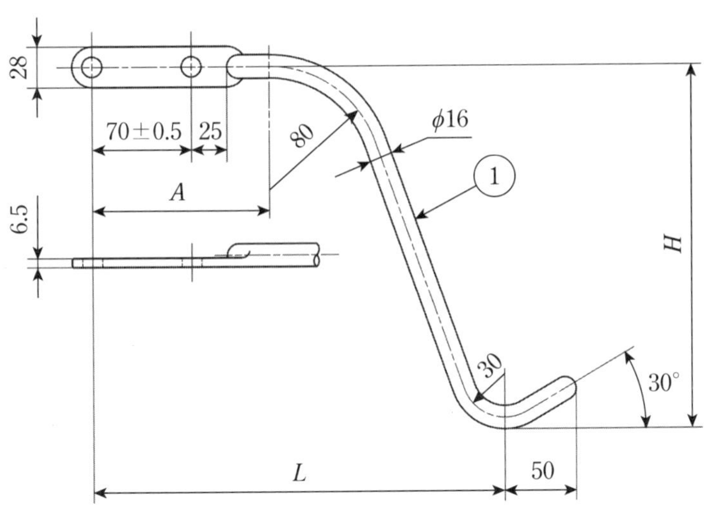

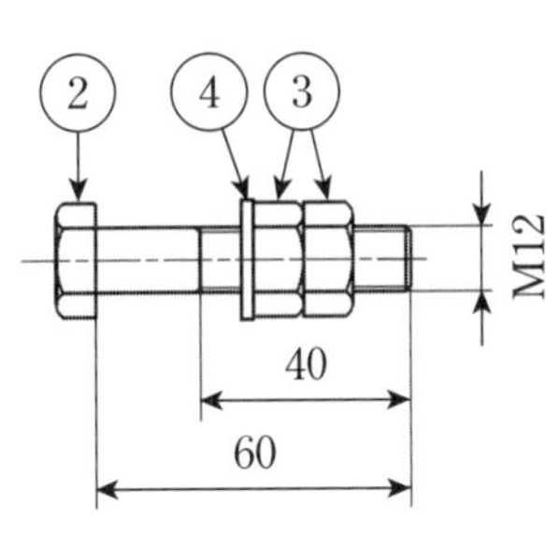

記号	1	2	3	4
名称	本体	締付ボルト	六角ナット	平座金
材料	軟鋼	軟鋼	軟鋼	軟鋼
個数	1	2	4	2

がいし装置	品番	寸法 mm			適用	参考 mm	
		L	*H*	*A*		*X*	*Y*
66～77 kV 1 連懸垂 1 連耐張	AH-1101C	280	235	125	キャップ側	330	180
	AH-1101CB	280	310	125		330	180
	AH-1102C	290	293	125		340	238
	AH-1103C	290	367	125		340	312
	AH-1105C	305	441	125		355	386
	AH-1107C	320	515	125		370	460
	AH-1108C	320	589	125		370	534
	AH-1109C	320	663	125		370	608
66～77 kV 2 連懸垂	AH-1201C	400	230	195	キャップ側	330	180
	AH-1201CB	400	305	195		330	180
	AH-1202C	410	288	195		340	238
	AH-1203C	410	362	195		340	312
	AH-1205C	425	436	195		355	386
	AH-1207C	440	510	195		370	460
	AH-1208C	440	584	195		370	534
	AH-1209C	440	658	195		370	608

注記 1　*X*，*Y* の寸法表示については，**解説 5.5.10** を参照のこと。
注記 2　*Y* 座標は，B 型専用ホーンの場合以外は全て A 型寸法を示す。

B.50　250 mm 懸垂がいし用アークホーン（AH）（2）

単位：mm

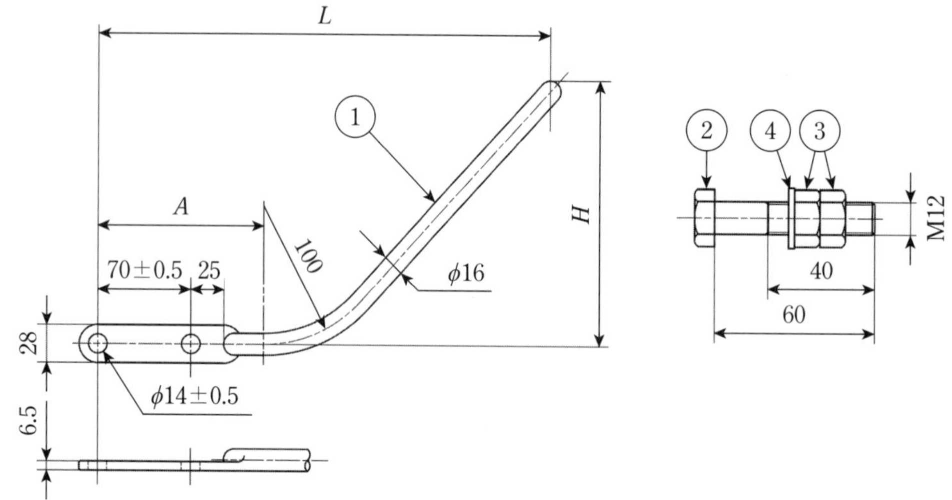

記号	1	2	3	4
名称	本体	締付ボルト	六角ナット	平座金
材料	軟鋼	軟鋼	軟鋼	軟鋼
個数	1	2	4	2

がいし装置	品番	寸法 mm			適用	参考 mm	
		L	*H*	*A*		*X*	*Y*
66～77 kV 1 連懸垂 1 連耐張	AH-1101P	300	120	125	ピン側	350	0
	AH-1102P	320	120	125		370	0
	AH-1103P	340	194	125		390	74
	AH-1104P	360	268	125		410	148
66～77 kV 2 連懸垂	AH-1201P	420	170	195	ピン側	350	0
	AH-1202P	440	170	195		370	0
	AH-1203P	460	244	195		390	74
	AH-1204P	480	318	195		410	148

注記 1　*X*，*Y* の寸法表示については，**解説 5.5.10** を参照のこと。
注記 2　*Y* 座標は，B 型専用ホーンの場合以外は全て A 型寸法を示す。

B.51　250 mm 懸垂がいし用アークホーン（AH）（3）

単位：mm

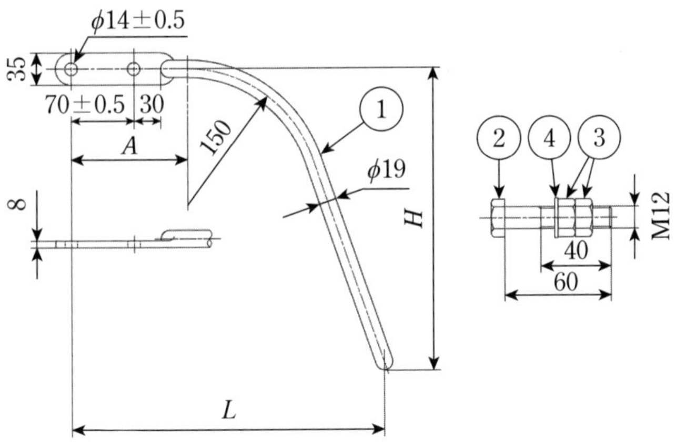

記号	1	2	3	4
名称	本体	締付ボルト	六角ナット	平座金
材料	軟鋼	軟鋼	軟鋼	軟鋼
個数	1	2	4	2

がいし装置	品番	寸法 mm			適用	参考 mm	
		L	*H*	*A*		*X*	*Y*
110～154 kV 1 連懸垂 1 連耐張	AH-2122C	350	257	130	キャップ側	400	202
	AH-2123C	350	331	130		400	276
	AH-2124C	350	405	130		400	350
	AH-2125C	350	479	130		400	424
	AH-2126C	350	553	130		400	498
	AH-2127C	350	627	130		400	572
	AH-2128C	350	701	130		400	646
	AH-2129C	350	775	130		400	720
	AH-2130C	350	849	130		400	794
	AH-2131C	440	923	150		490	868
	AH-2132C	440	701	150		490	646
	AH-2133C	440	775	150		490	720
	AH-2136C	440	997	150		490	942
	AH-2137C	440	1071	150		490	1016
110～154 kV 1 連耐張 逆吊	AH-2121P	400	120	130	ピン側	450	0
	AH-2122P	400	194	130		450	74
	AH-2123P	400	268	130		450	148
	AH-2124P	520	564	150		570	444
	AH-2126P	520	1008	150		570	888
110～154 kV 2 連懸垂	AH-2222C	470	252	180	キャップ側	400	202
	AH-2223C	470	326	180		400	276
	AH-2224C	470	400	180		400	350
	AH-2225C	470	474	180		400	424
	AH-2226C	470	548	180		400	498
	AH-2227C	470	622	180		400	572
	AH-2228C	470	696	180		400	646
	AH-2229C	470	770	180		400	720
	AH-2230C	470	844	180		400	794
	AH-2231C	470	918	180		400	868
	AH-2232C	560	696	180		490	646
	AH-2233C	560	770	180		490	720
	AH-2236C	560	992	180		490	942
	AH-2237C	560	1066	180		490	1016

注記 1　*X*，*Y* の寸法表示については，**解説 5.5.10** を参照のこと。
注記 2　*Y* 座標は，B 型専用ホーンの場合以外は全て A 型寸法を示す。

B.52　250 mm 懸垂がいし用アークホーン（AH）（4）

単位：mm

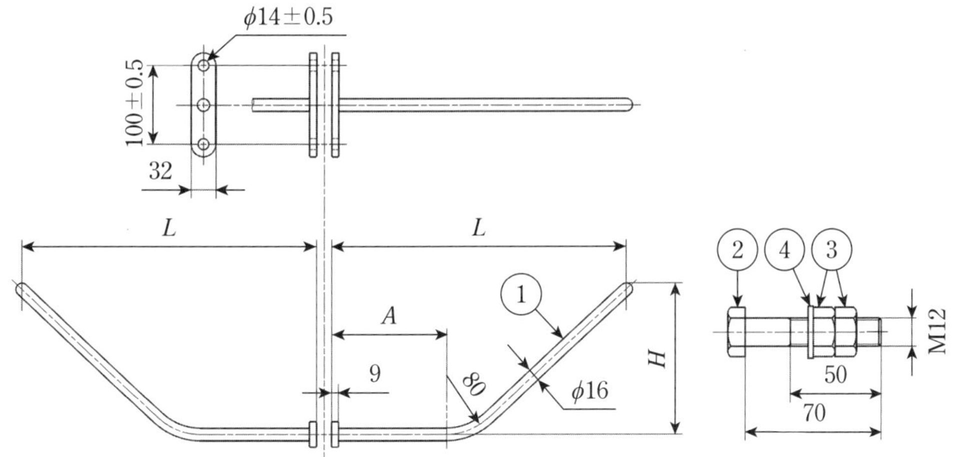

記号	1	2	3	4
名称	本体	締付ボルト	六角ナット	平座金
材料	軟鋼	軟鋼	軟鋼	軟鋼
個数	2	2	4	2

がいし装置	品番	寸法 mm			適用	参考 mm	
		L	*H*	*A*		*X*	*Y*
66～77 kV 2 導体 1 連懸垂	AH-1101PD	342	120	150	ピン側	350	0
	AH-1102PD	362	120	150		370	0
	AH-1103PD	382	194	150		390	74
	AH-1104PD	402	268	160		410	148

注記 1　*X*, *Y* の寸法表示については，**解説 5.5.10** を参照のこと。
注記 2　*Y* 座標は，B 型専用ホーンの場合以外は全て A 型寸法を示す。
注記 3　品番中の“D”は 2 導体用がいし装置のみに使用するものを表す。

B.53　250 mm 懸垂がいし用アークホーン（AH）（5）

単位：mm

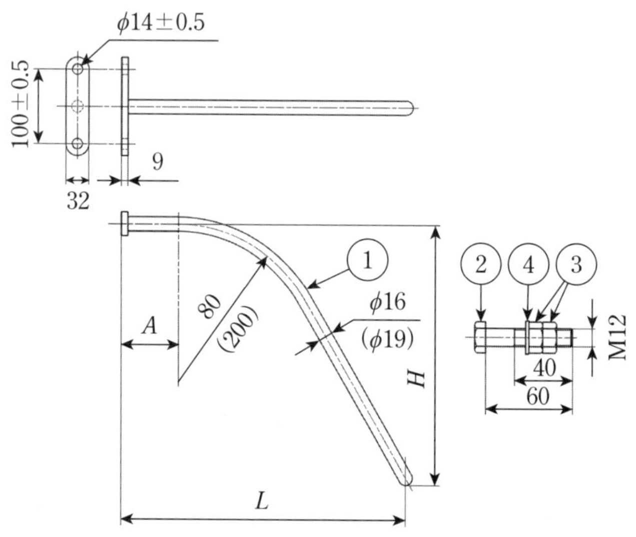

注記　（　）内寸法は 110 kV～154 kV の場合を示す。

記号	1	2	3	4
名称	本体	締付ボルト	六角ナット	平座金
材料	軟鋼	軟鋼	軟鋼	軟鋼
個数	1	2	4	2

がいし装置	品番	寸法 mm			適用	参考 mm	
		L	*H*	*A*		*X*	*Y*
66～77 kV 2 連耐張	AH-1401CB	322	255	120	キャップ側	330	180
	AH-1403C	332	312	130		340	237
	AH-1405C	347	386	150		355	311
	AH-1407C	362	460	150		370	385
	AH-1409C	362	608	150		370	533
	AH-1401P	342	120	150	ピン側	350	0
	AH-1402P	362	120	150		370	0
	AH-1403P	382	194	150		390	74
	AH-1404P	402	268	160		410	148
110～154 kV 2 連耐張	AH-2423C	392	276	80	キャップ側	400	201
	AH-2424C	392	350	80		400	275
	AH-2425C	392	424	80		400	349
	AH-2427C	392	572	80		400	497
	AH-2429C	392	720	80		400	645
	AH-2431C	392	868	80		400	793
	AH-2433C	482	720	80		490	645
	AH-2437C	482	1016	80		490	941
110～154 kV 2 連耐張 逆吊	AH-2422P	442	194	150	ピン側	450	74
	AH-2423P	442	268	150		450	148
	AH-2424P	562	564	150		570	444
	AH-2426P	562	1008	150		570	888
注記　*X*，*Y* の寸法表示については，**解説 5.5.10** を参照のこと。							

B.54　250 mm 懸垂がいし用アークホーン（AH）（6）

単位：mm

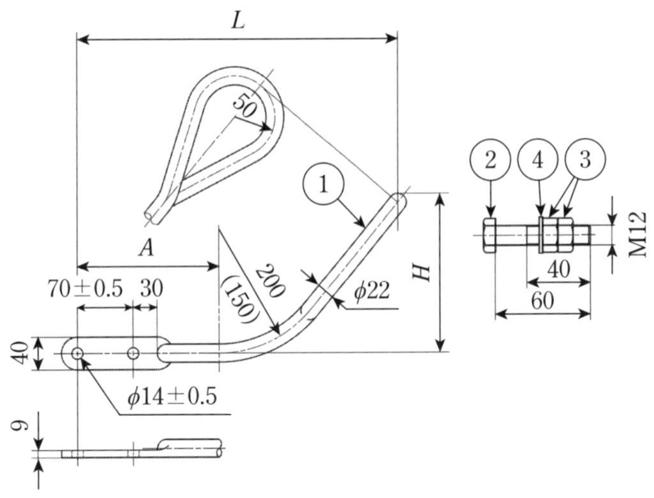

注記　（　）内寸法は 1 連耐張逆吊キャップ側の場合を示す。

記号	1	2	3	4
名称	本体	締付ボルト	六角ナット	平座金
材料	軟鋼	軟鋼	軟鋼	軟鋼
個数	1	2	4	2

がいし装置	品番	寸法 mm			適用	参考 mm	
		L	*H*	*A*		*X*	*Y*
110〜154 kV 1連耐張 逆吊	AH-2122CS	350	257	130	キャップ側	400	202
	AH-2123CS	350	331	130		400	276
	AH-2124CS	350	405	130		400	350
	AH-2125CS	350	479	130		400	424
	AH-2126CS	350	553	130		400	498
	AH-2127CS	350	627	130		400	572
	AH-2128CS	350	701	130		400	646
	AH-2129CS	350	775	130		400	720
	AH-2130CS	350	849	130		400	794
	AH-2131CS	350	923	130		400	868
	AH-2132CS	440	701	150		490	646
	AH-2133CS	440	775	150		490	720
	AH-2136CS	440	997	150		490	942
	AH-2137CS	440	1071	150		490	1016
110〜154 kV 1連懸垂 1連耐張	AH-2121PS	400	120	130	ピン側	450	0
	AH-2122PS	400	194	130		450	74
	AH-2123PS	400	268	130		450	148
	AH-2124PS	520	564	150		570	444
	AH-2126PS	520	1008	150		570	888
110〜154 kV 2連懸垂	AH-2221PS	520	170	200		450	0
	AH-2222PS	520	244	200		450	74
	AH-2223PS	520	318	200		450	148
	AH-2224PS	640	614	200		570	444
	AH-2226PS	640	1058	200		570	888

注記 1　*X*，*Y* の寸法表示については，**解説 5.5.10** を参照のこと。
注記 2　*Y* 座標は，B 型専用ホーンの場合以外は全て A 型寸法を示す。

B.55　250 mm 懸垂がいし用アークホーン（AH）（7）

単位：mm

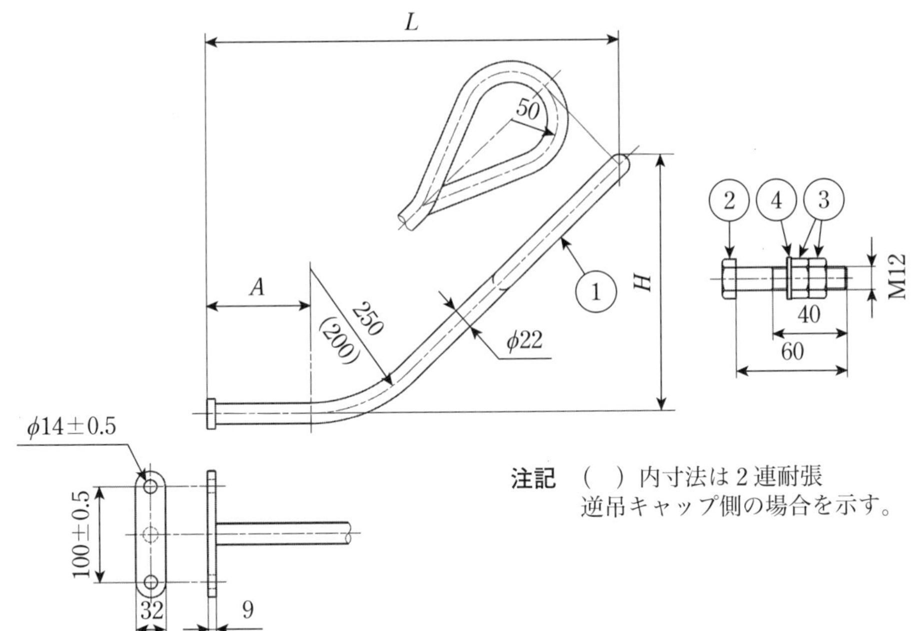

注記　（　）内寸法は 2 連耐張逆吊キャップ側の場合を示す。

記号	1	2	3	4
名称	本体	締付ボルト	六角ナット	平座金
材料	軟鋼	軟鋼	軟鋼	軟鋼
個数	1	2	4	2

がいし装置	品番	寸法 mm			適用	参考 mm	
		L	*H*	*A*		*X*	*Y*
110〜154 kV 2 連耐張逆吊	AH-2423CS	392	276	80	キャップ側	400	201
	AH-2424CS	392	350	80		400	275
	AH-2425CS	392	424	80		400	349
	AH-2427CS	392	572	80		400	497
	AH-2429CS	392	720	80		400	645
	AH-2431CS	392	868	80		400	793
	AH-2433CS	482	720	80		490	645
	AH-2437CS	482	1016	80		490	941
110〜154 kV 2 連耐張	AH-2422PS	442	194	150	ピン側	450	74
	AH-2423PS	442	268	150		450	148
	AH-2424PS	562	564	150		570	444
	AH-2426PS	562	1008	150		570	888
注記　*X*，*Y* の寸法表示については，**解説 5.5.10** を参照のこと。							

B.56　250 mm 懸垂がいし用アークホーン（AH）（8）

単位：mm

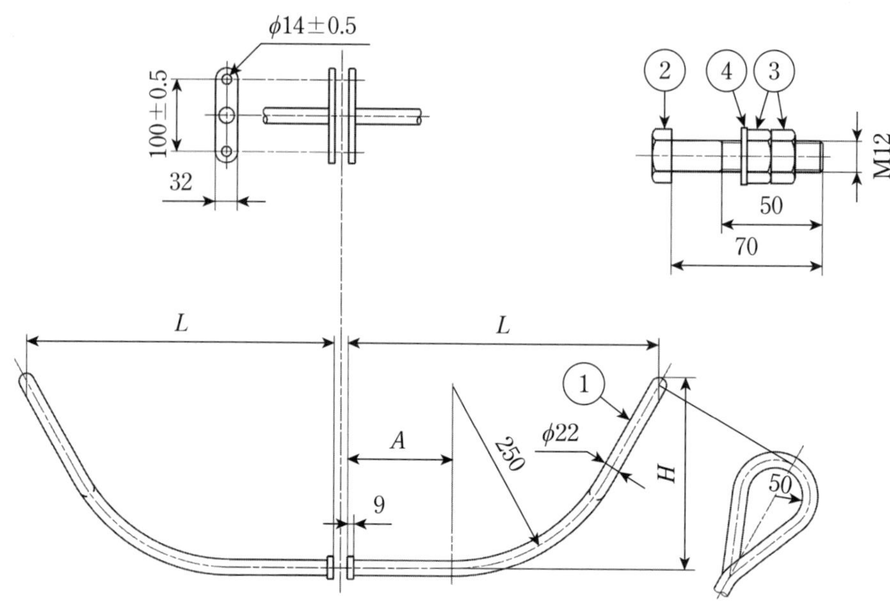

記号	1	2	3	4
名称	本体	締付ボルト	六角ナット	平座金
材料	軟鋼	軟鋼	軟鋼	軟鋼
個数	1	2	4	2

がいし装置	品番	寸法 mm			適用	参考 mm	
		L	*H*	*A*		*X*	*Y*
110～154 kV 2 導体 1 連懸垂	AH-2121PSD	442	120	150	ピン側	450	0
	AH-2122PSD	442	194	150		450	74
	AH-2123PSD	442	268	150		450	148
	AH-2124PSD	562	564	150		570	444
	AH-2126PSD	562	1008	150		570	888

注記 1　*X*，*Y* の寸法表示については，**解説 5.5.10** を参照のこと。
注記 2　*Y* 座標は，B 型専用ホーンの場合以外は全て A 型寸法を示す。
注記 3　品番中の“D”は 2 導体用がいし装置のみに使用するものを表す。

B.57　250 mm 懸垂がいし用アークホーン（AHV）（1）

単位：mm

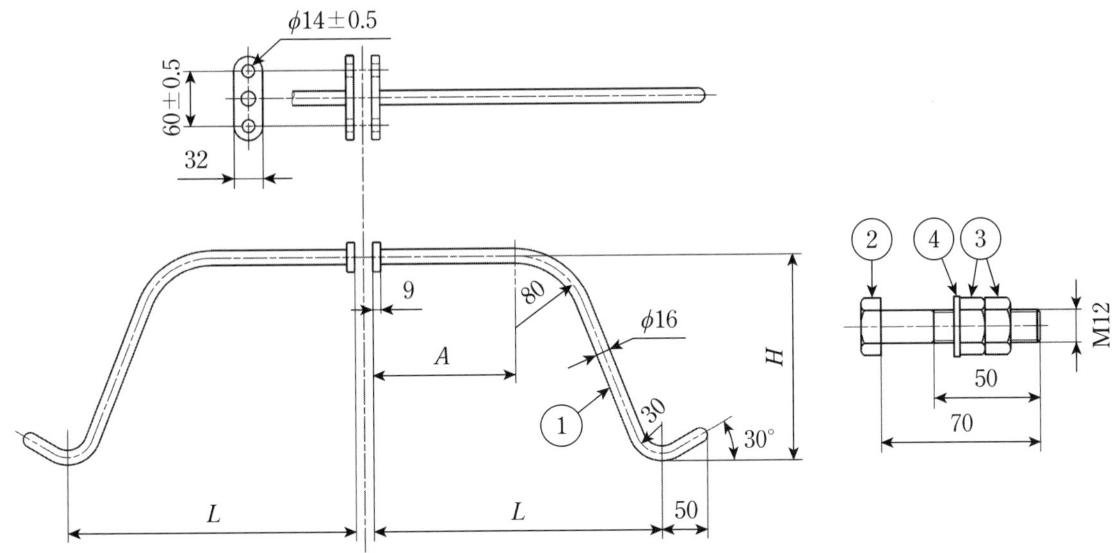

記号	1	2	3	4
名称	本体	締付ボルト	六角ナット	平座金
材料	軟鋼	軟鋼	軟鋼	軟鋼
個数	2	2	4	2

がいし装置	品番	寸法 mm			適用	参考 mm	
		L	H	A		X	Y
66〜77 kV V 吊懸垂	AHV-1101C	332	225	160	キャップ側	330	180
	AHV-1102C	332	283	160		340	238
	AHV-1103C	332	357	160		340	312
	AHV-1105C	347	431	160		355	386

注記 1　X，Y の寸法表示については，**解説 5.5.10** を参照のこと。
注記 2　Y 座標は，B 型専用ホーンの場合以外は全て A 型寸法を示す。

B.58　250 mm 懸垂がいし用アークホーン（AHV）（2）

単位：mm

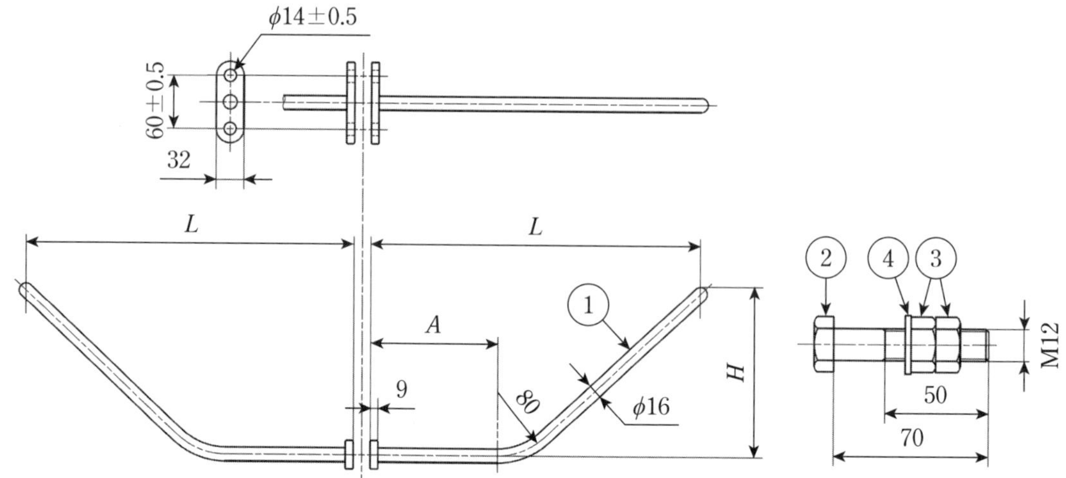

記号	1	2	3	4
名称	本体	締付ボルト	六角ナット	平座金
材料	軟鋼	軟鋼	軟鋼	軟鋼
個数	2	2	4	2

がいし装置	品番	寸法 mm			適用	参考 mm	
		L	H	A		X	Y
66～77 kV V吊懸垂	AHV-1101P	342	80	150	ピン側	350	0
	AHV-1102P	362	80	150		370	0
	AHV-1103P	382	154	150		390	74
	AHV-1104P	402	228	150		410	148

注記 1　X，Y の寸法表示については，**解説 5.5.10** を参照のこと。
注記 2　Y 座標は，B 型専用ホーンの場合以外は全て A 型寸法を示す。

B.59　250 mm 懸垂がいし用アークホーン（AHV）（3）

単位：mm

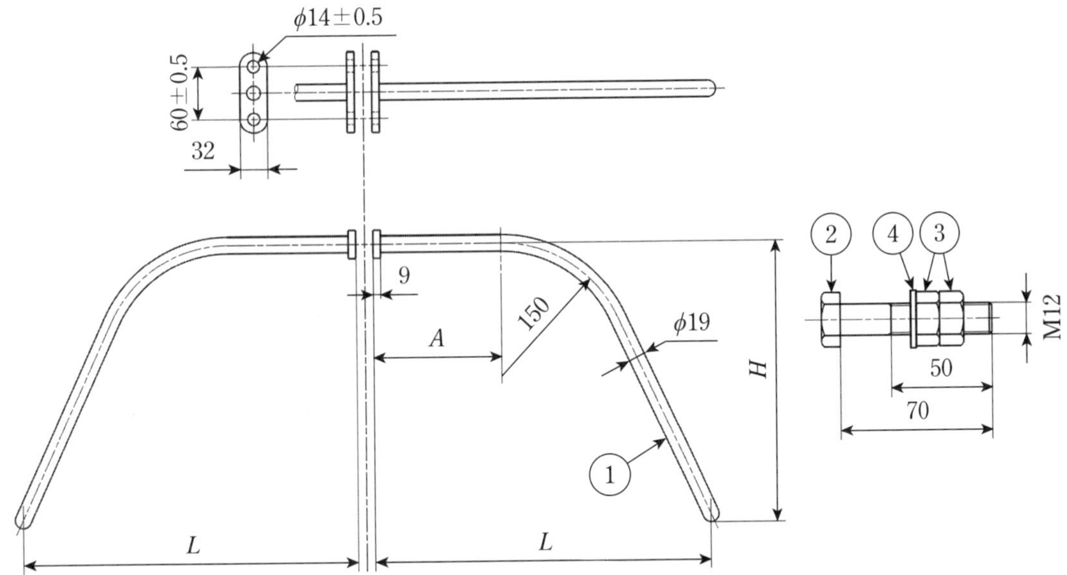

記号	1	2	3	4
名称	本体	締付ボルト	六角ナット	平座金
材料	軟鋼	軟鋼	軟鋼	軟鋼
個数	2	2	4	2

がいし装置	品番	寸法 mm			適用	参考 mm	
		L	*H*	*A*		*X*	*Y*
154 kV V 吊懸垂	AHV-2121HC	392	291	150	キャップ側	400	246
	AHV-2123C	392	321	150		400	276
	AHV-2124C	392	395	150		400	350
	AHV-2126C	392	543	150		400	498
	AHV-2128C	392	691	150		400	646
	AHV-2130C	392	839	150		400	794
	AHV-2132C	482	691	150		490	646
	AHV-2134C	482	839	150		490	794
	AHV-2136C	482	987	150		490	942

注記 1　*X*，*Y* の寸法表示については，**解説 5.5.10** を参照のこと。
注記 2　*Y* 座標は，B 型専用ホーンの場合以外は全て A 型寸法を示す。

B.60　250 mm 懸垂がいし用アークホーン（AHV）　(4)

単位：mm

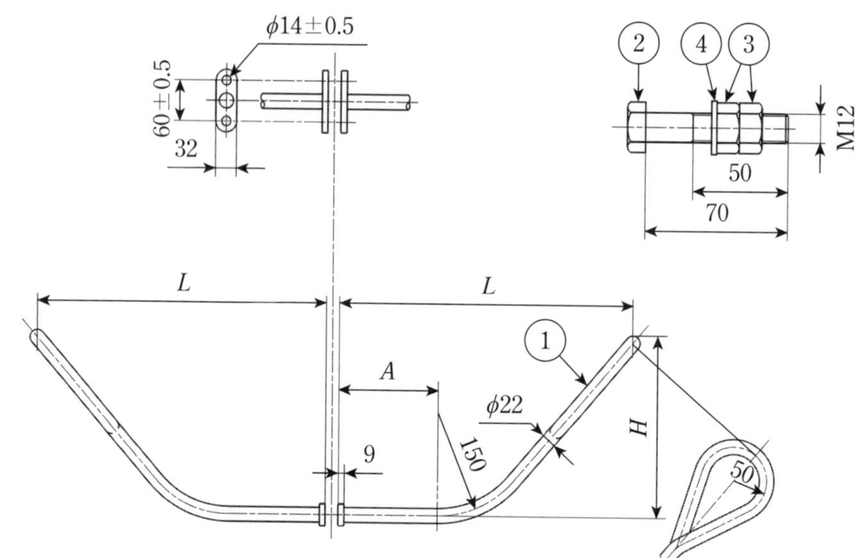

記号	1	2	3	4
名称	本体	締付ボルト	六角ナット	平座金
材料	軟鋼	軟鋼	軟鋼	軟鋼
個数	2	2	4	2

がいし装置	品番	寸法 mm			適用	参考 mm	
		L	*H*	*A*		*X*	*Y*
154 kV V 吊懸垂	AHV-2121PS	442	80	150	ピン側	450	0
	AHV-2122PS	442	154	150		450	74
	AHV-2123PS	442	228	150		450	148
	AHV-2136PS	562	524	150		570	444

注記 1　*X*，*Y* の寸法表示については，**解説 5.5.10** を参照のこと。
注記 2　*Y* 座標は，B 型専用ホーンの場合以外は全て A 型寸法を示す。

B.61　280 mm 懸垂がいし用アークホーン（AH）（1）

単位：mm

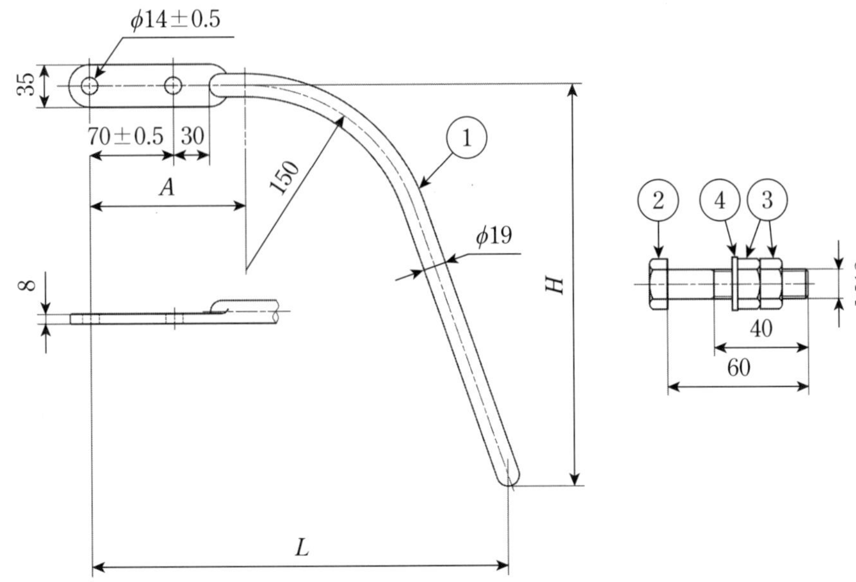

記号	1	2	3	4
名称	本体	締付ボルト	六角ナット	平座金
材料	軟鋼	軟鋼	軟鋼	軟鋼
個数	1	2	4	2

がいし装置	品番	寸法 mm			適用	参考 mm	
		L	H	A		X	Y
154 kV 1 連懸垂	AH-2101CN	340	465	130	キャップ側	450	300
	AH-2102CN	340	805	150		450	640
	AH-2103CN	390	995	150		500	830
	AH-2104CN	390	1335	150		500	1170
154 kV 2 連懸垂	AH-2201CN	520	470	130		450	300
	AH-2202CN	520	810	150		450	640
	AH-2203CN	570	1000	150		500	830
	AH-2204CN	570	1340	150		500	1170

注記　X，Y の寸法表示については，**解説 5.5.10** を参照のこと。

B.62　280 mm 懸垂がいし用アークホーン（AH）（2）

単位：mm

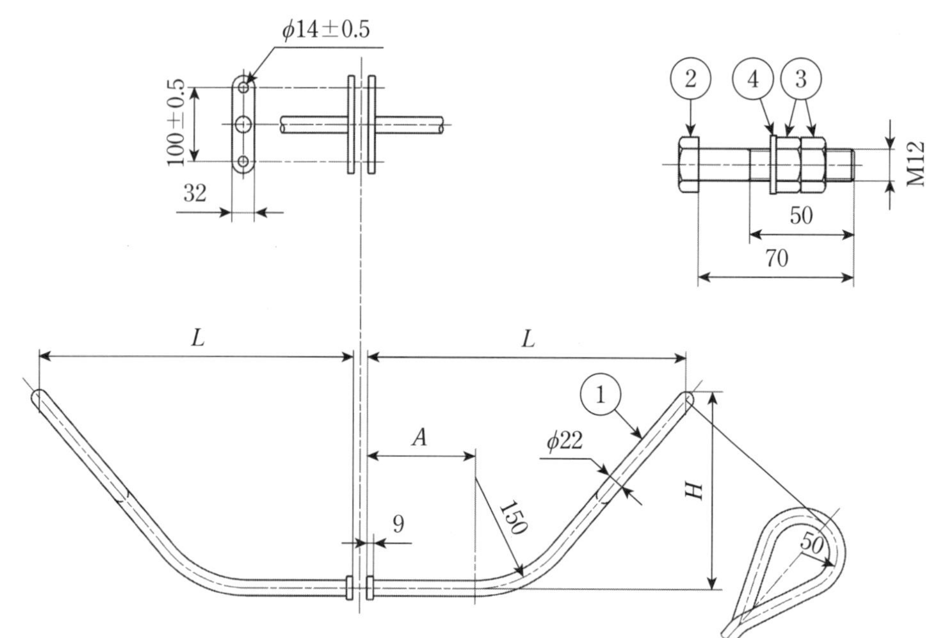

記号	1	2	3	4
名称	本体	締付ボルト	六角ナット	平座金
材料	軟鋼	軟鋼	軟鋼	軟鋼
個数	2	2	4	2

がいし装置	品番	寸法 mm			適用	参考 mm	
		L	*H*	*A*		*X*	*Y*
154 kV 1 連懸垂	AH-2101PSN	490	345	150	ピン側	500	100
	AH-2102PSN	590	495	150		600	250
	AH-2103PSN	590	835	150		600	590
注記　*X*，*Y* の寸法表示については，**解説 5.5.10** を参照のこと。							

B.63　280 mm 懸垂がいし用アークホーン（AH）（3）

単位：mm

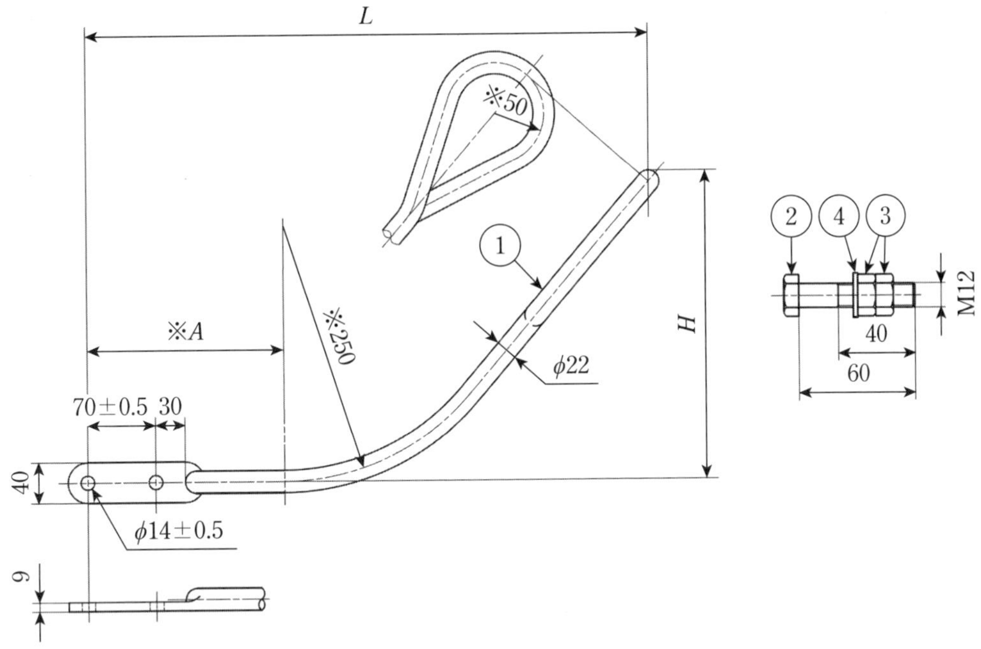

注記　図中の※印寸法は参考寸法を示す。

記号	1	2	3	4
名称	本体	締付ボルト	六角ナット	平座金
材料	軟鋼	軟鋼	軟鋼	軟鋼
個数	1	2	4	2

がいし装置	品番	寸法 mm			適用	参考 mm	
		L	H	A		X	Y
154 kV 2 連懸垂	AH-2201PSN	570	305	200	ピン側	500	100
	AH-2202PSN	670	455	200		600	250
	AH-2203PSN	670	795	200		600	590
注記　X，Y の寸法表示については，**解説 5.5.10** を参照のこと。							

B.64　280 mm 懸垂がいし用アークホーン（AH）（4）

単位：mm

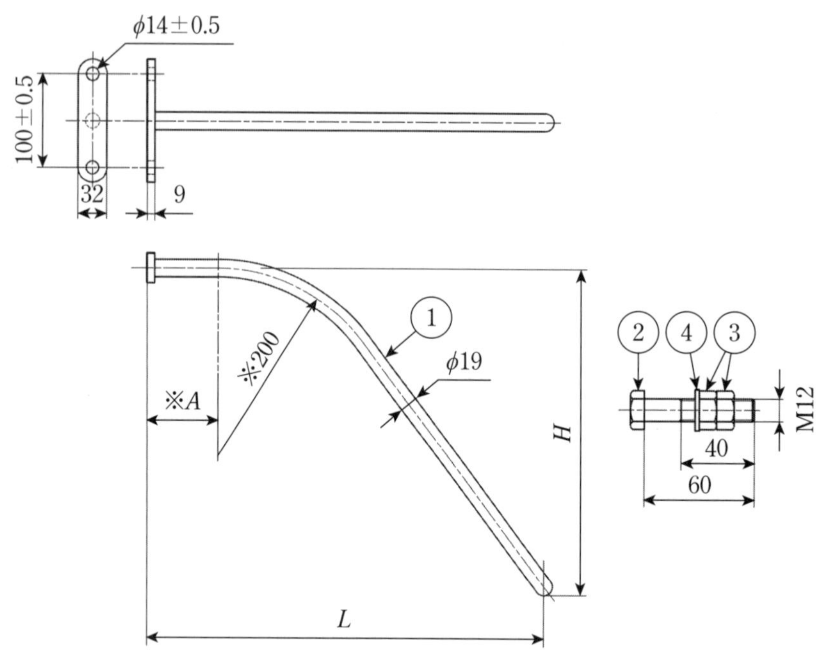

注記　図中の※印寸法は参考寸法を示す。

記号	1	2	3	4
名称	本体	締付ボルト	六角ナット	平座金
材料	軟鋼	軟鋼	軟鋼	軟鋼
個数	1	2	4	2

がいし装置	品番	寸法 mm			適用	参考 mm	
		L	H	A		X	Y
154 kV 2 連耐張	AH-2401CN-2	439	510	80	キャップ側	450	300
	AH-2402CN-2	439	850	80		450	640
	AH-2403CN-2	489	1040	80		500	830
	AH-2404CN-2	489	1380	80		500	1170
154 kV 2 連耐張（逆吊）	AH-2401PN-2	489	290	150	ピン側	500	100
	AH-2402PN-2	589	440	150		600	250
	AH-2403PN-2	589	780	150		600	590
注記　X，Y の寸法表示については，**解説 5.5.10** を参照のこと。							

B.65　280 mm 懸垂がいし用アークホーン（AH）（5）

単位：mm

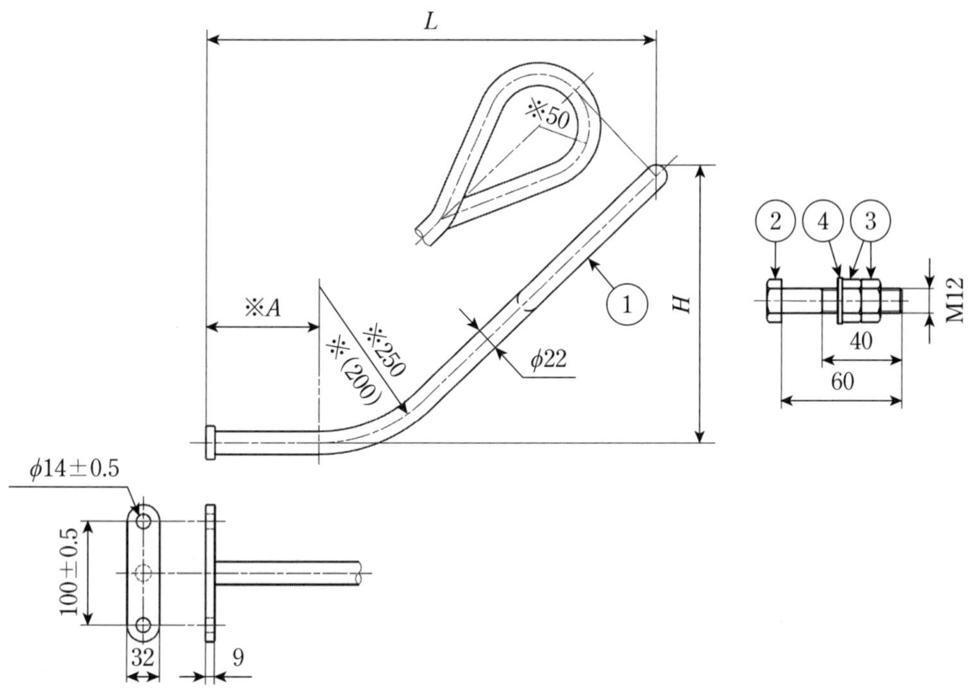

注記　（　）内寸法は 2 連耐張逆吊キャップ側の場合を示す。
図中の※印寸法は参考寸法を示す。

記号	1	2	3	4
名称	本体	締付ボルト	六角ナット	平座金
材料	軟鋼	軟鋼	軟鋼	軟鋼
個数	1	2	4	2

がいし装置	品番	寸法 mm			適用	参考 mm	
		L	H	A		X	Y
154 kV 2 連耐張	AH-2401PSN	489	290	150	ピン側	500	100
	AH-2402PSN	589	440	150		600	250
	AH-2403PSN	589	780	150		600	590
154 kV 2 連耐張（1 点支持）（逆吊）	AH-2401CSN	439	510	80	キャップ側	450	300
	AH-2402CSN	439	850	80		450	640
	AH-2403CSN	489	1040	80		500	830
	AH-2404CSN	489	1380	80		500	1170
154 kV 2 連耐張（2 点支持）（逆吊）	AH-2401CSN-1	439	500	80	キャップ側	450	300
	AH-2402CSN-1	439	840	80		450	640
	AH-2403CSN-1	489	1030	80		500	830
	AH-2404CSN-1	489	1370	80		500	1170

注記　X，Y の寸法表示については，**解説 5.5.10** を参照のこと。

B.66　280 mm 懸垂がいし用アークホーン（AH）（6）

単位：mm

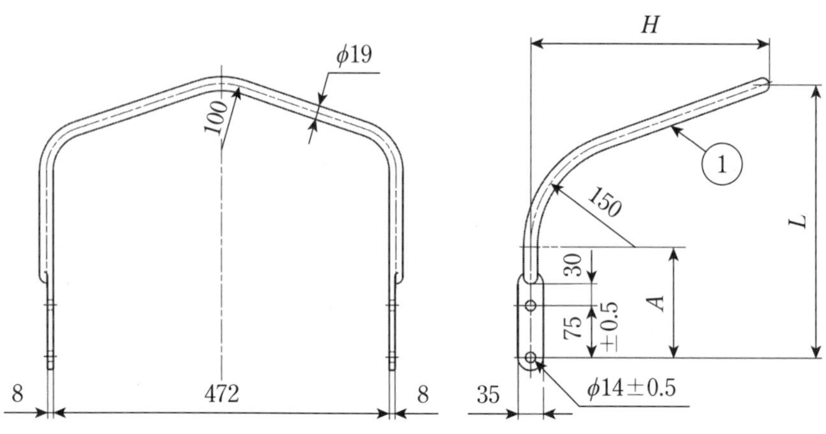

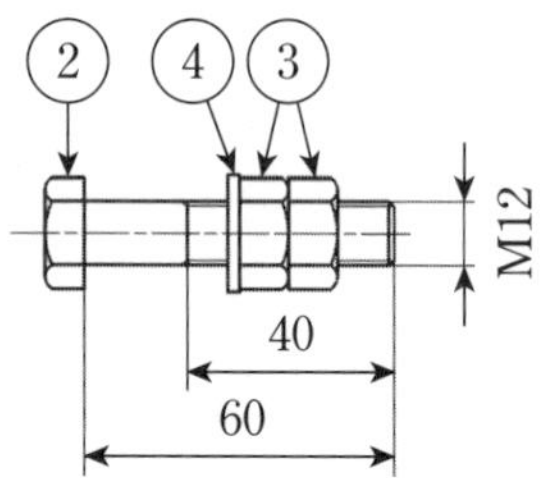

記号	1	2	3	4
名称	本体	締付ボルト	六角ナット	平座金
材料	軟鋼	軟鋼	軟鋼	軟鋼
個数	1	4	8	4

がいし装置	品番	寸法 mm			適用	参考 mm	
		L	*H*	*A*		*X*	*Y*
154 kV 2 連耐張	AH-2401CND	395	410	150	キャップ側	450	300
	AH-2402CND	395	750	150		450	640
	AH-2403CND	445	940	180		500	830
	AH-2404CND	445	1280	180		500	1170
154 kV 2 連耐張	AH-2401PND	445	245	150	ピン側	500	100
	AH-2402PND	545	395	150		600	250
	AH-2403PND	545	735	150		600	590

注記 1　*X*，*Y* の寸法表示については，**解説 5.5.10** を参照のこと。
注記 2　品番中の“D”は鉄塔側 2 点支持方式のみに使用するものを表す。

B.67 長幹がいし用アークホーン （1）

単位：mm

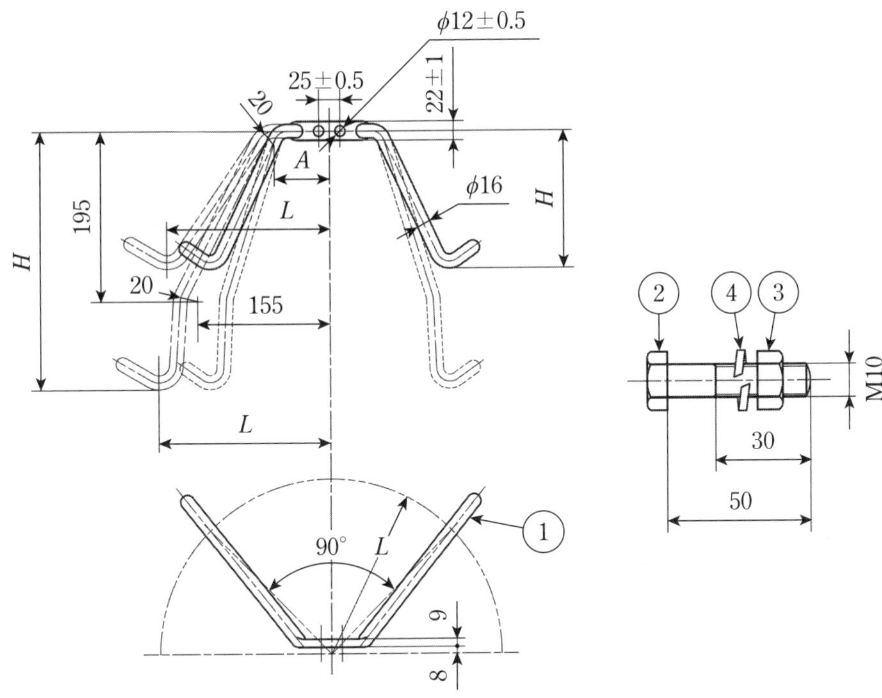

記号	1	2	3	4
名称	本体	締付ボルト	六角ナット	ばね座金
材料	軟鋼	軟鋼	軟鋼	硬鋼線材
個数	2	2	2	2

品番	寸法 mm			適用	備考	参考 mm		
	L	H	A			X	Y	Y_s
AH-3151E	150	155	65	1 連懸垂 2 連懸垂 66～77 kV 電線側及び 接地側 110～154 kV 中間及び接地側	実線にて示す	150	35	117
AH-3152E	150	170	65			150	50	132
AH-3153E	185	195	65			185	75	157
AH-3154E	200	220	65			200	100	182
AH-3155E	200	245	65		点線にて示す	200	125	207
AH-3156E	200	270	65			200	150	232
AH-3157E	200	295	65			200	175	257
AH-3158E	200	320	65			200	200	282
AH-3159E	220	370	65			220	250	332
注記 X，Y，Y_s の寸法表示については，**解説 5.5.10** を参照のこと。								

B.68　長幹がいし用アークホーン　(2)

単位：mm

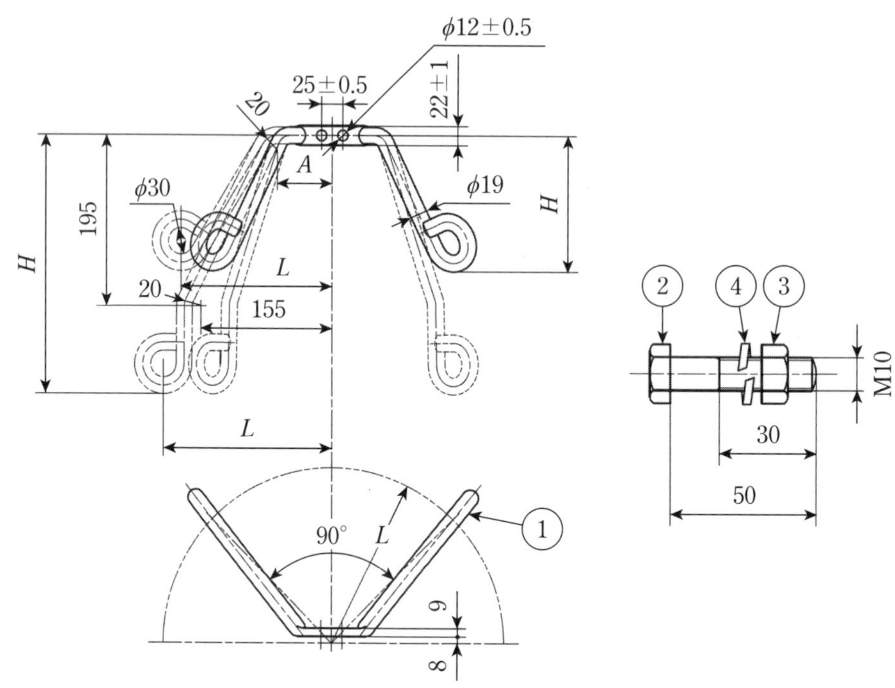

記号	1	2	3	4
名称	本体	締付ボルト	六角ナット	ばね座金
材料	軟鋼	軟鋼	軟鋼	硬鋼線材
個数	2	2	2	2

品番	寸法 mm			適用	備考	参考 mm		
	L	H	A			X	Y	Y_s
AH-3161L	150	155	65	1 連懸垂 2 連懸垂 110～154 kV 電線側	実線にて示す	150	35	117
AH-3162L	150	170	65			150	50	132
AH-3163L	185	195	65			185	75	157
AH-3164L	200	220	65			200	100	182
AH-3166L	200	270	65		点線にて示す	200	150	232
AH-3167L	200	295	65			200	175	257
注記　X，Y，Y_s の寸法表示については，**解説 5.5.10** を参照のこと。								

B.69 長幹がいし用アークホーン （3）

単位：mm

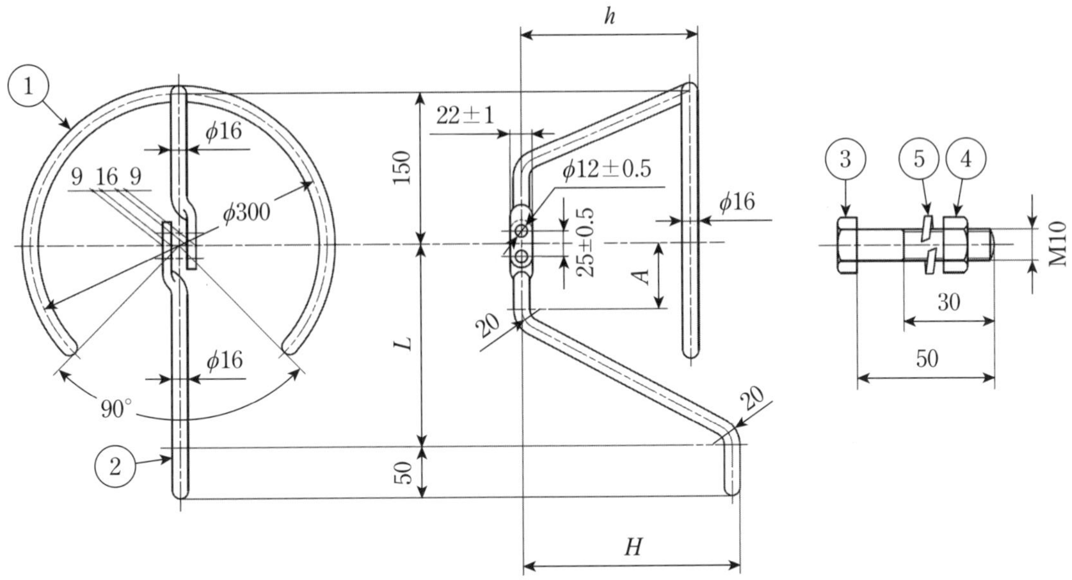

記号	1	2	3	4	5
名称	本体	本体	締付ボルト	六角ナット	ばね座金
材料	軟鋼	軟鋼	軟鋼	軟鋼	硬鋼線材
個数	1	1	2	2	2

品番	寸法 mm				適用	備考	参考 mm		
	L	H	h	A			X	Y	Y_s
AH-3351E	150	155	155	65	1連懸垂 2連懸垂 66～77 kV 電線側及び 接地側 110～154 kV 中間及び接地側	実線にて示す	150	35	117
AH-3352E	150	170	170	65			150	50	132
AH-3353E	185	195	170	65			185	75	157
AH-3354E	200	220	170	65			200	100	182
AH-3355E	200	245	170	65		点線にて示す	200	125	207
AH-3356E	200	270	170	65			200	150	232
AH-3357E	200	295	170	65			200	175	257
AH-3358E	200	320	170	65			200	200	282
AH-3359E	220	370	170	65			220	250	332

注記 X, Y, Y_s の寸法表示については，**解説 5.5.10** を参照のこと。

B.70　長幹がいし用アークホーン　(4)

単位：mm

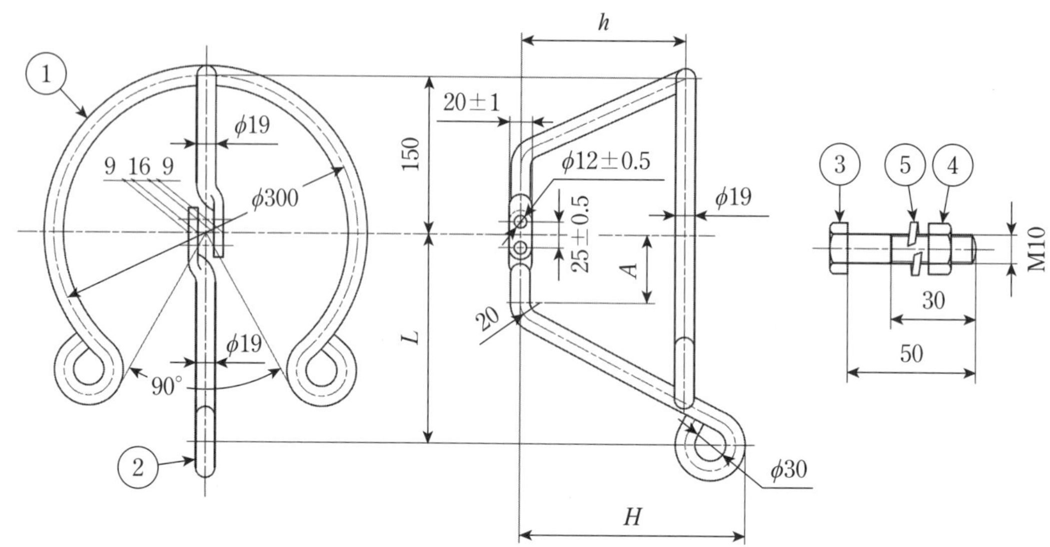

記号	1	2	3	4	5
名称	本体	本体	締付ボルト	六角ナット	ばね座金
材料	軟鋼	軟鋼	軟鋼	軟鋼	硬鋼線材
個数	1	1	2	2	2

品番	寸法 mm				適用	備考	参考 mm		
	L	H	h	A			X	Y	Y_s
AH-3361L	150	155	150	65	1連懸垂 2連懸垂 110～154 kV 電線側	実線にて示す	150	35	117
AH-3362L	150	170	170	65			150	50	132
AH-3363L	185	195	170	65			185	75	157
AH-3364L	200	220	170	65			200	100	182
AH-3366L	200	270	170	65		点線にて示す	200	150	232
AH-3367L	200	295	170	65			200	175	257

注記　X, Y, Y_s の寸法表示については，**解説 5.5.10** を参照のこと。

B.71　長幹がいし用アークホーン　(5)

単位：mm

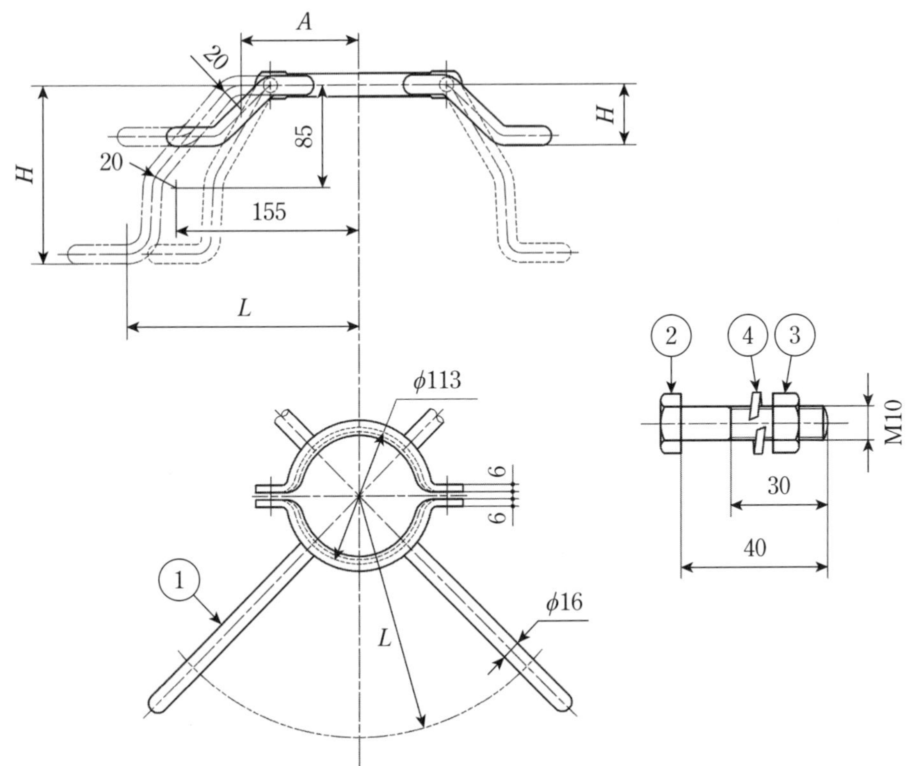

記号	1	2	3	4
名称	本体	締付ボルト	六角ナット	ばね座金
材料	軟鋼	軟鋼	軟鋼	硬鋼線材
個数	2	2	2	2

<table>
<tr><th rowspan="2">品番</th><th colspan="3">寸法
mm</th><th rowspan="2">適用</th><th rowspan="2">備考</th><th colspan="3">参考
mm</th></tr>
<tr><th>L</th><th>H</th><th>A</th><th>X</th><th>Y</th><th>Y_s</th></tr>
<tr><td>AH-4151E</td><td>150</td><td>45</td><td>100</td><td rowspan="9">1 連懸垂
2 連懸垂
66〜77 kV
電線側及び
接地側
110〜154 kV
中間及び接地側</td><td rowspan="4">実線にて示す</td><td>150</td><td>35</td><td>117</td></tr>
<tr><td>AH-4152E</td><td>150</td><td>60</td><td>100</td><td>150</td><td>50</td><td>132</td></tr>
<tr><td>AH-4153E</td><td>185</td><td>85</td><td>100</td><td>185</td><td>75</td><td>157</td></tr>
<tr><td>AH-4154E</td><td>200</td><td>110</td><td>100</td><td>200</td><td>100</td><td>182</td></tr>
<tr><td>AH-4155E</td><td>200</td><td>135</td><td>100</td><td rowspan="5">点線にて示す</td><td>200</td><td>125</td><td>207</td></tr>
<tr><td>AH-4156E</td><td>200</td><td>160</td><td>100</td><td>200</td><td>150</td><td>232</td></tr>
<tr><td>AH-4157E</td><td>200</td><td>185</td><td>100</td><td>200</td><td>175</td><td>257</td></tr>
<tr><td>AH-4158E</td><td>200</td><td>210</td><td>100</td><td>200</td><td>200</td><td>282</td></tr>
<tr><td>AH-4159E</td><td>220</td><td>260</td><td>100</td><td>220</td><td>250</td><td>332</td></tr>
<tr><td colspan="9">注記　X，Y，Y_s の寸法表示については，解説 5.5.10 を参照のこと。</td></tr>
</table>

B.72 長幹がいし用アークホーン (6)

単位：mm

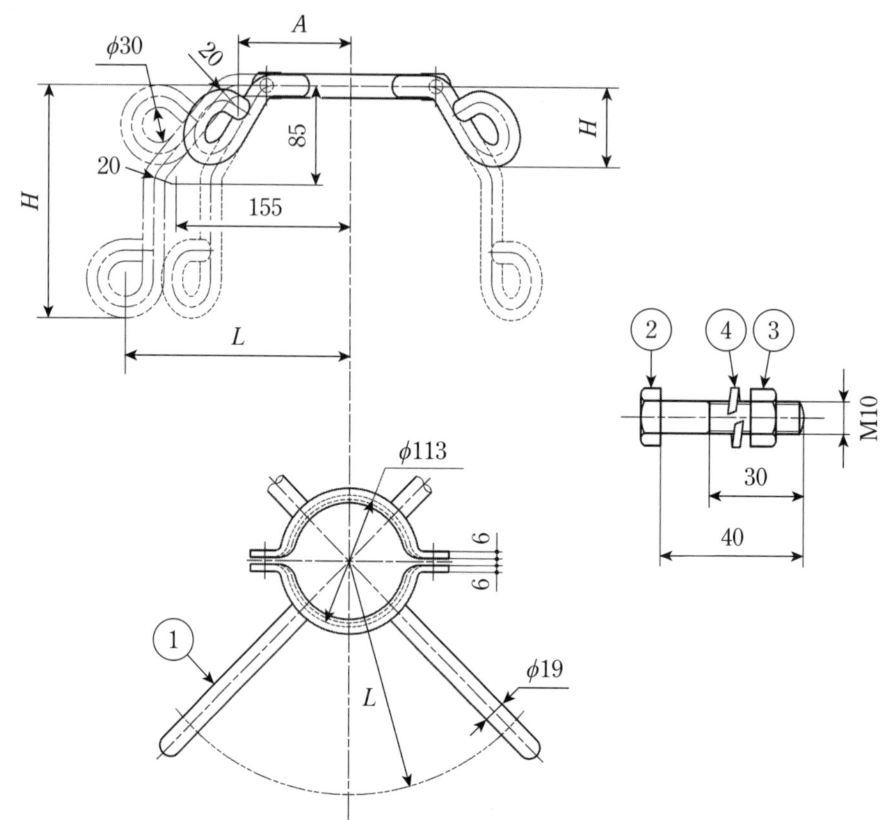

記号	1	2	3	4
名称	本体	締付ボルト	六角ナット	ばね座金
材料	軟鋼	軟鋼	軟鋼	硬鋼線材
個数	2	2	2	2

品番	寸法 mm			適用	備考	参考 mm		
	L	H	A			X	Y	Y_s
AH-4161L	150	45	65	1 連懸垂 2 連懸垂 110〜154 kV 電線側	実線にて示す	150	35	117
AH-4162L	150	60	65			150	50	132
AH-4163L	185	85	65			185	75	157
AH-4164L	200	110	65			200	100	182
AH-4166L	200	160	65		点線にて示す	200	150	232
AH-4167L	200	185	65			200	175	257
注記 X, Y, Y_s の寸法表示については，**解説 5.5.10** を参照のこと。								

B.73 長幹がいし用アークホーン （7）

単位：mm

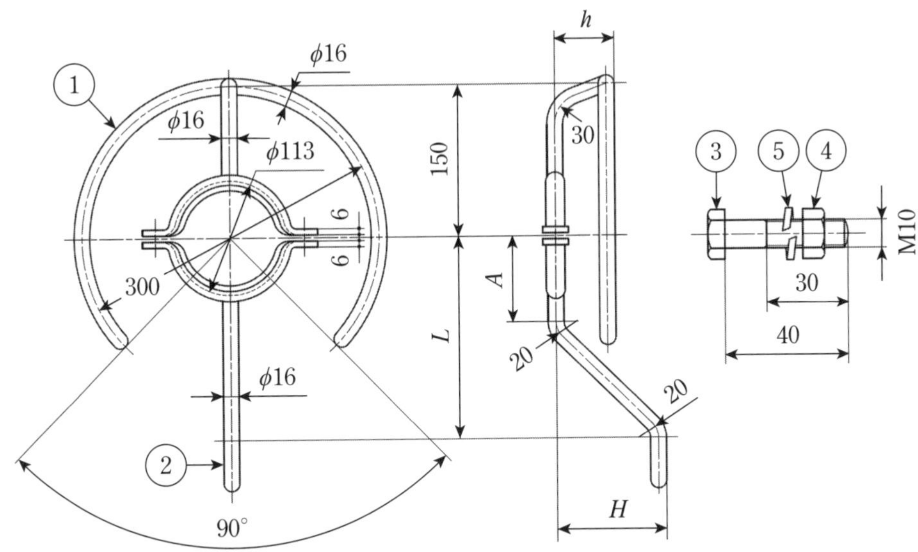

記号	1	2	3	4	5
名称	本体	本体	締付ボルト	六角ナット	ばね座金
材料	軟鋼	軟鋼	軟鋼	軟鋼	硬鋼線材
個数	1	1	2	2	2

品番	寸法 mm				適用	参考 mm		
	L	H	h	A		X	Y	Y_s
AH-4351E	150	45	45	85	1 連懸垂 2 連懸垂 66〜77 kV 電線側及び 接地側 110〜154 kV 中間及び接地側	150	35	117
AH-4352E	150	60	60	85		150	50	132
AH-4353E	185	85	60	85		185	75	157
AH-4354E	200	110	60	85		200	100	182
AH-4355E	200	135	60	85		200	125	207
AH-4356E	200	160	60	85		200	150	232
AH-4357E	200	185	60	85		200	175	257
AH-4358E	200	210	60	85		200	200	282
AH-4359E	220	260	60	85		220	250	332
注記 X，Y，Y_s の寸法表示については，**解説 5.5.10** を参照のこと。								

B.74　長幹がいし用アークホーン　(8)

単位：mm

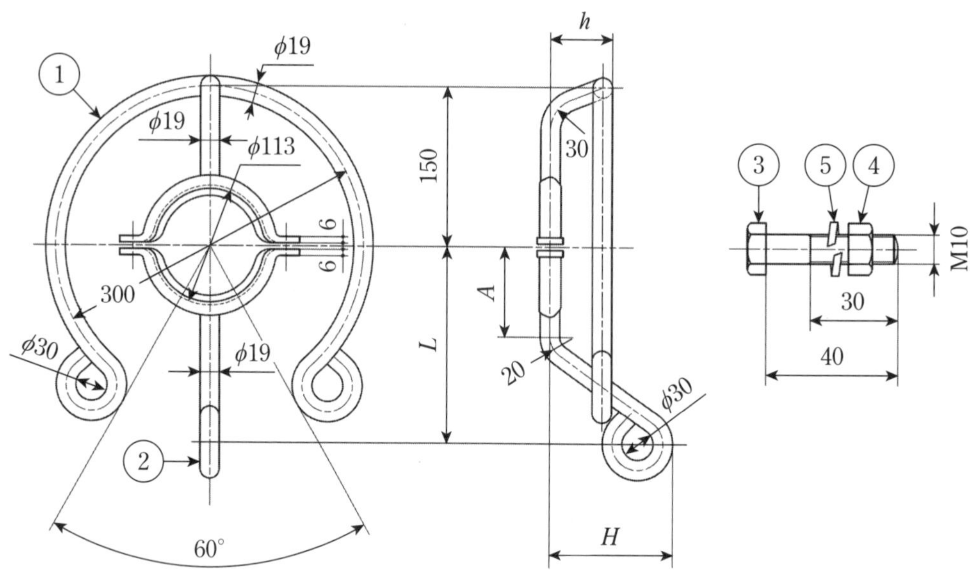

記号	1	2	3	4	5
名称	本体	本体	締付ボルト	六角ナット	ばね座金
材料	軟鋼	軟鋼	軟鋼	軟鋼	硬鋼線材
個数	1	1	2	2	2

品番	寸法 mm				適用	参考 mm		
	L	H	h	A		X	Y	Y_s
AH-4361L	150	45	45	85	1連懸垂 2連懸垂 110～154 kV 電線側	150	35	117
AH-4362L	150	60	60	85		150	50	132
AH-4363L	185	85	60	85		185	75	157
AH-4364L	200	110	60	85		200	100	182
AH-4366L	200	160	60	85		200	150	232
AH-4367L	200	185	60	85		200	175	257

注記　X，Y，Y_s の寸法表示については，**解説 5.5.10** を参照のこと。

B.75　補助ホーン　(1)

単位：mm

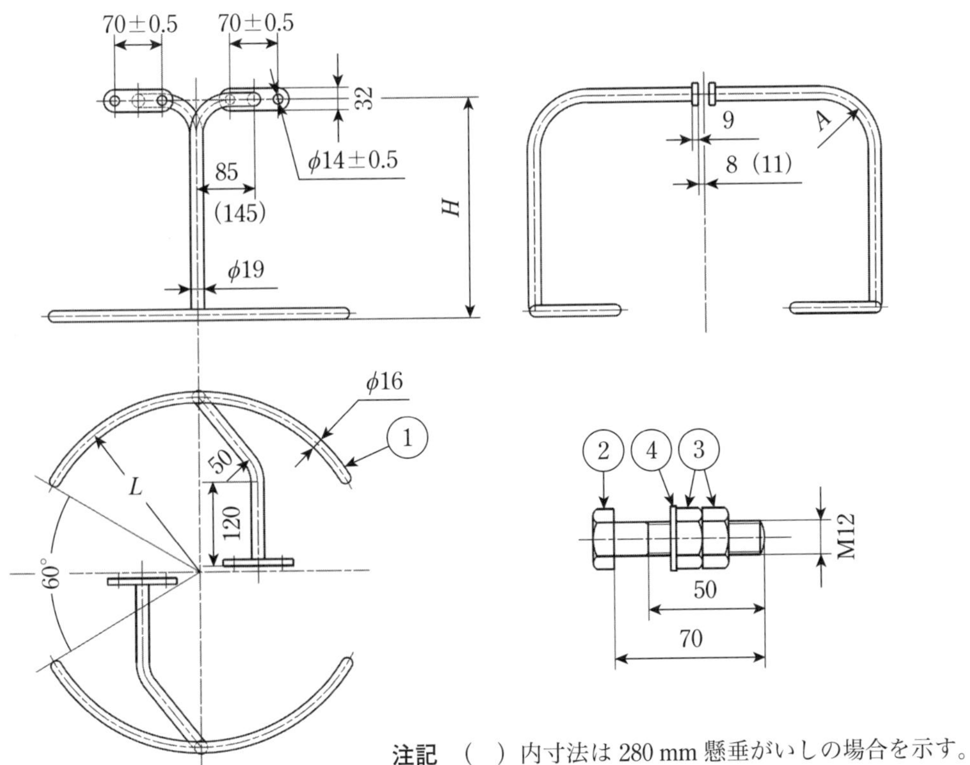

注記　(　) 内寸法は 280 mm 懸垂がいしの場合を示す。

記号	1	2	3	4
名称	本体	締付ボルト	六角ナット	平座金
材料	軟鋼	軟鋼	軟鋼	軟鋼
個数	2	4	8	4

電圧 kV	がいし 装置	品番	寸法 mm			適用	参考 mm	
			L	*H*	*A*		*X′*	*Y′*
66～154	単導体 2 導体 1 連懸垂	SR-11CC	250	233	80	250 mm クレビス形 キャップ側	250	178
		SR-11CB	250	315	80	250 mm ボールソケット形 キャップ側	250	178
154	1 連懸垂	SR-21CN	280	315	80	280 mm ボールソケット形 キャップ側	280	150

注記　*X′*，*Y′* の寸法表示については，**解説 5.5.10** を参照のこと。

B.76　補助ホーン　(2)

単位：mm

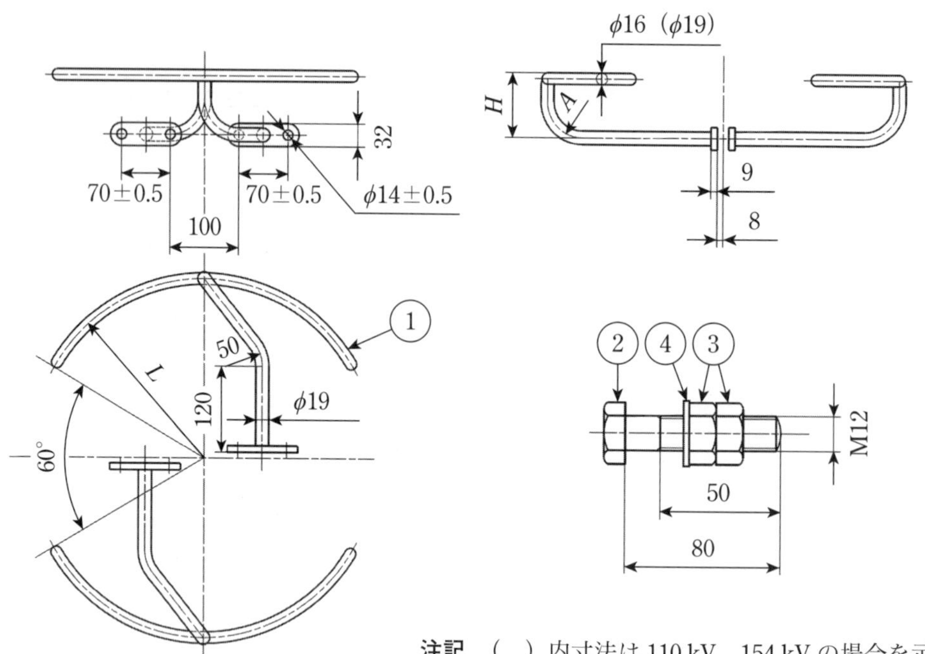

注記　（　）内寸法は 110 kV，154 kV の場合を示す。

記号	1	2	3	4
名称	本体	締付ボルト	六角ナット	平座金
材料	軟鋼	軟鋼	軟鋼	軟鋼
個数	2	4	8	4

電圧 kV	がいし 装置	品番	寸法 mm			適用	参考 mm	
			L	H	A		X'	Y'
66〜77	単導体 1 連懸垂	SR-11P	250	90	50	ピン側	250	−30
110〜154	1 連懸垂	SR-21P	250	90	50	ピン側	250	−30
注記　X'，Y' の寸法表示については，**解説 5.5.10** を参照のこと。								

B.77　補助ホーン　(3)

単位：mm

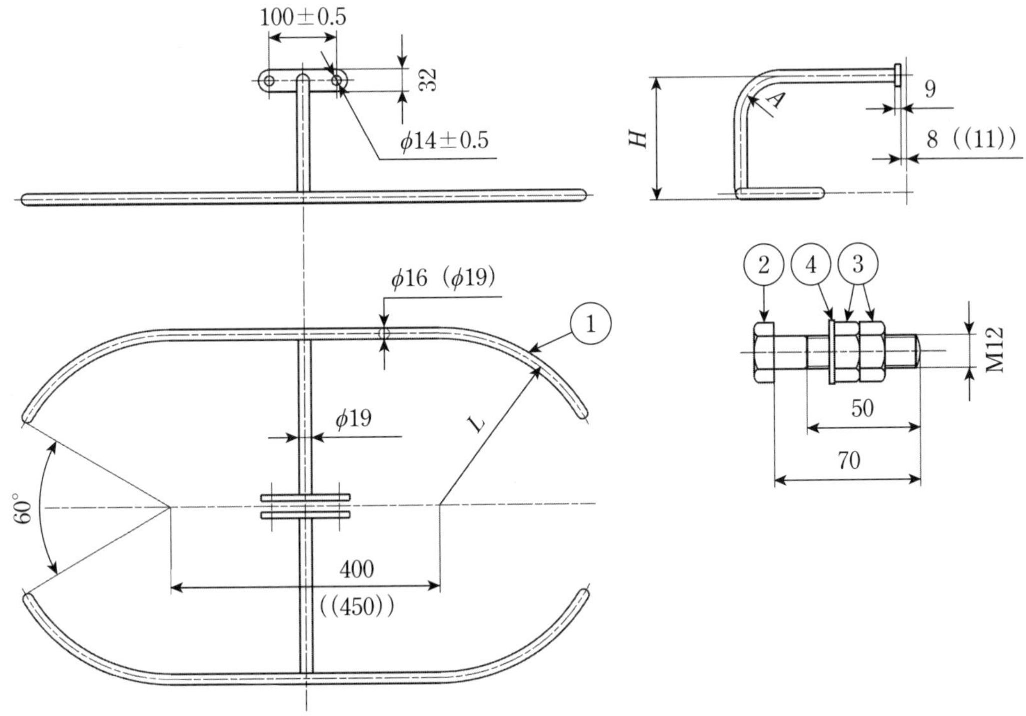

注記　(　) 内寸法は 110 kV，154 kV 用ピン側の場合を示す。
((　)) 内寸法は 280 mm 懸垂がいしの場合を示す。

記号	1	2	3	4
名称	本体	締付ボルト	六角ナット	平座金
材料	軟鋼	軟鋼	軟鋼	軟鋼
個数	2	4	8	4

電圧 kV	がいし 装置	品番	寸法 mm			適用	参考 mm	
			L	H	A		X'	Y'
66～154	単導体 2 導体 2 連懸垂	SR-12CC	250	178	60	250 mm クレビス形 キャップ側	250	178
		SR-12CB	250	253	60	250 mm ボールソケット形 キャップ側	250	178
66～77	単導体 2 連懸垂	SR-12P	250	90	60	250 mm ピン側	250	−30
110～154		SR-22P	250	90	60	250 mm ピン側	250	−30
154	2 連懸垂	SR-22CN	280	260	80	280 mm ボールソケット形 キャップ側	280	150
注記　X'，Y' の寸法表示については，**解説 5.5.10** を参照のこと。								

B.78　補助ホーン　(4)

単位：mm

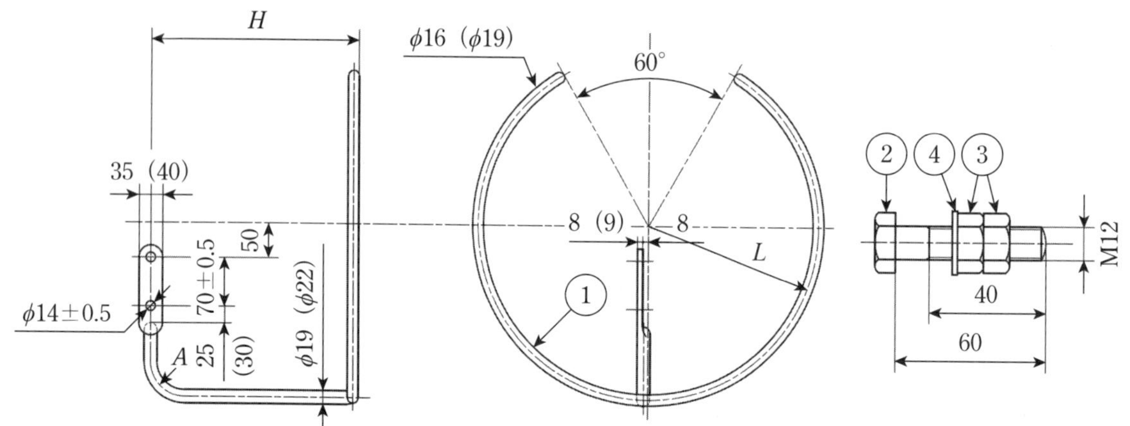

注記　(　) 内寸法は 110 kV，154 kV 用ピン側の場合を示す。

記号	1	2	3	4
名称	本体	締付ボルト	六角ナット	平座金
材料	軟鋼	軟鋼	軟鋼	軟鋼
個数	1	2	4	2

電圧 kV	がいし 装置	品番	寸法 mm			適用	参考 mm	
			L	*H*	*A*		*X′*	*Y′*
66〜77	単導体 1 連耐張	SR-13CC	250	233	50	クレビス形 キャップ側	250	178
		SR-13CB	250	308	50	ボールソケット形 キャップ側	250	178
110〜154		SR-23CC	250	233	50	クレビス形 キャップ側	250	178
		SR-23CB	250	308	50	ボールソケット形 キャップ側	250	178
注記　*X′*，*Y′* の寸法表示については，**解説 5.5.10** を参照のこと。								

B.79　補助ホーン　(5)

単位：mm

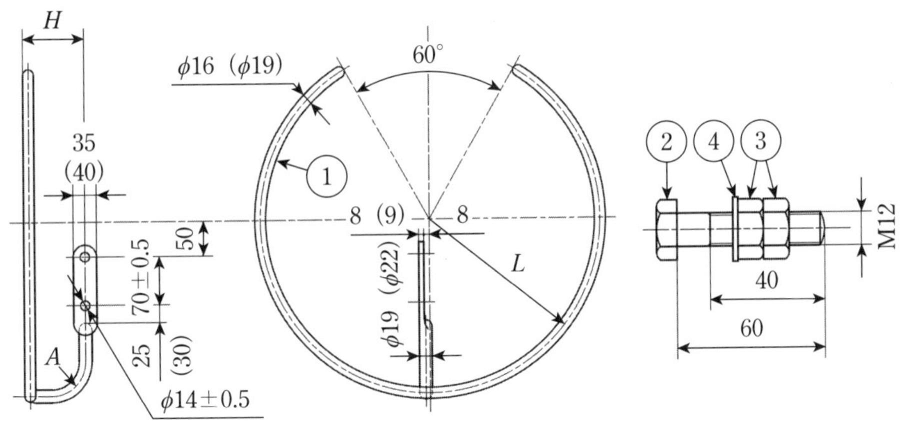

注記　(　) 内寸法は 110 kV，154 kV 用ピン側の場合を示す。

記号	1	2	3	4
名称	本体	締付ボルト	六角ナット	平座金
材料	軟鋼	軟鋼	軟鋼	軟鋼
個数	1	2	4	2

電圧 kV	がいし 装置	品番	寸法 mm			適用	参考 mm	
			L	H	A		X'	Y'
66～77	単導体 1 連耐張	SR-13P	250	90	50	ピン側	250	−30
110～154		SR-23P	250	90	50	ピン側	250	−30
注記　X'，Y' の寸法表示については，**解説 5.5.10** を参照のこと。								

B.80　補助ホーン　(6)

単位：mm

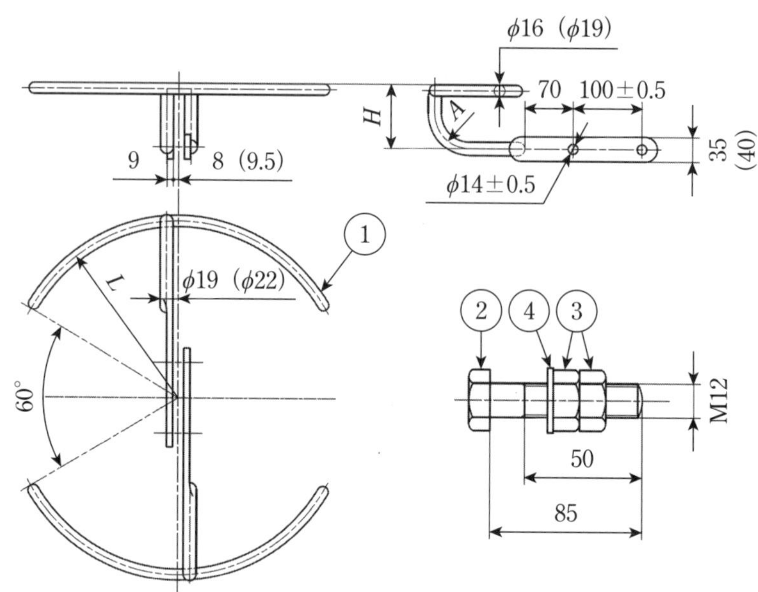

注記　（　）内は 110 kV，154 kV 用ピン側ホーンの場合を示す。
品番中の“D”は 2 導体用がいし装置のみに使用するものを表す。

記号	1	2	3	4
名称	本体	締付ボルト	六角ナット	平座金
材料	軟鋼	軟鋼	軟鋼	軟鋼
個数	2	2	4	2

電圧 kV	がいし 装置	品番	寸法 mm			適用	参考 mm	
			L	H	A		X'	Y'
66〜77	2 導体 1 連懸垂	SR-11PD	250	90	50	250 mm ピン側	250	−30
110〜154		SR-21PD	250	90	50		250	−30
154	1 連懸垂	SR-21PN	280	265	80	280 mm ピン側	280	20
注記　X'，Y' の寸法表示については，**解説 5.5.10** を参照のこと。								

B.81　補助ホーン　(7)

単位：mm

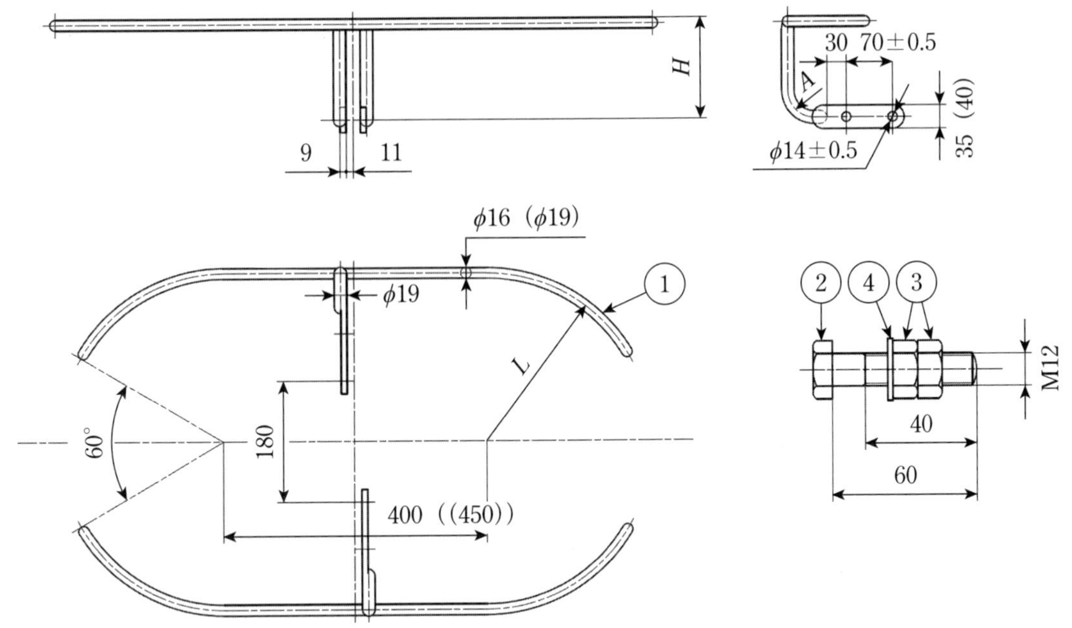

注記　(　) 内は 110 kV，154 kV 用ホーンの場合を示す。
((　)) 内は 280 mm 懸垂がいし用の場合を示す。
品番中の“D”は 2 導体用がいし装置のみに使用するものを表す。

記号	1	2	3	4
名称	本体	締付ボルト	六角ナット	平座金
材料	軟鋼	軟鋼	軟鋼	軟鋼
個数	2	4	8	4

電圧 kV	がいし 装置	品番	寸法 mm			適用	参考 mm	
			L	H	A		X'	Y'
66～77	2 導体 2 連懸垂	SR-12PD	250	150	60	250 mm ピン側	250	−30
110～154		SR-22PD	250	150	60		250	−30
154	2 連懸垂	SR-22PN	280	255	60	280 mm ピン側	280	20
注記　X'，Y' の寸法表示については，**解説 5.5.10** を参照のこと。								

B.82 補助ホーン (8)

単位：mm

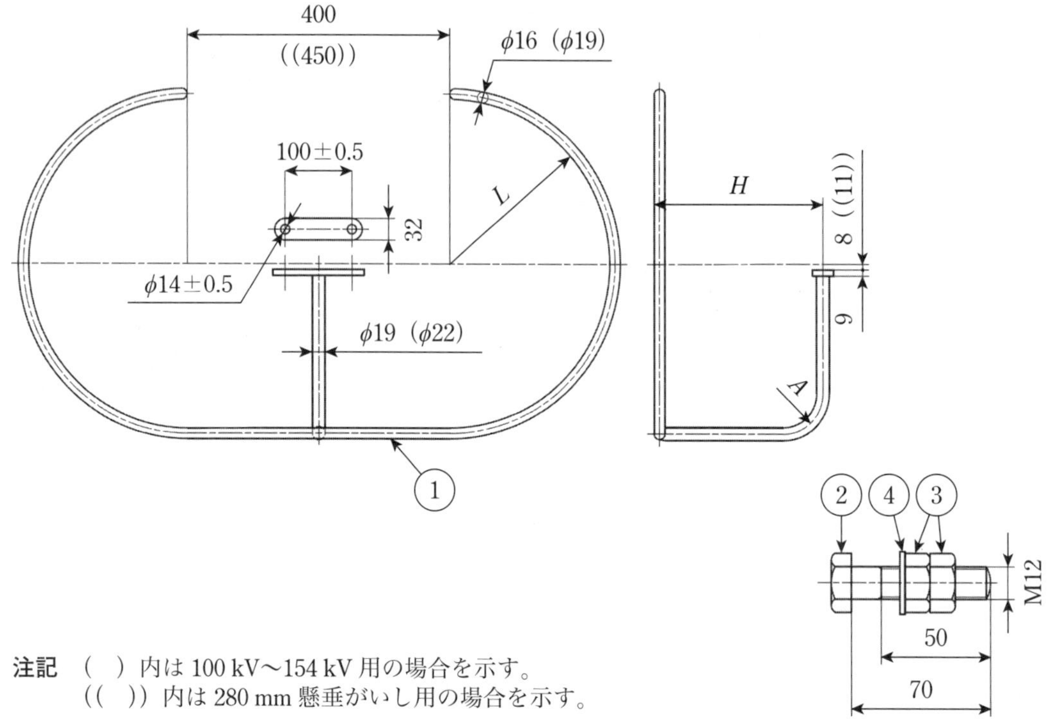

注記 ( ) 内は 100 kV〜154 kV 用の場合を示す。
(( )) 内は 280 mm 懸垂がいし用の場合を示す。

記号	1	2	3	4
名称	本体	締付ボルト	六角ナット	平座金
材料	軟鋼	軟鋼	軟鋼	軟鋼
個数	1	2	4	2

電圧 kV	がいし 装置	品番	寸法 mm			適用	参考 mm	
			L	H	A		X'	Y'
66〜77	単導体 2 導体 2 連耐張	SR-14CB	250	253	60	250 mm キャップ側	250	178
		SR-14P	250	90	60	250 mm ピン側	250	−30
110〜154		SR-24CB	250	253	60	250 mm キャップ側	250	178
		SR-24P	250	90	60	250 mm ピン側	250	−30
154	2 連耐張	SR-24CN	280	360	80	280 mm キャップ側	280	150
		SR-24PN	280	210	80	280 mm ピン側	280	20
注記 X'，Y' の寸法表示については，**解説 5.5.10** を参照のこと。								

B.83 懸垂クランプ（SN）

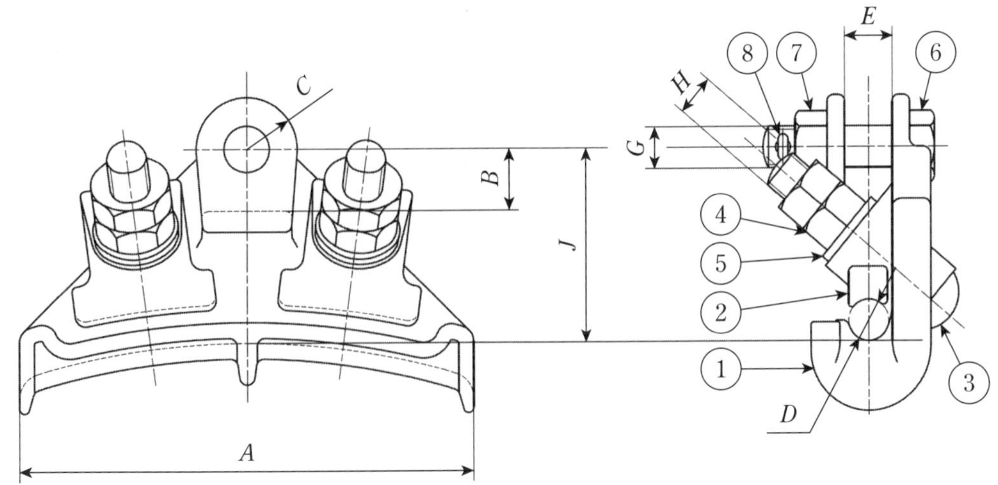

記号	1	2	3	4	5	6	7	8
名称	本体	押え金	締付ボルト	六角ナット	平座金	コッタボルト	六角ナット	割りピン
材料	鋳鉄	鋳鉄	軟鋼	軟鋼	軟鋼	軟鋼	軟鋼	銅合金線
個数	1	2	2	4	2	1	1	1

プレホームドアーマロッド巻用

品番	適合電線				寸法 mm								締付トルク N·m	線条掌握力 kN	引張強度 kN
	硬銅より線														
	公称断面積 mm^2	より線構成	外径 mm	アーマロッド巻付外径 mm	*D*	*A*	*J*	*B*	*C*	*E*	*G*	*H*			
SN-1516	38	7/2.6	7.8	13.0	13	150	70±3	24 以上	20±1	19±1	M16	M16	100	4	15
SN-2519	55	7/3.2	9.6	16.0	16	180	75±3	24 以上	20±1	19±1	M16	M16	100	6	25
SN-2521	75	7/3.7	11.1	18.1	18	190	75±3	24 以上	20±1	19±1	M16	M16	100	8	25
SN-3524	100	7/4.3	12.9	20.9	21	200	80±3	24 以上	22±1	19±1	M16	M16	100	11	35
SN-5028	150	19/3.2	16.0	24.0	24	230	100±3	25 以上	24±1	19±1	M16	M16	150	17	50
SN-6531	200	19/3.7	18.5	27.0	27	250	100±3	25 以上	24±1	19±1	M16	M16	150	22	65
SN-7532	240	19/4.0	20.0	28.0	28	250	110±3	25 以上	24±1	19±1	M16	M16	150	25	75

B.84 懸垂クランプ（SN-AC）

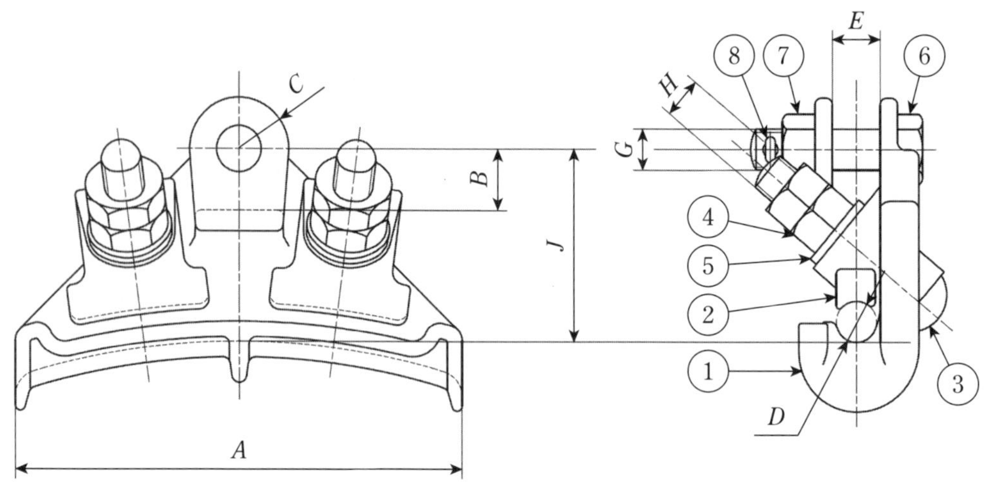

記号	1	2	3	4	5	6	7	8
名称	本体	押え金	締付ボルト	六角ナット	平座金	コッタボルト	六角ナット	割りピン
材料	アルミ合金鋳物	アルミ合金鋳物	軟鋼	軟鋼	軟鋼	軟鋼	軟鋼	銅合金線
個数	1	2	2	4	2	1	1	1

品番	適合電線						寸法 mm								締付トルク N・m	線条掌握力 kN	引張強度 kN
	鋼心アルミより線			硬アルミより線													
	公称断面積 mm^2	より線構成	外径 mm	公称断面積	より線構成	外径 mm	*D*	*A*	*J*	*B*	*C*	*E*	*G*	*H*			
SN-3025AC	240	30/3.2 +7/3.2	22.4	240 300	19/4.0 37/3.2	20.0 22.4	22	200	80±3	24 以上	20±1	19±1	M16	M16	100	9	30
SN-3030AC	330	26/4.0 +7/3.1	25.3	400	37/3.7	25.9	26	200	85±3	24 以上	20±1	19±1	M16	M16	100	9	30
SN-3033AC	410	26/4.5 +7/3.5	28.5	510	37/4.2	29.4	29	200	90±3	24 以上	20±1	19±1	M16	M16	100	9	30
SN-3037AC	610	54/3.8 +7/3.8	34.2	660	61/3.7	33.3	33	210	100±3	24 以上	20±1	19±1	M16	M16	100	9	30
SN-3042AC	810	45/4.8 +7/3.2	38.4	850	61/4.2	37.8	38	210	100±3	24 以上	20±1	19±1	M16	M16	100	9	30
SN-3045AC	−	−	−	980	91/3.7	40.7	41	220	110±3	24 以上	20±1	19±1	M16	M16	100	9	30

B.85　フリーセンター型懸垂クランプ（FS）

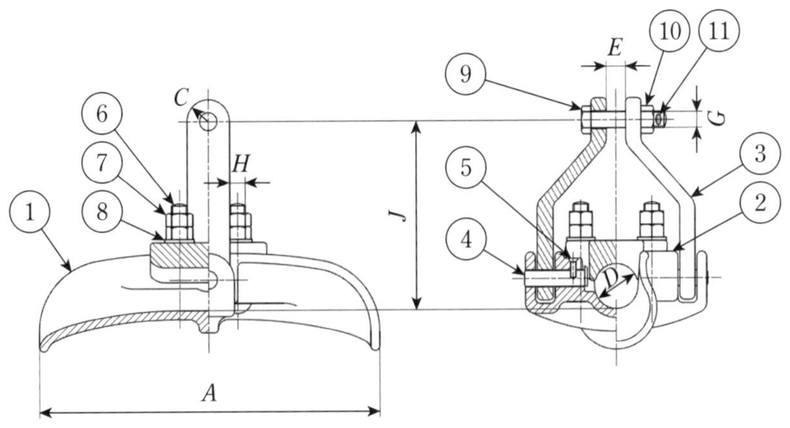

記号	1	2	3	4	5	6	7	8	9	10	11
名称	本体	押え金	吊金物	コッタピン	さら小ねじ	締付ボルト	六角ナット	平座金	コッタボルト	六角ナット	割りピン
材料	鋳鉄	アルミ合金鋳物	軟鋼	軟鋼	ステンレス鋼棒	軟鋼	軟鋼	軟鋼	軟鋼	軟鋼	銅合金線
個数	1	1	2	2	2	4	8	4	1	1	1

品番	適合電線 鋼心アルミより線 公称断面積 mm²	より線構成	外径 mm	アーマロッド巻付外径 mm	寸法 mm *D*	*A*	*J*	*C*	*E*	*G*	*H*	締付トルク N･m	線条掌握力 kN	引張強度 kN
FS-4027	120	30/2.3 +7/2.3	16.1	25.7	27	280	145±4	19±1	19	M16	M16	100	14	40
FS-5530	160	30/2.6 +7/2.6	18.2	29.0	30	280	150±4	19±1	19	M16	M16	100	17	55
FS-6534	200	30/2.9 +7/2.9	20.3	32.7	34	280	160±4	19±1	19	M16	M16	100	21	65
FS-7537	240	30/3.2 +7/3.2	22.4	35.8	37	280	160±4	19±1	19	M16	M16	100	25	75
FS-8042	330	26/4.0 +7/3.1	25.3	40.9	42	320	170±4	19±1	19	M16	M16	100	27	80
FS-10045	410	26/4.5 +7/3.5	28.5	44.1	45	350	195±4	22±1	19	M20	M16	100	34	100
FS-13554	610	54/3.8 +7/3.8	34.2	52.8	54	420	210±4	25±1	19	M20	M16	100	44	135
FS-13558	810	45/4.8 +7/3.2	38.4	57.0	58	450	210±4	25±1	19	M20	M16	100	45	135
FS-21058					58	600	210±4	25±1	25	M24	M16	100	45	210
FS-16566	1160	84/4.2 +7/4.2	46.2	64.8	66	550	240±4	25±1	22	M22	M20	170	54	165
FS-21066					66	720	240±4	25±1	25	M24	M20	170	54	210

B.86　フリーセンター型懸垂クランプ（FS-AC）

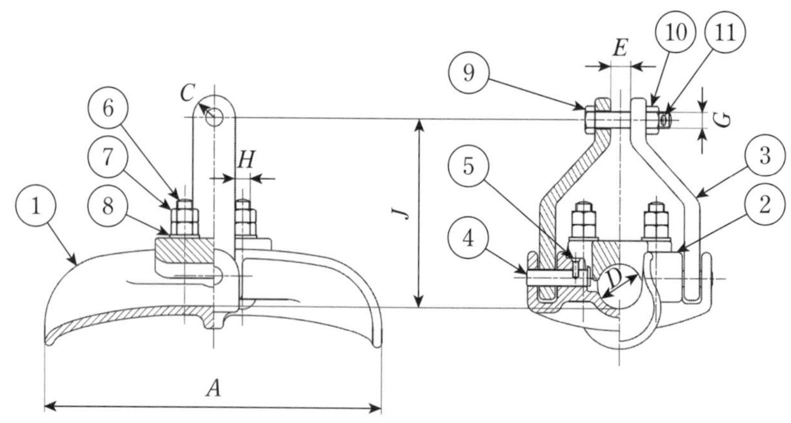

記号	1	2	3	4	5	6	7	8	9	10	11
名称	本体	押え金	吊金物	コッタピン	さら小ねじ	締付ボルト	六角ナット	平座金	コッタボルト	六角ナット	割りピン
材料	アルミ合金鋳物	アルミ合金鋳物	軟鋼	軟鋼	ステンレス鋼棒	軟鋼	軟鋼	軟鋼	軟鋼	軟鋼	銅合金線
個数	1	1	2	2	2	4	8	4	1	1	1

品番	適合電線				寸法 mm							締付トルク N･m	線条掌握力 kN	引張強度 kN
	鋼心アルミより線													
	公称断面積 mm^2	より線構成	外径 mm	アーマロッド巻付外径 mm	*D*	*A*	*J*	*C*	*E*	*G*	*H*			
FS-4027AC	120	30/2.3 +7/2.3	16.1	25.7	27	280	145±4	19±1	19	M16	M16	100	14	40
FS-5530AC	160	30/2.6 +7/2.6	18.2	29.0	30	280	150±4	19±1	19	M16	M16	100	17	55
FS-6534AC	200	30/2.9 +7/2.9	20.3	32.7	34	280	160±4	19±1	19	M16	M16	100	21	65
FS-7537AC	240	30/3.2 +7/3.2	22.4	35.8	37	280	160±4	19±1	19	M16	M16	100	25	75
FS-8042AC	330	26/4.0 +7/3.1	25.3	40.9	42	320	170±4	19±1	19	M16	M16	100	27	80
FS-10045AC	410	26/4.5 +7/3.5	28.5	44.1	45	350	195±4	22±1	19	M20	M16	100	34	100
FS-13554AC	610	54/3.8 +7/3.8	34.2	52.8	54	420	210±4	25±1	19	M20	M16	100	44	135
FS-13558AC	810	45/4.8 +7/3.2	38.4	57.0	58	450	210±4	25±1	19	M20	M16	100	45	135
FS-21058AC					58	600	210±4	25±1	25	M24	M16	100	45	210
FS-16566AC	1160	84/4.2 +7/4.2	46.2	64.8	66	550	240±4	25±1	22	M22	M16	100	54	165
FS-21066AC					66	720	240±4	25±1	25	M24	M16	100	54	210

B.87　耐張クランプ（TN）

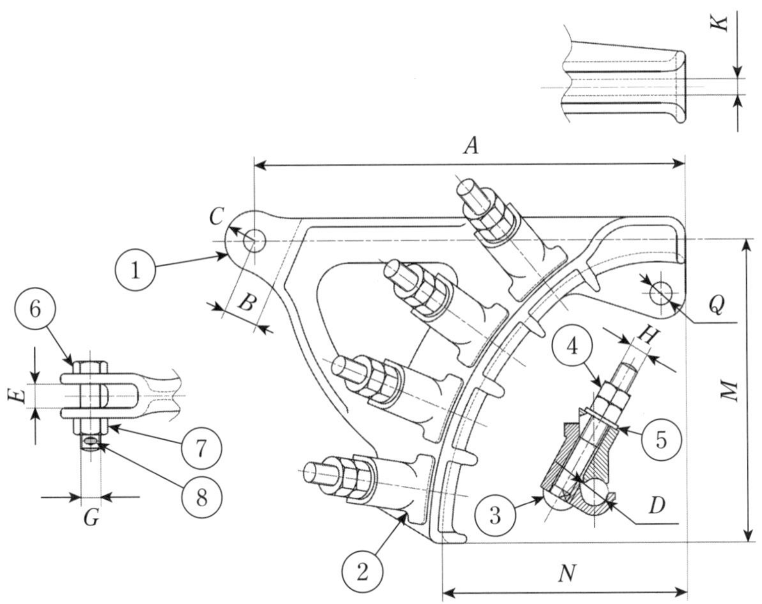

記号	1	2	3	4	5	6	7	8
名称	本体	押え金	締付ボルト	六角ナット	平座金	コッタボルト	六角ナット	割りピン
材料	鋳鉄	鋳鉄	軟鋼	軟鋼	軟鋼	軟鋼	軟鋼	銅合金線
個数	1	2〜5	2〜5	4〜10	2〜5	1	1	1

品番	適合電線			寸法 mm											締付ボルト数	締付トルク N·m	線条掌握力 kN	引張強度 kN	緊線リンク強度 kN
	硬銅より線																		
	公称断面積 mm^2	より線構成	外径 mm	*D*	*A*	*B*	*C*	*E*	*G*	*H*	*M*	*N*	*K*	*Q*					
TN-2010	38	7/2.6	7.8	7	220	28 以上	20±1	19±1	M16	M16	135	125	13±1	18±0.5	2	100	14	20	14
TN-4013	55	7/3.2	9.6	10	320	28 以上	22±1	19±1	M16	M16	210	180	13±1	18±0.5	3	100	20	40	27
	75	7/3.7	11.1												3	100	27	40	27
TN-5516	100	7/4.3	12.9	13	350	28 以上	24±1	19±1	M16	M16	240	200	13±1	18±0.5	4	100	35	55	35
TN-8519	150	19/3.2	16.0	16	420	28 以上	24±1	19±1	M16	M20	300	260	13±1	18±0.5	4	200	53	85	53
TN-11021	200	19/3.7	18.5	18	480	33 以上	29±1	22±1	M20	M20	360	320	16±1	22±0.5	4	200	71	110	71
TN-12523	240	19/4.0	20.0	20	510	33 以上	30±1	22±1	M20	M20	410	370	13±1	22±0.5	5	200	82	125	82

プレホームドアーマロッド巻用

品番	適合電線			寸法 mm											締付ボルト数	締付トルク N·m	線条掌握力 kN	引張強度 kN	緊線リンク強度 kN
	硬銅より線																		
	公称断面積 mm^2	より線構成	外径 mm	*D*	*A*	*B*	*C*	*E*	*G*	*H*	*M*	*N*	*K*	*Q*					
TN-2016	38	7/2.6	13.0	13	220	28 以上	20±1	19±1	M16	M16	135	125	13±1	18±0.5	2	100	14	20	14
TN-4021	55	7/3.2	16.0	18	320	28 以上	22±1	19±1	M16	M16	210	180	13±1	18±0.5	3	100	20	40	27
	75	7/3.7	18.1												3	100	27	40	27
TN-5524	100	7/4.3	20.9	21	350	28 以上	24±1	19±1	M16	M16	240	200	13±1	18±0.5	4	100	35	55	35
注記　外径はアーマロッド巻付外径を示す。																			

B.88　耐張クランプ（TN-AC）

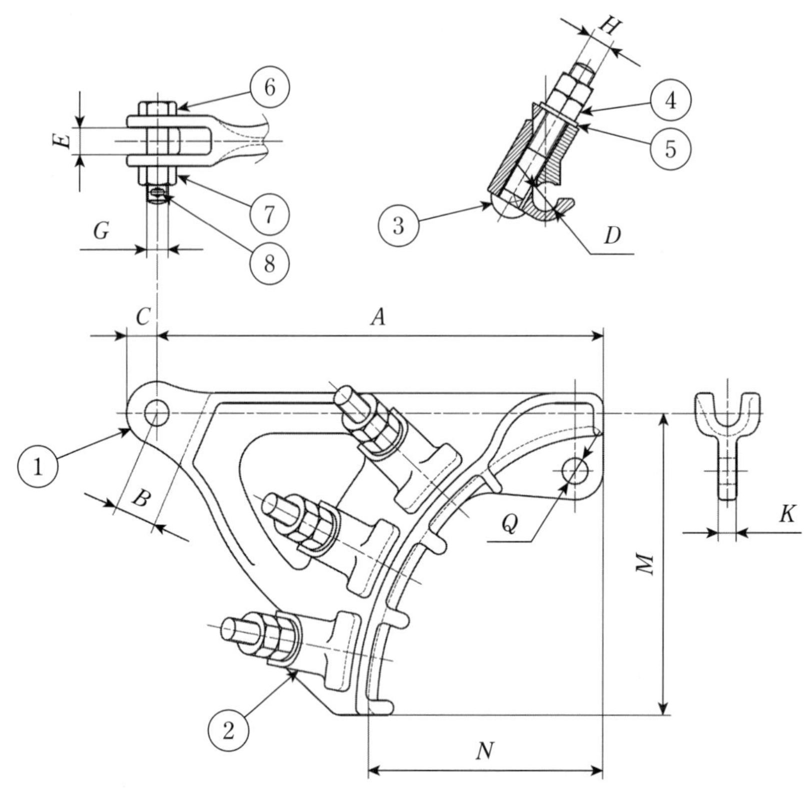

記号	1	2	3	4	5	6	7	8
名称	本体	押え金	締付ボルト	六角ナット	平座金	コッタボルト	六角ナット	割りピン
材料	アルミ合金鋳物	アルミ合金鋳物	軟鋼	軟鋼	軟鋼	軟鋼	軟鋼	銅合金線
個数	1	3	3	6	3	1	1	1

低張力用

品番	適合電線						寸法 mm											締付ボルト数	締付トルク N・m	線条掌握力 kN	引張強度 kN	緊線リンク強度 kN
	鋼心アルミより線			硬アルミより線																		
	公称断面積 mm^2	より線構成	外径 mm	公称断面積 mm^2	より線構成	外径 mm	*D*	*A*	*B*	*C*	*E*	*G*	*H*	*M*	*N*	*K*	*Q*					
TN-4525AC	240	30/3.2 +7/3.2	22.4	300	37/3.2	22.4	22	320	28 以上	22±1	19±1	M16	M16	210	180	16±1	18±0.5	3	100	30	45	30
TN-4530AC	330	26/4.0 +7/3.1	25.3	400	37/3.7	25.9	26	320	28 以上	22±1	19±1	M16	M16	210	180	16±1	18±0.5	3	100	30	45	30
TN-4533AC	410	26/4.5 +7/3.5	28.5	510	37/4.2	29.4	29	320	28 以上	22±1	19±1	M16	M16	210	180	16±1	18±0.5	3	100	30	45	30
TN-4537AC	610	54/3.8 +7/3.8	34.2	660	61/3.7	33.3	33	320	28 以上	22±1	19±1	M16	M16	210	180	16±1	18±0.5	3	100	30	45	30
TN-4542AC	810	45/4.8 +7/3.2	38.4	850	61/4.2	37.8	38	350	28 以上	22±1	19±1	M16	M16	240	200	16±1	18±0.5	3	100	30	45	30
TN-4545AC	−	−	−	980	91/3.7	40.7	41	370	28 以上	22±1	19±1	M16	M16	320	220	16±1	18±0.5	3	100	30	45	30

B.89 耐張クランプ（TNA）

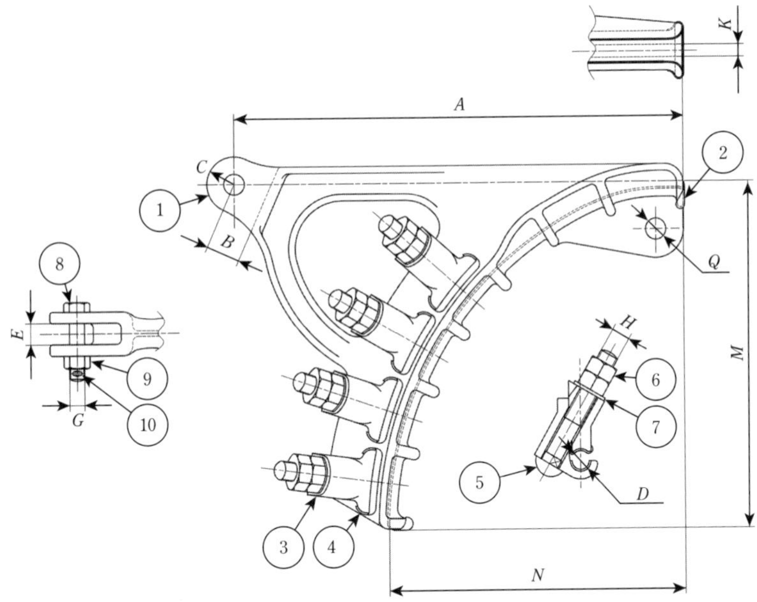

記号	1	2	3	4	5	6	7	8	9	10
名称	本体	内張用金物	押え金	内張用金物	締付ボルト	六角ナット	平座金	コッタボルト	六角ナット	割りピン
材料	鋳鉄	アルミ板	鋳鉄	アルミ板	軟鋼	軟鋼	軟鋼	軟鋼	軟鋼	銅合金線
個数	1	1	4〜6	4〜6	4〜6	8〜12	4〜6	1	1	1

品番	適合電線			寸法 mm											締付ボルト数	締付トルク N･m	線条掌握力 kN	引張強度 kN	緊線リンク強度 kN
	鋼心アルミより線																		
	公称断面積 mm^2	より線構成	外径 mm	*D*	*A*	*B*	*C*	*E*	*G*	*H*	*M*	*N*	*K*	*Q*					
TNA-7023	120	30/2.3 +7/2.3	16.1	16	420	28 以上	24±1	19±1	M16	M20	320	300	13±1	18±0.5	4	200	45	70	45
TNA-8525	160	30/2.6 +7/2.6	18.2	18	480	28 以上	24±1	19±1	M16	M20	360	320	13±1	18±0.5	4	200	55	85	55
TNA-10528	200	30/2.9 +7/2.9	20.3	20	510	33 以上	29±1	22±1	M20	M20	410	380	16±1	22±0.5	5	200	68	105	68
TNA-12530	240	30/3.2 +7/3.2	22.4	22	560	33 以上	30±1	22±1	M20	M20	425	380	16±1	22±0.5	6	200	81	125	81
TNA-13533	330	26/4.0 +7/3.1	25.3	25	560	33 以上	30±1	22±1	M20	M20	425	380	16±1	22±0.5	6	200	87	135	87

B.90　地線用懸垂クランプ（GSN）

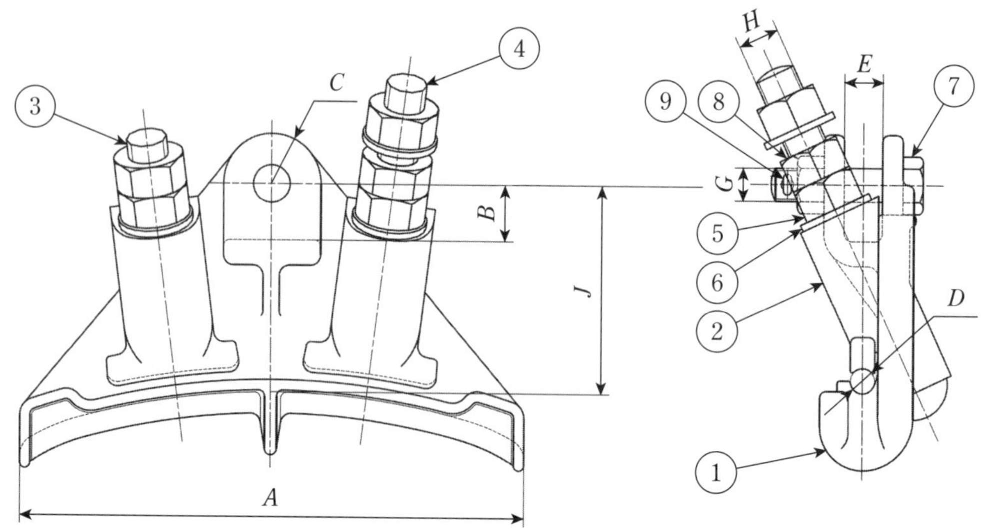

記号	1	2	3	4	5	6	7	8	9
名称	本体	押え金	締付ボルト	締付ボルト	六角ナット	平座金	コッタボルト	六角ナット	割りピン
材料	鋳鉄	鋳鉄	軟鋼	軟鋼	軟鋼	軟鋼	軟鋼	軟鋼	銅合金線
個数	1	2	1	1	5	3	1	1	1

品番	適合電線			寸法 mm								締付 トルク N・m	線条 掌握力 kN	引張 強度 kN
	亜鉛めっき鋼より線1種													
	公称 断面積 mm^2	より線 構成	外径 mm	*D*	*A*	*J*	*B*	*C*	*E*	*G*	*H*			
GSN-5013	55	7/3.2	9.6	10	200	95±3	25以上	24±1	19±1	M16	M20	200	14	50
	70	7/3.5	10.5	10	200	95±3	25以上	24±1	19±1	M16	M20	200	17	50
GSN-6515	90	7/4.0	12.0	12	250	100±3	25以上	24±1	19±1	M16	M20	200	22	65

B.91　地線用懸垂クランプ（GSN-AC）

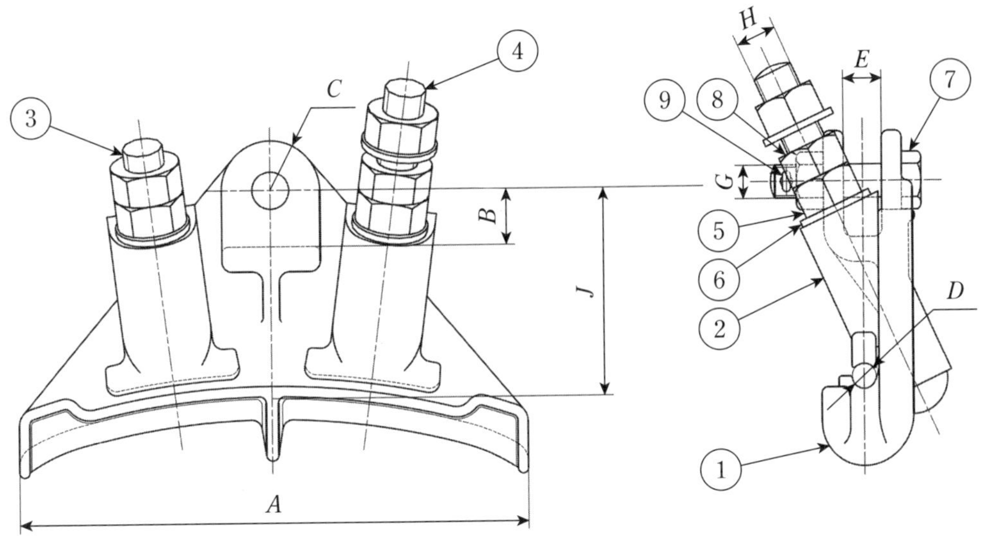

記　号	1	2	3	4	5	6	7	8	9
名　称	本体	押え金	締付ボルト	締付ボルト	六角ナット	平座金	コッタボルト	六角ナット	割りピン
材　料	アルミ合金鋳物	アルミ合金鋳物	軟鋼	軟鋼	軟鋼	軟鋼	軟鋼	軟鋼	銅合金線
個　数	1	2	1	1	5	3	1	1	1

品番	適合電線			寸法 mm								締付 トルク N･m	線条 掌握力 kN	引張 強度 kN
	アルミ覆鋼より線													
	公称 断面積 mm^2	より線 構成	外径 mm	*D*	*A*	*J*	*B*	*C*	*E*	*G*	*H*			
GSN-5013AC	55	7/3.2	9.6	10	200	95±3	25 以上	24±1	19±1	M16	M16	150	14	50
	70	7/3.5	10.5	10	200	95±3	25 以上	24±1	19±1	M16	M16	150	17	50
GSN-6515AC	90	7/4.0	12.0	12	250	100±3	25 以上	24±1	19±1	M16	M16	150	22	65

注記　想定最大張力は亜鉛めっき鋼より線 1 種相当とする。

B.92　地線用フリーセンター型懸垂クランプ（GFS）

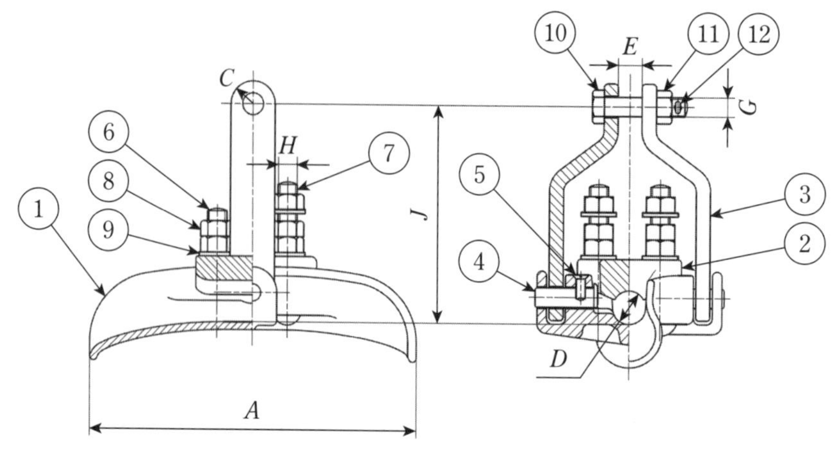

記号	1	2	3	4	5	6	7	8	9	10	11	12
名称	本体	押え金	吊金物	コッタピン	さら小ねじ	締付ボルト	締付ボルト	六角ナット	平座金	コッタボルト	六角ナット	割りピン
材料	鋳鉄	アルミ合金鋳物	軟鋼	軟鋼	ステンレス鋼棒	軟鋼	軟鋼	軟鋼	軟鋼	軟鋼	軟鋼	銅合金線
個数	1	1	2	2	2	2	2	10	6	1	1	1

品番	適合電線				寸法 mm							締付トルク N･m	線条掌握力 kN	引張強度 kN
	鋼心イ号アルミより線													
	公称断面積 mm^2	より線構成	外径 mm	アーマロッド巻付外径 mm	*D*	*A*	*J*	*C*	*E*	*G*	*H*			
GFS-8528	79	12/2.9 +7/2.9	14.5	23.7	28	250	180±4	19±1	19	M16	M16	100	19	85
	97	12/3.2 +7/3.2	16.0	25.2									23	
	120	12/3.5 +7/3.5	17.5	27.9									27	

品番	適合電線				寸法 mm							締付トルク N･m	線条掌握力 kN	引張強度 kN
	アルミ覆鋼より線													
	公称断面積 mm^2	より線構成	外径 mm	アーマロッド巻付外径 mm	*D*	*A*	*J*	*C*	*E*	*G*	*H*			
GFS-8528	150	19/3.2	16.0	25.8	28	250	180±4	19±1	19	M16	M16	100	21	85
GFS-10534	260	19/4.2	21.0	33.4	34	280	190±4	22±1	19	M20	M16	100	35	105

B.93　地線用固定型懸垂クランプ（GS）

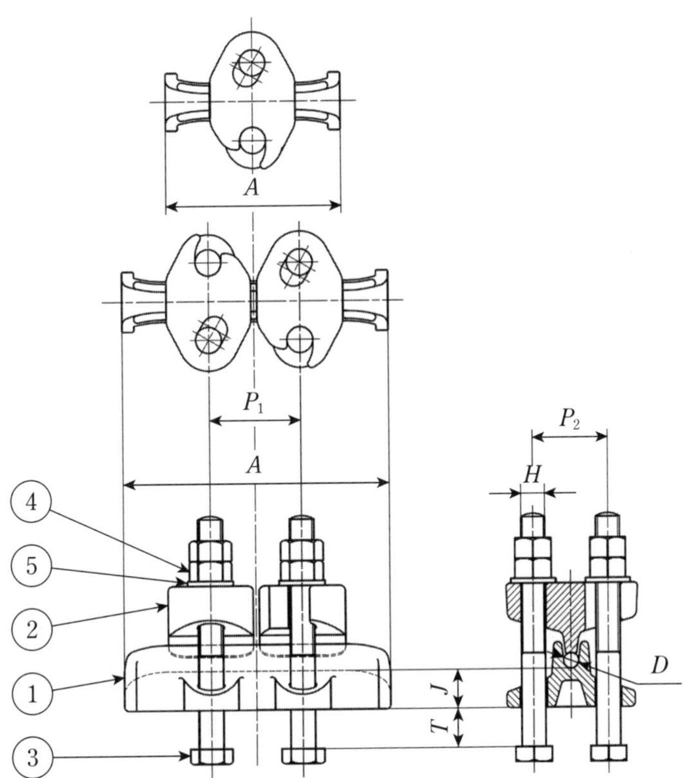

記号	1	2	3	4	5
名称	本体	押え金	締付ボルト	六角ナット	平座金
材料	鋳鉄	鋳鉄	軟鋼	軟鋼	軟鋼
個数	1	1～2	2～4	4～8	2～4

品番	適合電線			寸法 mm						締付ボルト数	適用プレート厚さ T mm	締付トルク N・m	線条掌握力 kN	引張強度 kN
	亜鉛めっき鋼より線1種													
	公称断面積 mm²	より線構成	外径 mm	D	A	J	P_1	P_2	H					
GS-2511	38[a]	7/2.6	7.8	8	110	40±3	−	50±1	M16	2	30以下	100	7	25
	45[a]	7/2.9	8.7										9	
GS-5013	55	7/3.2	9.6	10	175	25±2	60±1	50±1	M16	4			14	50
	70	7/3.5	10.5										17	
GS-6515	90	7/4.0	12.0	12	200	25±2	60±1	50±1	M16	4			22	65

注 [a]　亜鉛めっき鋼より線2種

B.94　地線用固定型懸垂クランプ（GS-AC）

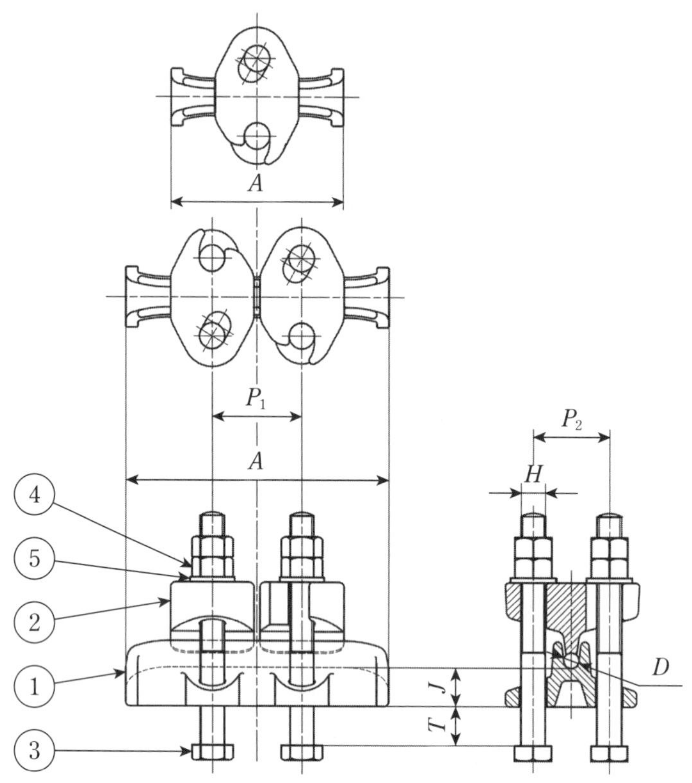

記号	1	2	3	4	5
名称	本体	押え金	締付ボルト	六角ナット	平座金
材料	アルミ合金鋳物	アルミ合金鋳物	軟鋼	軟鋼	軟鋼
個数	1	1～2	2～4	4～8	2～4

品番	適合電線			寸法 mm						締付ボルト数	適用プレート厚さ T mm	締付トルク N・m	線条掌握力 kN	引張強度 kN
	アルミ覆鋼より線													
	公称断面積 mm^2	より線構成	外径 mm	D	A	J	P_1	P_2	H					
GS-3511AC	38	7/2.6	7.8	8	110	40±3	–	50±1	M16	2	30以下	100	9	35
	45	7/2.9	8.7										12	
GS-5013AC	55	7/3.2	9.6	10	175	25±2	60±1	50±1	M16	4			14	50
	70	7/3.5	10.5										17	
GS-6515AC	90	7/4.0	12.0	12	200	25±2	60±1	50±1	M16	4			22	65

注記　想定最大張力は亜鉛めっき鋼より線1種相当とする。

B.95 地線用塔頂軸受型懸垂クランプ（GNS）

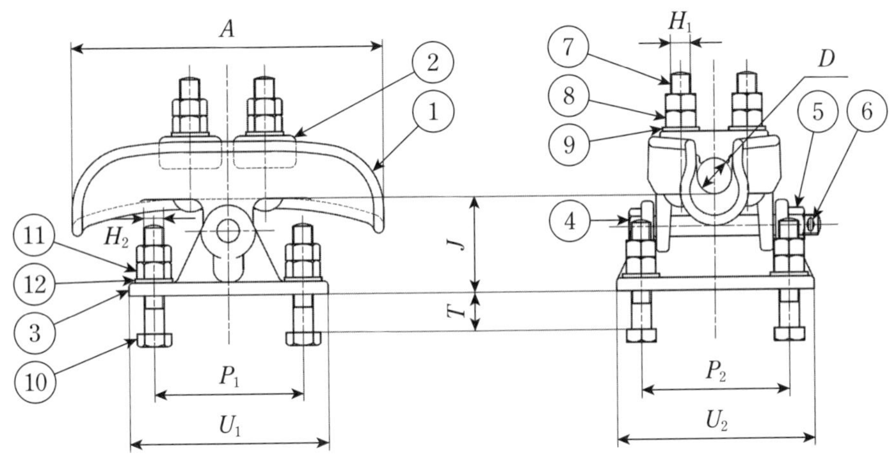

記号	1	2	3	4	5	6	7	8	9	10	11	12
名称	本体	押え金	台	コッタボルト	六角ナット	割りピン	締付ボルト	六角ナット	平座金	締付ボルト	六角ナット	平座金
材料	鋳鉄	鋳鉄	鋳鉄	軟鋼	軟鋼	銅合金線	軟鋼	軟鋼	軟鋼	軟鋼	軟鋼	軟鋼
個数	1	2	1	1	1	1	4	8	4	4	8	4

品番	適合電線 亜鉛めっき鋼より線1種 公称断面積 mm^2	より線構成	外径 mm	寸法 mm D	A	J	P_1	P_2	U_1	U_2	H_1	H_2	適用プレート厚さ T mm	締付トルク N·m	線条掌握力 kN	引張強度 kN
GNS-5013	55	7/3.2	9.6	10	200	70	120±1	120±1	156	156	M16	M16	30以下	100	14	50
	70	7/3.5	10.5												17	
GNS-6515	90	7/4.0	12.0	12	200	70	120±1	120±1	156	156	M16	M16			22	65

品番	適合電線 鋼心イ号アルミより線 公称断面積 mm^2	より線構成	外径 mm	アーマロッド巻付外径 mm	寸法 mm D	A	J	P_1	P_2	U_1	U_2	H_1	H_2	適用プレート厚さ T mm	締付トルク N·m	線条掌握力 kN	引張強度 kN
GNS-8532	79	12/2.9 +7/2.9	14.5	23.7	28	280	75	120±1	120±1	156	156	M16	M16	30以下	100	19	85
	97	12/3.2 +7/3.2	16.0	25.2												23	
	120	12/3.5 +7/3.5	17.5	27.9												27	

注記 公称断面積はアルミ断面積を示す。

B.96　地線用塔頂軸受型懸垂クランプ（GNS-AC）

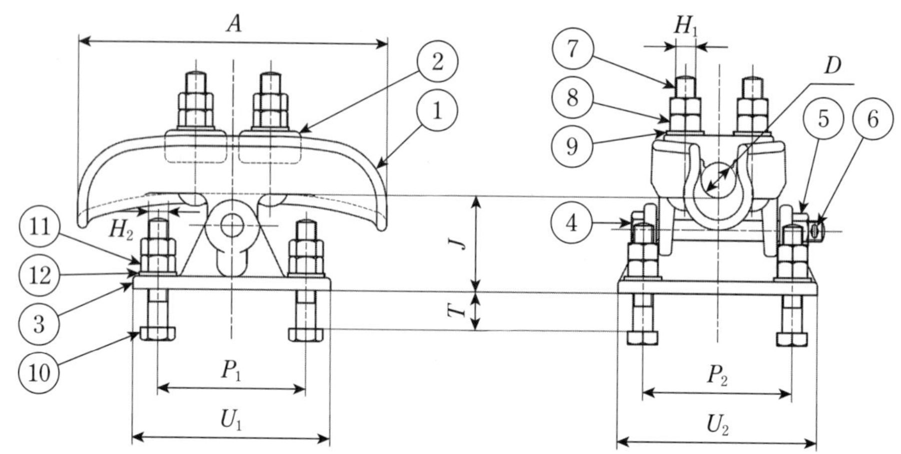

記号	1	2	3	4	5	6	7	8	9	10	11	12
名称	本体	押え金	台	コッタボルト	六角ナット	割りピン	締付ボルト	六角ナット	平座金	締付ボルト	六角ナット	平座金
材料	アルミ合金鋳物	アルミ合金鋳物	鋳鉄	軟鋼	軟鋼	銅合金線	軟鋼	軟鋼	軟鋼	軟鋼	軟鋼	軟鋼
個数	1	2	1	1	1	1	4	8	4	4	8	4

品番	適合電線			寸法 mm									適用プレート厚さ T mm	締付トルク N･m	線条掌握力 kN	引張強度 kN
	アルミ覆鋼より線															
	公称断面積 mm²	より線構成	外径 mm	D	A	J	P_1	P_2	U_1	U_2	H_1	H_2				
GNS-5013AC	55	7/3.2	9.6	10	200	70	120±1	120±1	156	156	M16	M16	30以下	100	14	50
	70	7/3.5	10.5												17	
GNS-6515AC	90	7/4.0	12.0	12	200	70	120±1	120±1	156	156	M16	M16			22	65

注記　想定最大張力は亜鉛めっき鋼より線１種相当とする。

B.97　地線用耐張クランプ（GN）

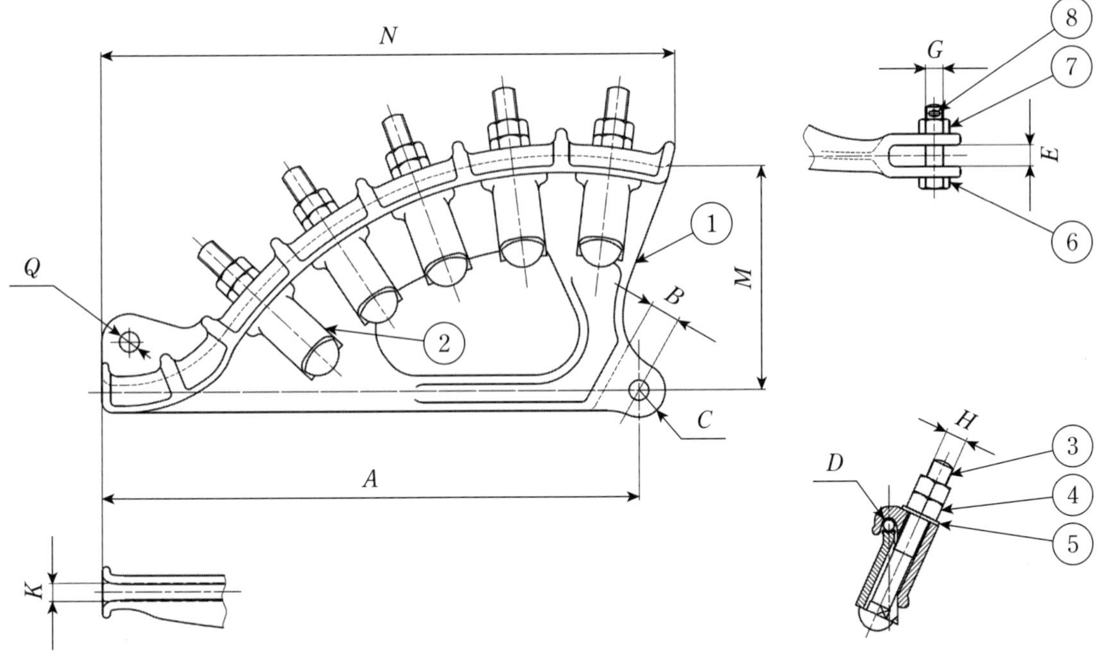

記　号	1	2	3	4	5	6	7	8
名　称	本体	押え金	締付ボルト	六角ナット	平座金	コッタボルト	六角ナット	割りピン
材　料	鋳鉄	鋳鉄	軟鋼	軟鋼	軟鋼	軟鋼	軟鋼	銅合金線
個　数	1	5〜6	5〜6	10〜12	5〜6	1	1	1

<table>
<tr><th rowspan="3">品番</th><th colspan="3">適合電線</th><th colspan="11">寸法
mm</th><th rowspan="3">締付ボルト数</th><th rowspan="3">締付トルク
N·m</th><th rowspan="3">線条掌握力
kN</th><th rowspan="3">引張強度
kN</th><th rowspan="3">緊線リンク強度
kN</th></tr>
<tr><th colspan="3">亜鉛めっき鋼より線1種</th><th rowspan="2">D</th><th rowspan="2">A</th><th rowspan="2">B</th><th rowspan="2">C</th><th rowspan="2">E</th><th rowspan="2">G</th><th rowspan="2">H</th><th rowspan="2">M</th><th rowspan="2">N</th><th rowspan="2">K</th><th rowspan="2">Q</th></tr>
<tr><th>公称断面積
mm²</th><th>より線構成</th><th>外径
mm</th></tr>
<tr><td rowspan="2">GN-8513</td><td>55</td><td>7/3.2</td><td>9.6</td><td rowspan="2">10</td><td rowspan="2">490</td><td rowspan="2">28 以上</td><td rowspan="2">24±1</td><td rowspan="2">19±1</td><td rowspan="2">M16</td><td rowspan="2">M20</td><td rowspan="2">200</td><td rowspan="2">520</td><td rowspan="2">13±1</td><td rowspan="2">18±0.5</td><td rowspan="2">5</td><td rowspan="2">200</td><td>46</td><td rowspan="2">85</td><td rowspan="2">54</td></tr>
<tr><td>70</td><td>7/3.5</td><td>10.5</td><td>54</td></tr>
<tr><td>GN-11015</td><td>90</td><td>7/4.0</td><td>12.0</td><td>12</td><td>570</td><td>33 以上</td><td>29±1</td><td>22±1</td><td>M20</td><td>M20</td><td>260</td><td>600</td><td>16±1</td><td>22±0.5</td><td>6</td><td>200</td><td>70</td><td>110</td><td>70</td></tr>
</table>

B.98　地線用耐張クランプ（GNA）

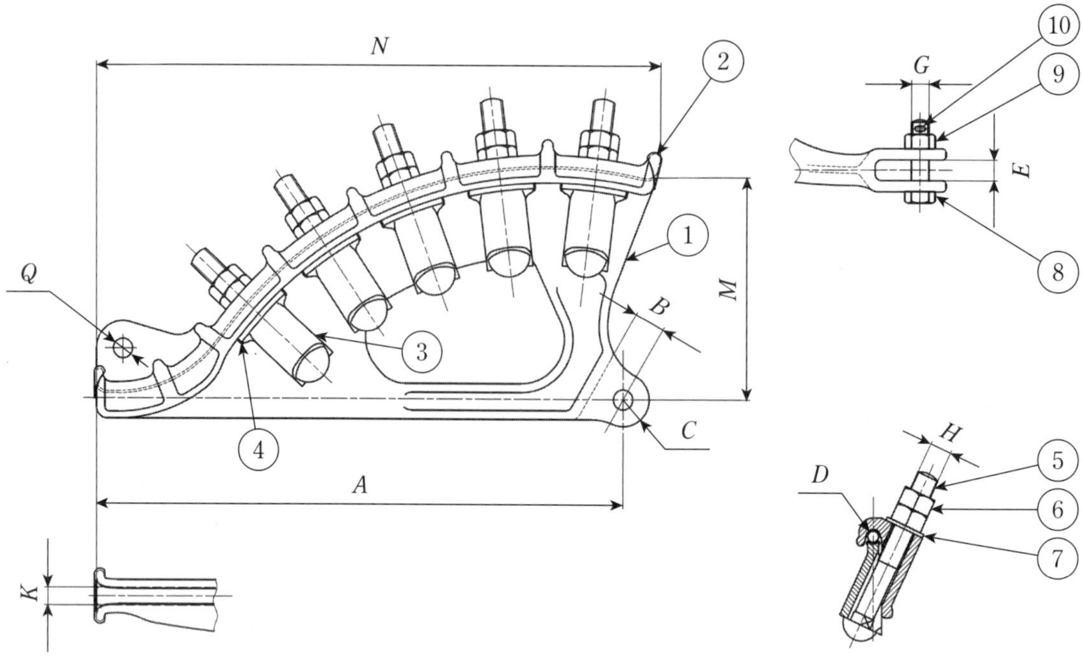

記号	1	2	3	4	5	6	7	8	9	10
名称	本体	内張用金物	押え金	内張用金物	締付ボルト	六角ナット	平座金	コッタボルト	六角ナット	割りピン
材料	鋳鉄	アルミ板	鋳鉄	アルミ板	軟鋼	軟鋼	軟鋼	軟鋼	軟鋼	銅合金線
個数	1	1	5〜6	5〜6	5〜6	10〜12	5〜6	1	1	1

品番	適合電線			寸法 mm											締付ボルト数	締付トルク N･m	線条掌握力 kN	引張強度 kN	緊線リンク強度 kN
	アルミ覆鋼より線																		
	公称断面積 mm²	より線構成	外径 mm	*D*	*A*	*B*	*C*	*E*	*G*	*H*	*M*	*N*	*K*	*Q*					
GNA-8516	55	7/3.2	9.6	10	490	28 以上	24±1	19±1	M16	M20	200	520	13±1	18±0.5	5	200	46	85	54
	70	7/3.5	10.5														54		
GNA-11018	90	7/4.0	12.0	12	570	33 以上	29±1	22±1	M20	M20	260	600	16±1	22±0.5	6	200	70	110	70
GNA-11523	150	19/3.2	16.0	16	570	33 以上	29±1	22±1	M20	M20	260	600	16±1	22±0.5	6	200	68	115	75

注記　想定最大張力は亜鉛めっき鋼より線 1 種相当とする。

品番	適合電線			寸法 mm											締付ボルト数	締付トルク N･m	線条掌握力 kN	引張強度 kN	緊線リンク強度 kN
	鋼心イ号アルミより線																		
	公称断面積 mm²	より線構成	外径 mm	*D*	*A*	*B*	*C*	*E*	*G*	*H*	*M*	*N*	*K*	*Q*					
GNA-11523	79	12/2.9 +7/2.9	14.5	16	570	33 以上	29±1	22±1	M20	M20	260	600	16±1	22±0.5	6	200	63	115	75
	97	12/3.2 +7/3.2	16.0														75		
GNA-13525	120	12/3.5 +7/3.5	17.5	18	600	33 以上	30±1	22±1	M20	M20	270	660	16±1	22±0.5	7	200	90	135	90

B.99　地線用耐張クランプ（GN-AC）

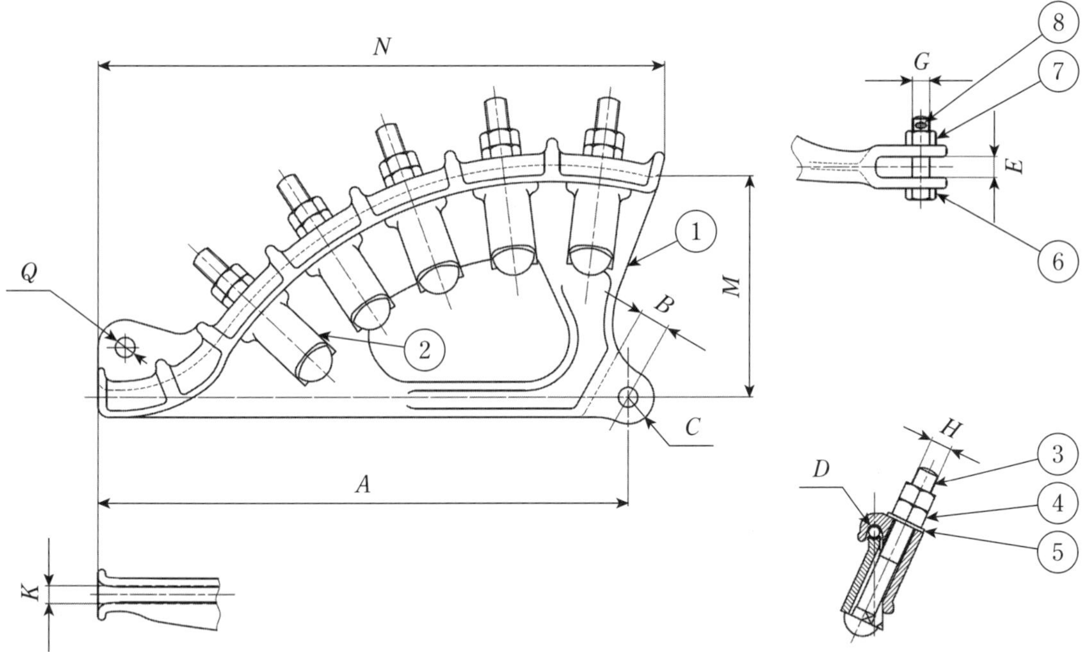

記号	1	2	3	4	5	6	7	8
名称	本体	押え金	締付ボルト	六角ナット	平座金	コッタボルト	六角ナット	割りピン
材料	アルミ合金鋳物	アルミ合金鋳物	軟鋼	軟鋼	軟鋼	軟鋼	軟鋼	銅合金線
個数	1	5～6	5～6	10～12	5～6	1	1	1

品番	適合電線			寸法 mm											締付ボルト数	締付トルク N･m	線条掌握力 kN	引張強度 kN	緊線リンク強度 kN
	アルミ覆鋼より線																		
	公称断面積 mm^2	より線構成	外径 mm	*D*	*A*	*B*	*C*	*E*	*G*	*H*	*M*	*N*	*K*	*Q*					
GNA-8513AC	55	7/3.2	9.6	10	490	28 以上	24±1	19±1	M16	M20	200	520	16±1	18±0.5	5	170	46	85	54
	70	7/3.5	10.5														54		
GNA-11015AC	90	7/4.0	12.0	12	570	33 以上	30±1	22±1	M20	M20	260	600	19±1	22±0.5	6	170	70	110	70

注記　想定最大張力は亜鉛めっき鋼より線 1 種相当とする。

B.100　地線用棒形耐張クランプ（GNB）

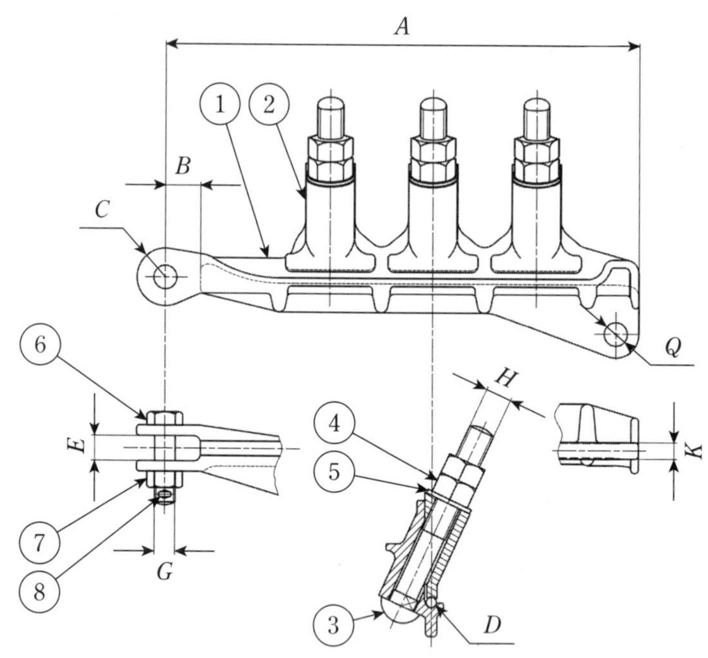

記号	1	2	3	4	5	6	7	8
名称	本体	押え金	締付ボルト	六角ナット	平座金	コッタボルト	六角ナット	割りピン
材料	鋳鉄	鋳鉄	軟鋼	軟鋼	軟鋼	軟鋼	軟鋼	銅合金線
個数	1	3	3	6	3	1	1	1

品番	適合電線			寸法 mm									締付ボルト数	締付トルク N･m	線条掌握力 kN	引張強度 kN	緊線リンク強度 kN
	亜鉛めっき鋼より線2種																
	公称断面積 mm^2	より線構成	外径 mm	*D*	*A*	*B*	*C*	*E*	*G*	*H*	*K*	*Q*					
GNB-4511	38	7/2.6	7.8	8	370	28 以上	22±1	19±1	M16	M20	13±1	18±0.5	3	200	22	45	27
	45	7/2.9	8.7												27		

B.101　地線用棒形耐張クランプ（GNBA）

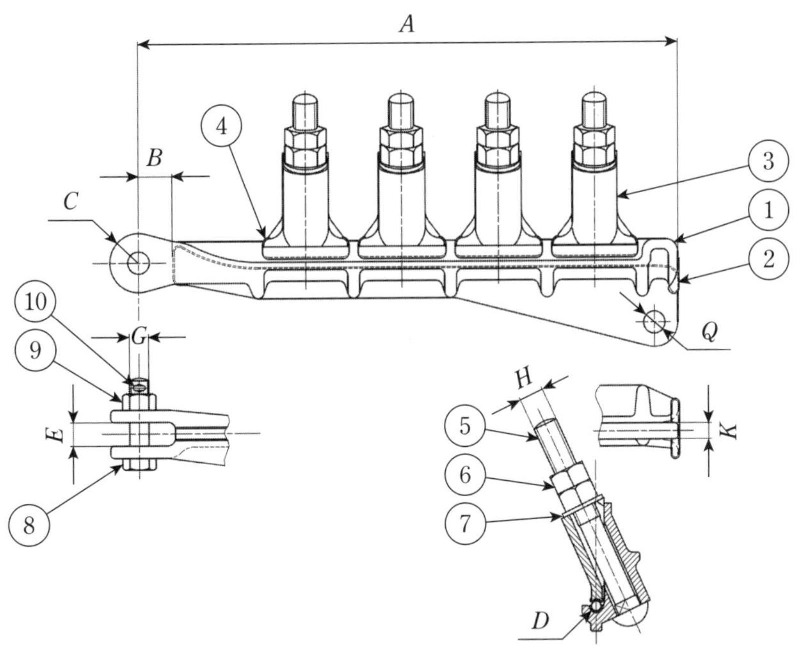

記号	1	2	3	4	5	6	7	8	9	10
名称	本体	内張用金物	押え金	内張用金物	締付ボルト	六角ナット	平座金	コッタボルト	六角ナット	割りピン
材料	鋳鉄	アルミ板	鋳鉄	アルミ板	軟鋼	軟鋼	軟鋼	軟鋼	軟鋼	銅合金線
個数	1	1	4	4	4	8	4	1	1	1

品番	適合電線			寸法 mm									締付ボルト数	締付トルク N･m	線条掌握力 kN	引張強度 kN	緊線リンク強度 kN
	アルミ覆鋼より線																
	公称断面積 mm^2	より線構成	外径 mm	*D*	*A*	*B*	*C*	*E*	*G*	*H*	*K*	*Q*					
GNBA-6014	38	7/2.6	7.8	8	450	28 以上	24±1	19±1	M16	M20	13±1	18±0.5	4	200	30	60	38
	45	7/2.9	8.7												38		

注記　想定最大張力は亜鉛めっき鋼より線 1 種相当とする。

B.102　地線用棒形耐張クランプ（GNB-AC）

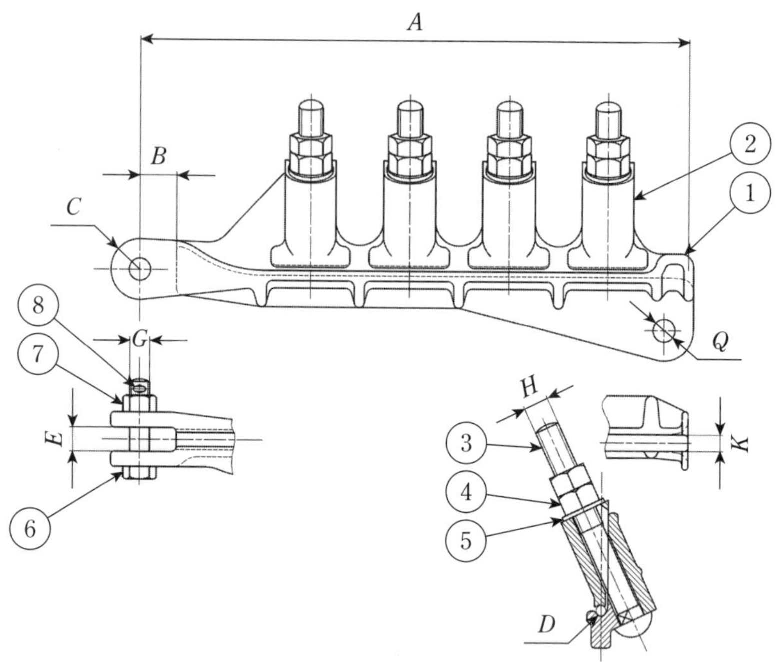

記号	1	2	3	4	5	6	7	8
名称	本体	押え金	締付ボルト	六角ナット	平座金	コッタボルト	六角ナット	割りピン
材料	アルミ合金鋳物	アルミ合金鋳物	軟鋼	軟鋼	軟鋼	軟鋼	軟鋼	銅合金線
個数	1	4	4	8	4	1	1	1

品番	適合電線			寸法 mm									締付ボルト数	締付トルク N･m	線条掌握力 kN	引張強度 kN	緊線リンク強度 kN
	アルミ覆鋼より線																
	公称断面積 mm^2	より線構成	外径 mm	*D*	*A*	*B*	*C*	*E*	*G*	*H*	*K*	*Q*					
GNB-6011AC	38	7/2.6	7.8	8	450	28 以上	24±1	19±1	M16	M20	16±1	18±0.5	4	170	30	60	38
	45	7/2.9	8.7												38		

注記　想定最大張力は亜鉛めっき鋼より線 1 種相当とする。

B.103　地線用ジャンパクランプ（GC）

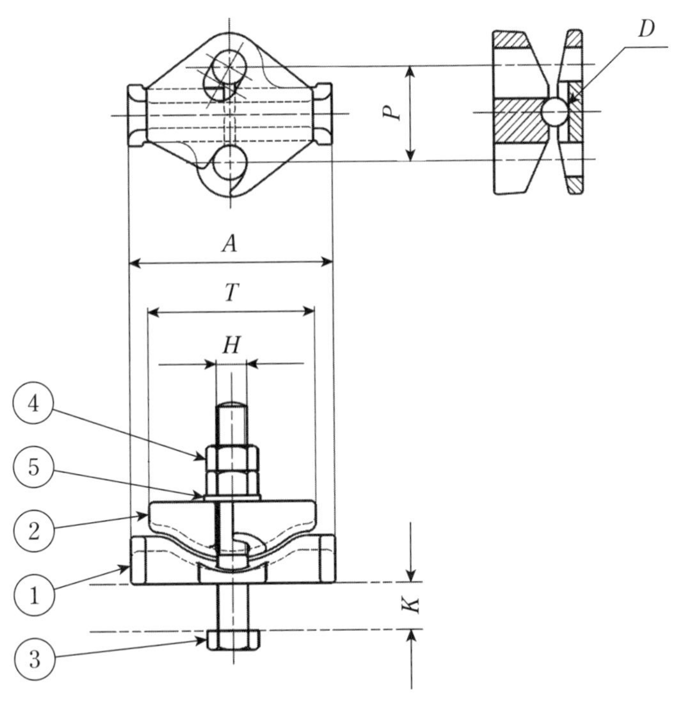

記号	1	2	3	4	5
名称	本体	押え金	締付ボルト	六角ナット	平座金
材料	鋳鉄	鋳鉄	軟鋼	軟鋼	軟鋼
個数	1	1	2	4	2

品番	適合電線			寸法 mm					適用プレート厚さ K mm	締付トルク N･m	線条掌握力 kN
	亜鉛めっき鋼より線１種										
	公称断面積 mm^2	より線構成	外径 mm	D	A	T	P	H			
GC-8	38	7/2.6	7.8	8	110	90	50±1	M16	30以下	100	7
	45	7/2.9	8.7								
GC-10	55	7/3.2	9.6	10	110	90	50±1	M16			
	70	7/3.5	10.5								
GC-12	90	7/4.0	12.0	12	110	90	50±1	M16			

B.104　地線用ジャンパクランプ（GC-AC）

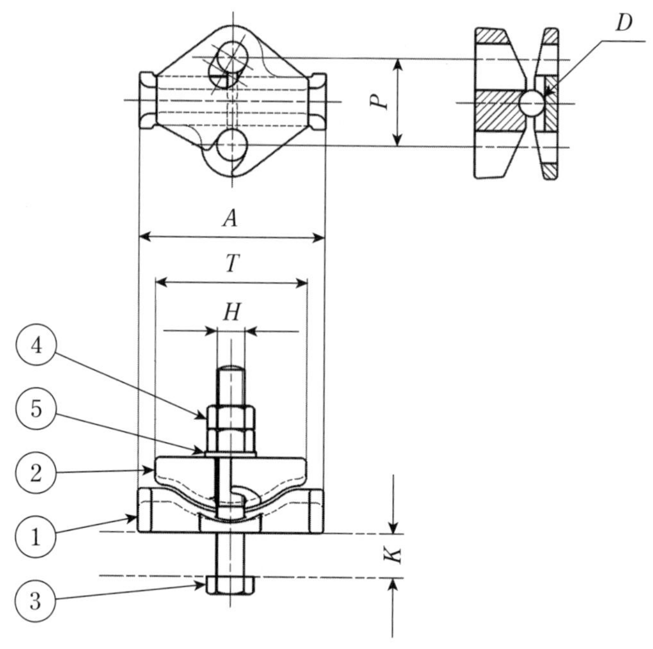

記号	1	2	3	4	5
名称	本体	押え金	締付ボルト	六角ナット	平座金
材料	アルミ合金鋳物	アルミ合金鋳物	軟鋼	軟鋼	軟鋼
個数	1	1	2	4	2

品番	適合電線									寸法 mm					適用プレート厚さ *K* mm	締付トルク N·m	線条掌握力 kN
	アルミ覆鋼より線			硬アルミより線			鋼心イ号アルミより線			*D*	*A*	*T*	*P*	*H*			
	公称断面積 mm^2	より線構成	外径 mm	公称断面積 mm^2	より線構成	外径 mm	公称断面積 mm^2	より線構成	外径 mm								
GC-8AC	38	7/2.6	7.8	–	–	–	–	–	–	8	110	90	50±1	M16	30 以下	100	7
	45	7/2.9	8.7														
GC-10AC	55	7/3.2	9.6	–	–	–	–	–	–	10	110	90	50±1	M16			
	70	7/3.5	10.5														
GC-13AC	90	7/4.0	12.0	100	19/2.6	13.0	–	–	–	13	110	90	50±1	M16			
				110	7/4.5	13.5											
GC-15AC	–	–	–	150	19/3.2	16.0	79	12/2.9	14.5	15	110	90	50±1	M16			
							97	12/3.2	16.0								
GC-18AC	–	–	–	–	–	–	120	13/3.5	17.5	18	110	90	50±1	M16			
GC-23AC	–	–	–	300	37/3.2	22.4	–	–	–	23	110	90	50±1	M16			

B.105　地線用ジャンパクランプ（GCP）

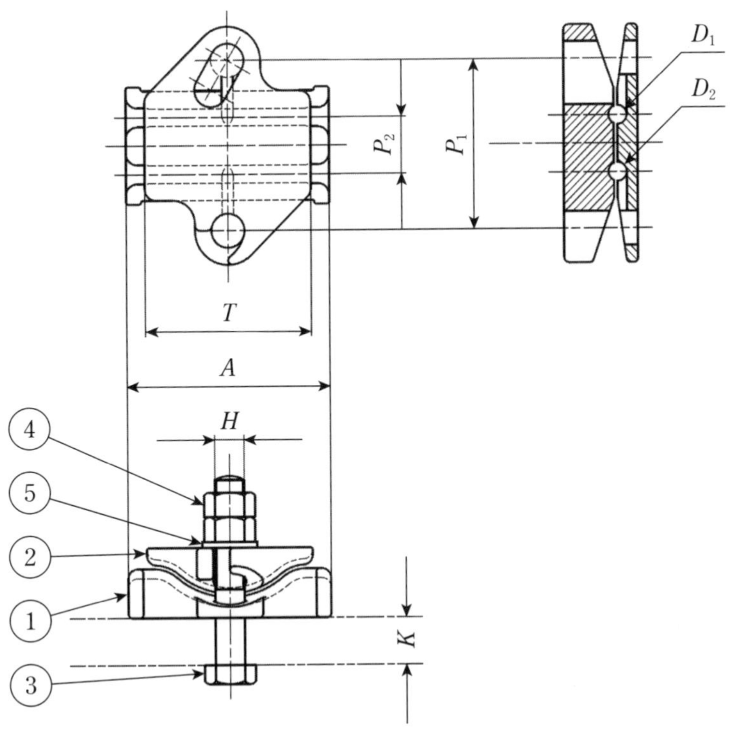

記号	1	2	3	4	5
名称	本体	押え金	締付ボルト	六角ナット	平座金
材料	鋳鉄	鋳鉄	軟鋼	軟鋼	軟鋼
個数	1	1	2	4	2

<table>
<tr><th rowspan="3">品番</th><th colspan="3">適合電線</th><th colspan="7">寸法
mm</th><th rowspan="3">適用プレート厚さ K
mm</th><th rowspan="3">締付トルク
N・m</th><th rowspan="3">線条掌握力
kN</th></tr>
<tr><th colspan="3">亜鉛めっき鋼より線１種</th><th rowspan="2">D_1</th><th rowspan="2">D_2</th><th rowspan="2">A</th><th rowspan="2">T</th><th rowspan="2">P_1</th><th rowspan="2">P_2</th><th rowspan="2">H</th></tr>
<tr><th>公称断面積
mm²</th><th>より線構成</th><th>外径
mm</th></tr>
<tr><td rowspan="2">GCP-8</td><td>38</td><td>7/2.6</td><td>7.8</td><td rowspan="2">8</td><td rowspan="2">8</td><td rowspan="2">110</td><td rowspan="2">90</td><td rowspan="2">90±2</td><td rowspan="2">30</td><td rowspan="2">M16</td><td rowspan="5">30
以下</td><td rowspan="5">100</td><td rowspan="5">7</td></tr>
<tr><td>45</td><td>7/2.9</td><td>8.7</td></tr>
<tr><td rowspan="2">GCP-10</td><td>55</td><td>7/3.2</td><td>9.6</td><td rowspan="2">10</td><td rowspan="2">10</td><td rowspan="2">110</td><td rowspan="2">90</td><td rowspan="2">90±2</td><td rowspan="2">30</td><td rowspan="2">M16</td></tr>
<tr><td>70</td><td>7/3.5</td><td>10.5</td></tr>
<tr><td>GCP-12</td><td>90</td><td>7/4.0</td><td>12.0</td><td>12</td><td>12</td><td>110</td><td>90</td><td>90±2</td><td>40</td><td>M16</td></tr>
</table>

B.106　地線用ジャンパクランプ（GCP-AC）

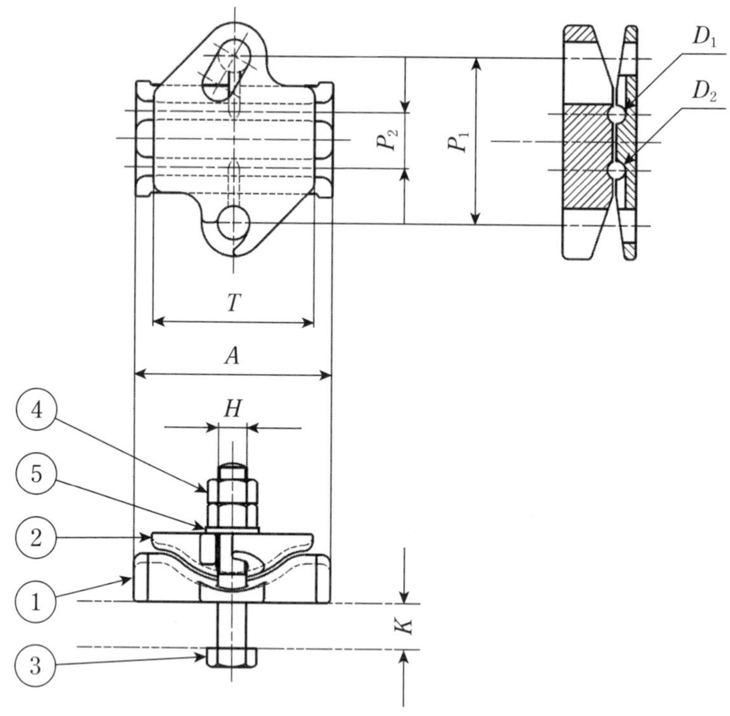

記号	1	2	3	4	5
名称	本体	押え金	締付ボルト	六角ナット	平座金
材料	アルミ合金鋳物	アルミ合金鋳物	軟鋼	軟鋼	軟鋼
個数	1	1	2	4	2

品番	適合電線									寸法 mm							適用プレート厚さ K mm	締付トルク N･m	線条掌握力 kN
	アルミ覆鋼より線			硬アルミより線			鋼心イ号アルミより線												
	公称断面積 mm^2	より線構成	外径 mm	公称断面積 mm^2	より線構成	外径 mm	公称断面積 mm^2	より線構成	外径 mm	D_1	D_2	A	T	P_1	P_2	H			
GCP-8AC	38	7/2.6	7.8	–	–	–	–	–	–	8	8	110	90	90±2	30	M16	30 以下	100	7
	45	7/2.9	8.7																
GCP-10AC	55	7/3.2	9.6	–	–	–	–	–	–	10	10	110	90	90±2	30	M16			
	70	7/3.5	10.5																
GCP-13AC	90	7/4.0	12.0	100	19/2.6	13.0	–	–	–	13	13	110	90	100±2	40	M16			
				110	7/4.5	13.5													
GCP-15AC	–	–	–	150	19/3.2	16.0	79	12/2.9	14.5	15	15	110	90	100±2	40	M16			
							97	12/3.2	16.0										
GCP-18AC	–	–	–	–	–	–	120	13/3.5	17.5	18	18	110	90	100±2	40	M16			
GCP-23AC	–	–	–	300	37/3.2	22.4	–	–	–	23	23	110	90	100±2	40	M16			

B.107　地線用ジャンパクランプ（GCW）

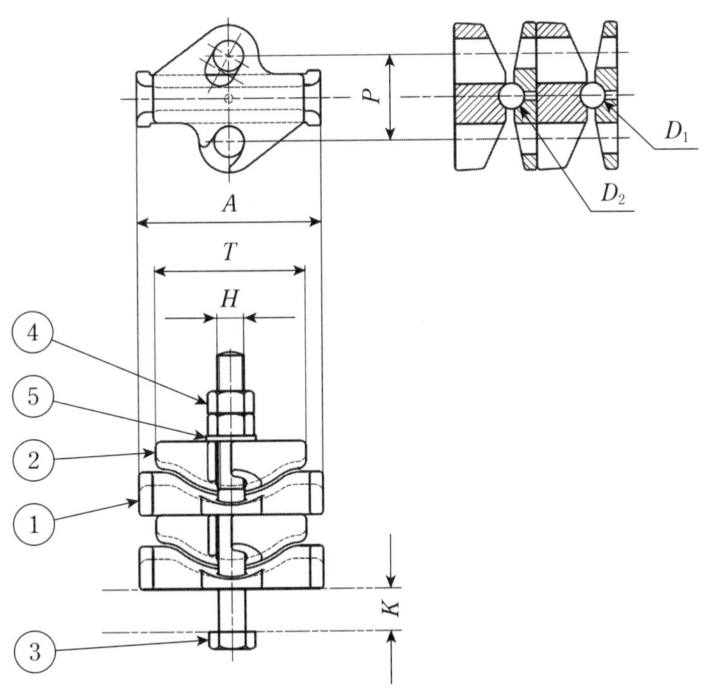

記号	1	2	3	4	5
名称	本体	押え金	締付ボルト	六角ナット	平座金
材料	鋳鉄	鋳鉄	軟鋼	軟鋼	軟鋼
個数	1	1	2	4	2

品番	適合電線 亜鉛めっき鋼より線1種			寸法 mm						適用プレート厚さ K mm	締付トルク N·m	線条掌握力 kN
	公称断面積 mm^2	より線構成	外径 mm	D_1	D_2	A	T	P	H			
GCW-8 又は GC-8W	38	7/2.6	7.8	8	8	110	90	50±1	M16	30 以下	100	7
	45	7/2.9	8.7									
GCW-10 又は GC-10W	55	7/3.2	9.6	10	10	110	90	50±1	M16			
	70	7/3.5	10.5									
GCW-12 又は GC-12W	90	7/4.0	12.0	12	12	110	90	50±1	M16			

B.108　地線用ジャンパクランプ（GCW-AC）

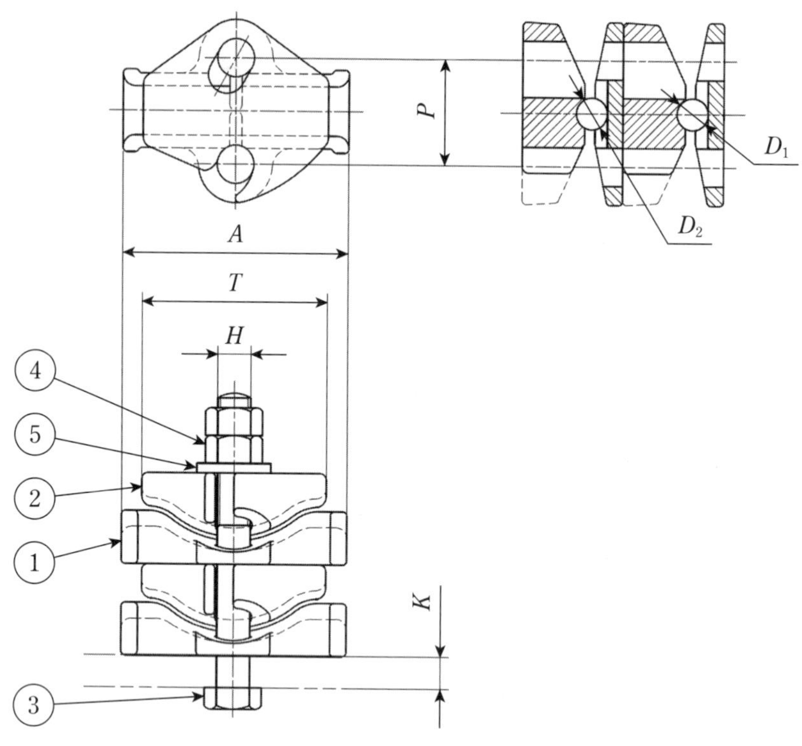

記号	1	2	3	4	5
名称	本体	押え金	締付ボルト	六角ナット	平座金
材料	アルミ合金鋳物	アルミ合金鋳物	軟鋼	軟鋼	軟鋼
個数	1	1	2	4	2

品番	適合電線									寸法 mm						適用プレート厚さ K mm	締付トルク N・m	線条掌握力 kN
	アルミ覆鋼より線			硬アルミより線			鋼心イ号アルミより線											
	公称断面積 mm^2	より線構成	外径 mm	公称断面積 mm^2	より線構成	外径 mm	公称断面積 mm^2	より線構成	外径 mm	D_1	D_2	A	T	P	H			
GCW-8AC 又は GC-8ACW	38	7/2.6	7.8	–	–	–	–	–	–	8	8	110	90	50±1	M16	30以下	100	7
	45	7/2.9	8.7															
GCW-10AC 又は GC-10ACW	55	7/3.2	9.6	–	–	–	–	–	–	10	10	110	90	50±1	M16			
	70	7/3.5	10.5															
GCW-13AC 又は GC-13ACW	90	7/4.0	12.0	100	19/2.6	13.0	–	–	–	13	13	110	90	50±1	M16			
				110	7/4.5	13.5												
GCW-15AC 又は GC-15ACW	–	–	–	150	19/3.2	16.0	79	12/2.9	14.5	15	15	110	90	50±1	M16			
							97	12/3.2	16.0									
GCW-18AC 又は GC-18ACW	–	–	–	–	–	–	120	13/3.5	17.5	18	18	110	90	50±1	M16			
GCW-23AC 又は GC-23ACW	–	–	–	300	37/3.2	22.4	–	–	–	23	23	110	90	50±1	M16			

B.109　コッタ及び割りピン標準寸法

単位：mm

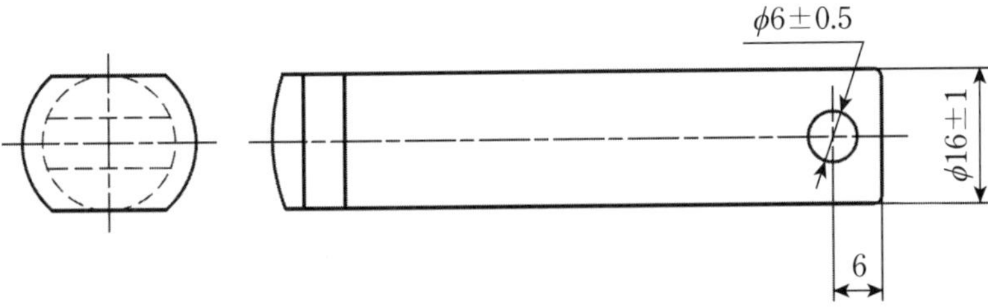

コッタピン用割りピン

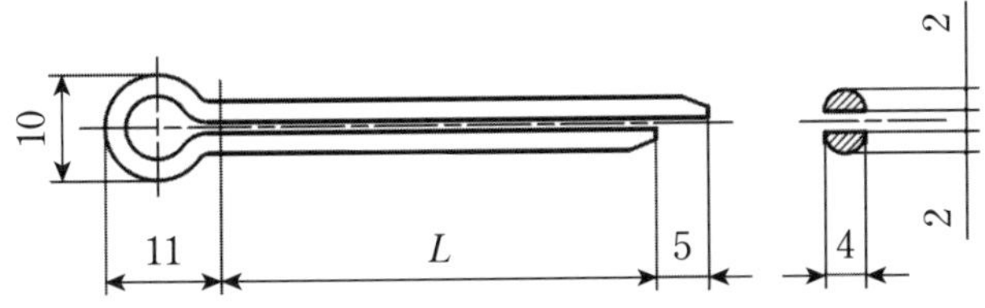

コッタボルト及び コッタピン呼び径	寸法 L mm
M16（ϕ16）	25
M20～M22	35
M24～M30	45
M33～M39	55

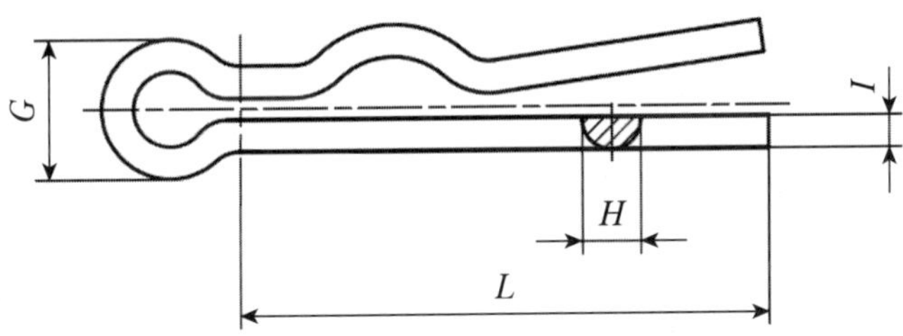

強度系列 kN		寸法 mm			
		G	H	I	L
80	A	13	5.5	3	47
	B	14.5	5.5	3.2	47
120	A	13	5.5	3	47
	B	14.5	5.5	3.2	47
165	A	13	5.5	3	47
	B	14.5	5.5	3.2	47
210	A	18	7.5	4	63
	B	16.4	7.0	3.2	58.5

JEC-5204：2018
がいし装置及び架線金具
解説

この解説は，本体及び附属書に規定・記載した事柄，並びにこれらに関連した事柄を説明するもので，規格の一部ではない。

1　制定・改正の趣旨及び経緯

1.1　規格制定の趣旨及び経緯

この規格の基となる **JEC-207**（架空送電用架線金具）は，1979 年に制定された。制定の趣旨及び経緯を**解説表 1** に示す。

1.2　今回（2018 年）改正の趣旨及び経緯

1979 年の制定から 40 年近く経過し，規定内容と実態との間に不整合が生じている。今回の改正では，実態を反映して不整合を解消するとともに，規格票の様式：2016 に従って全体構成を見直した。

なお，今回の改正に当たっては，2016 年 4 月に電気事業連合会から電気学会電気規格調査会に対して，これまでの電力会社での適用実態を踏まえた，**JEC-207**-1979 の規格内容への要望事項が提出されたため，併せて審議を行った。

1.3　主な改正点

a)　規格票の様式 :2016 に従って，全体構成を見直した。

b)　規格票の名称を，「架空送電用架線金具」から「がいし装置及び架線金具」に見直した。

c)　適用範囲を，66 kV 以上 154 kV 以下に見直すとともに，発電所，変電所構内で使用されている低張力用クランプを追加した。

d)　がいし装置及び架空地線用装置を規定した。

e)　重力単位系を削除し，国際単位系（SI）のみの記載に見直した。

f)　懸垂装置の鉄塔取付金具として，耐摩耗性に優れる金具を追加した。

g)　汎用性のある V 吊懸垂装置を追加した。

h)　施工性，安全性に優れる調整金具類を追加した。

i)　びわ形アークホーンを廃止し，性能が同等であるしゃくし形アークホーンに集約した。

j)　規定要素として，使用状態を追加した。

k)　附属書に寸法許容差が規定されていない場合の取扱いを追加した。

l)　性能として，クランプ締付強度を追加した。

m)　亜鉛めっき試験から，均一性試験を廃止した。

n)　検査の種類を，形式検査，ルーチン検査及び抜取検査に見直した。

o)　形式検査の供試数を具体的に規定した。

解説表 1 — 制定の趣旨及び経緯

制定 改正	西暦 年	規格番号 名称	要　点
制定	1979	**JEC 207** 架空送電用 架線金具	規格制定当時，送電設備の電圧階級，電線種類及び導体数が多段階多種となってきているため，送電用がいし装置も多種多様のものが扱われ，これを構成するがいし及び架線金具の品目が数多くなってきていた。 この状況を受け，送電用がいし装置に使用されているがいし及び架線金具についての仕様を統一し，設計と製造の合理化を図るため，1973 年 2 月「電気学会送配電常置委員会」及び「電気学会電線常置委員会」の合同幹事会において，懸垂がいし及び送電用架線金具の **JEC** 規格制定を行うことが決められた。 1973 年 2 月，電気学会電気規格調査会は電気協同研究会あてに，懸垂がいし及び送電用架線金具の品目を **JEC** 規格として制定するための参考資料作成方を依頼した。 1973 年 8 月，電気協同研究会内に「送電用がいし装置専門委員会設立準備打合せ会」を開催し，「送電用がいし装置専門委員会」を発足させ，がいし及び架線金具の規格に関する資料作成に着手し，これの検討が進められた。 規格化検討範囲は，66 〜 275 kV の単導体及び 2 導体用のがいし装置並びに架空地線用装置に用いる架線金具を対象とし，4 導体用がいし装置及び V 吊懸垂装置については，研究開発過程にあるものもあり，現段階での規格化には問題が多いことから対象範囲に含めなかった。 架線金具の種類を選定するに当たっては，現在汎用されている装置の実情を調査し装置の強度系列と連結構成を整理統合して，標準として推奨するがいし装置をまとめ，これを構成するものを規格化の品目とした。なお，従来から汎用されており，しかも上記のがいし装置の構成金具の一部のみを置き換えることによって容易に構成できる品目も加えておくものとした。 **JEC** 規格制定のための検討が精力的に進められ，その検討結果が参考資料として 1978 年 4 月電気規格調査会へ提示された。 これを受け，1978 年 9 月電気規格調査会は送配電常置委員会に「架空送電線用がいし及び架線金具標準特別委員会」を設置した。 同委員会は上記参考資料を詳細に検討し，慎重審議の結果， 1978 年 12 月 **JEC** 規格案の最終成案を得，1979 年 5 月電気規格調査会委員総会の承認を経て確定したものである。

2　審議中に特に問題となった事項

特になし

3　特許権などに関する事項

特になし

4　規格の適用とする具体的な範囲の補足事項

この規格は，主として特別高圧架空送電線路に使用する，公称電圧 66 〜 154 kV の単導体，2 導体用がいし装置及び架空地線用装置並びにそれを構成する架線金具に適用するものであるが，発電所・変電所の屋外母線，公称電圧 66 kV 以下のがいし装置などにも，この規格を運用することを推奨する。

公称電圧 187 kV 以上のがいし装置についても規格化を検討したが，導体規模，鉄塔腕金構造，がいし装置の支持方法，架線工法などの違いにより汎用的ながいし装置の規格化は現段階では困難であることから，公称電圧 154 kV 以下で汎用的に使用されるがいし装置，架空地線用装置及び架線金具について規格化するものとした。なお，適用範囲の見直しに伴い，規格名称を「架空送電用架線金具」から「がいし装置及び架線金具」に変更した。

5 規定要素の規定項目の内容

5.1 用語の定義

この規格に用いる用語は，電気学会 電気専門用語集 No.12「がいしおよびブッシング」(1975 年 11 月）による。

なお，これに示されていない用語は他規格に定められている用語及び従来一般的に用いられている用語によったが，一部，その意味を明確にするため新たに用語を定めたものがある。この規格に用いた主な用語について他規格の用語及び慣用用語との関連を**解説表 2** に示す。

解説表 2 — 他規格の用語及び慣用用語との関連

用語	説明
懸垂がいし	電気学会電気専門用語集 No.12（以下，用語集 No.12 という）の「円形懸垂がいし」をいう。(用語集 No.12 の備考を準用する）
耐塩用懸垂がいし	従来一般にスモッグがいしと呼ばれていたものであるが，用語集 No.12 にて耐塩用懸垂がいしと呼ぶ。
クレビス–クレビス形 長幹がいし	従来，一般的なものとして長幹がいしと呼ばれていたが，懸垂がいしと同様に連結部形状を示すため，用語集 No.12 に準じた呼び方とした。ただし，混同のおそれがないときは長幹がいしと呼ぶ。
引張荷重 引張強度	従来，クランプの引張荷重の規格において試験荷重又は引張荷重と呼ばれていた。この規格では，試験方法における荷重を引張荷重と呼び，引張荷重に対する性能は，破壊してはならない値を規格する意味から引張強度と呼ぶ。

5.2 使用状態

この規格では，規格票の様式：2016 に従い，新たに使用状態を規定した。

周囲温度は，過去 40 年間に日本国内で記録された最高気温及び最低気温から決定した。

標高に応じた絶縁設計の考え方は，IEC Recommendation : “High-voltage test techniques, Part 1 : General definitions and test requirements”, Publication 60-1 (1973) に従っており，規定したアークホーンの形状及び寸法は，標高 1 000 m 以下として算出した補正係数に応じて設計したものである。標高 1 000 m を超えた地点に適用する場合は，標高に応じた補正係数を算定し，必要であれば形状及び寸法を見直したアークホーン及び連結金具を使用すればよい。

特殊使用状態は，この規格で規定したがいし装置及び架線金具に対して悪影響を与えると考えられる特殊な条件を規定した。

5.3 種類及び記号

5.3.1 がいし装置の種類の決定

この規格に定めるがいし装置の種類は，現在汎用的に使用されている装置の実情を調べ，対象とする電圧，電線の種類，導体数，使用するがいしの種類などをもとに，装置の所要強度，がいしの強度・連数，構成する架線金具の強度，がいし連間隔，導体間隔などを定め，これに基づいて，連結構成上配慮すべき事項，すなわち鉄塔取付部での摩耗，ねじり，連結間の自由度・電線素導体間，がいし連間の張力バランス，作業性，経済性などを検討して定めたものである。なお，これ以外にアークホーンの種類・座標，コロナ防止などの電気的設計に関わる事項をも検討に含めている。以上のがいし装置設計の手順を整理すれば，**解説図 1** となり，各々の装置構成の考え方及び架線金具の種類の選定理由を示せば次のとおりである。

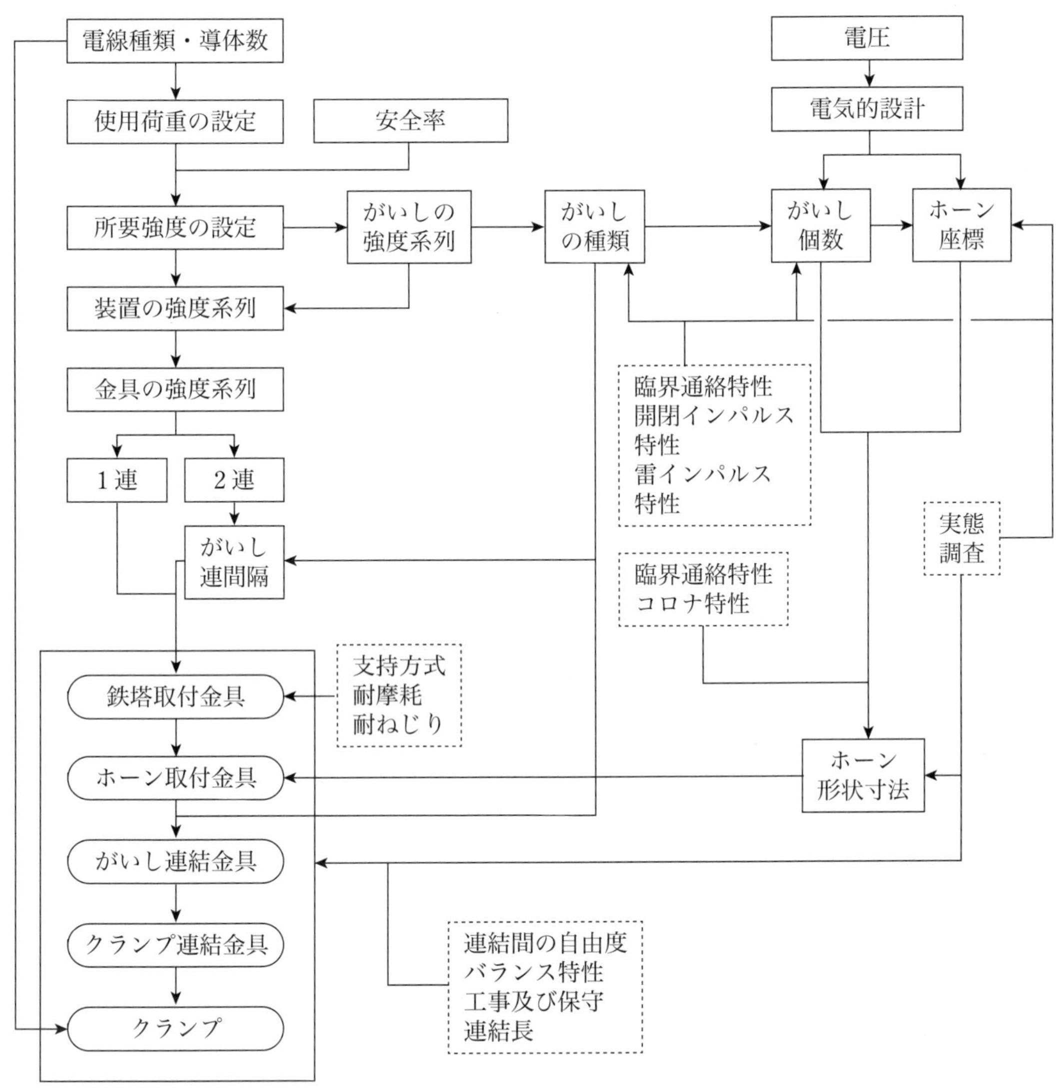

解説図 1 — がいし装置設計の手順

5.3.2　装置の強度系列

がいし装置の強度系列は，架渉線の種類が多くなり，また，その使用張力も多段階になっている現状では，がいしの強度系列を基本にして架線金具強度を定め，装置の強度系列を設定するのが，架線金具の共有化を図る意味から有利であり，しかも，現用のものをこれに整理統合しても別段の不具合を生じない。このことから，**解説表 3** に示すような強度系列を設定し，これによって，装置の構成及び架線金具の引張強度を定めている。なお，架空地線用装置は，がいし装置に準じて強度系列を定め，架線金具の共有化を図っている。

解説表 3 — 強度系列

装置	がいし種類		装置の強度 kN							導体数
	種別	強度 kN	80	120	165	210	240	330	420	
1 連懸垂	クレビス形懸垂	120	○	◎	–	–	–	–	–	1，2
	ボールソケット形懸垂	120	○	◎	–	–	–	–	–	
		165	–	–	◎	–	–	–	–	
		210	–	–	–	◎	–	–	–	2
2 連懸垂	クレビス形懸垂	120	○	○	–	–	–	–	–	1
	ボールソケット形懸垂	120	○	○	–	–	–	–	–	
		165	–	–	○	–	–	–	–	
		165	–	–	–	–	–	◎	–	2
		210	–	–	–	–	–	–	◎	
V 吊懸垂	クレビス形懸垂	120	○	◎	–	–	–	–	–	1
	ボールソケット形懸垂	120	○	◎	–	–	–	–	–	
1 連耐張	クレビス形懸垂	120	○	◎	–	–	–	–	–	1
	ボールソケット形懸垂	120	○	◎	–	–	–	–	–	
		165	–	–	◎	–	–	–	–	
2 連耐張	クレビス形懸垂	120	○	○	○	○	◎	–	–	1
	ボールソケット形懸垂	120	–	○	–	–	–	–	–	
		165	–	–	○	○	○	–	–	
	クレビス形懸垂	120	–	–	–	–	◎	–	–	2
	ボールソケット形懸垂	165	–	–	–	–	○	◎	–	
		210	–	–	–	–	–	–	◎	
1 連懸垂 2 連懸垂 1 連耐張 2 連耐張	クレビス・ クレビス形長幹	120	○	◎	–	–	–	–	–	1
		120	○	○	–	–	–	–	–	
		120	○	◎	–	–	–	–	–	
		120	○	○	○	○	◎	–	–	
地線用 懸垂	–	–	◎	◎	–	–	–	–	–	1
地線用 耐張	–	–	◎	◎	◎	–	–	–	–	
注記 1 ～ 6　次に内容を記載する。										

注記 1　◎印は基本的な系列を示す。○印は基本的な系列以外に対象として含めたものを示す。

注記 2　1 連懸垂装置において，2 導体用では 80 kN を除く。

注記 3　2 連懸垂装置におけるがいしとヨークの間の連結金具及び長幹がいしが 2 連組のときの連結金具は次に示す強度のものを使う。

装置強度　kN	80	120	165	210	240	330	420
所要強度　kN	40	60	82.5	105	120	165	210
適用する連結金具強度 kN	80	80	80	120	120	165	210

ここに 2 連の 165 kN 系では連結金具として 82.5 kN のものが必要となるが，この規格で規定される 80 kN 系の連結金具は設計強度が 82.5 kN を上回っているため，それをそのまま使用する。

注記 4　装置の強度系列は金具の共用化を考慮して，前記のとおり，がいし強度系列に合わせるのを基本としているが，小サイズ電線での適用を配慮して，従来から使用されている 80 kN 系を含めている。

注記 5 2 連装置においては，がいし強度を 2 倍した値を基本的な強度系列としているが，保安工事として使用されるもの及び金具の組合せによって容易に構成できるものについてその強度系列を含めている。

注記 6 ボールソケット形懸垂がいしを使用した 1 連耐張装置は，がいしが連結部で回転しやすく長連では作業上やアークホーン座標のズレなどに難点がありあまり好ましくない場合があるが，適用に注意すれば使用できることからこれを含めている。

5.3.3　装置の構成

a) 単導体用がいし装置及び構成する架線金具

単導体用がいし装置は，主に電気規格調査会規格（**JEC-207**-1979）(以下，**JEC-207**-1979 という）に示されていた装置について全国で使用されている装置構成を調べ，これをもとに使用実績が多く，汎用性，施工性及び安全性の面で優位な連結構成を検討した。

JEC-207-1979 では，懸垂装置において鉄塔取付部の架線金具の一つとして，つば付 U ボルトが規定されていたが，耐摩耗性に劣ることから，これを廃止した。このため鉄塔取付金具には，従来から規定されている SAT 形鉄塔取付金具と同様に，水平横荷重に対して十分な強度を有し，耐摩耗性においても優れている IBC 形鉄塔取付金具を新たに追加して定めた。

なお，IBC 形鉄塔取付金具は鉄塔取付ボルトが 2 本であり，既設のつば付 U ボルトと交換可能である。

2 連耐張装置においては，懸垂がいし及びヨークを直結する構成，並びに懸垂がいし及びヨークの間に連結金具を挿入した構成があるが，後者の構成の方が連結部に自在性があり，機械的に，また，がいし取替等の作業性においても好ましいことから後者の構成によるものとしている。

耐張装置に圧縮型耐張クランプが用いられるがいし装置などの緊線作業，弛度調整をより正確，安全かつ容易に行うことを目的に開発され多用されている調整金具（DDL）及び緊線用金具（Y 形金具）を用いることができるよう規格品目にはこれらを含めた。

V 吊懸垂装置は，現在使用されている装置構成を調べ，これをもとに汎用性，施工性及び安全性の面で優位な連結構成を検討し新たに追加した。

b) 2 導体用がいし装置及び構成する架線金具

2 導体用耐張装置は，全国で使用されている装置構成を調べ，これをもとに耐摩耗性，対ねじり，素導体間の不平衡，連結部の自在性（こじれの防止）などについて配慮しながら連結構成を定めている。

2 導体用懸垂装置の鉄塔取付金具には，耐摩耗性に優れ，固定部に加わる曲げモーメントを小さくするように工夫されている鉄塔取付金具（SAU 形又は SAS 形）を用いる。ただし，装置強度 165kN については，単導体用がいし装置で用いる SAT 金具を用いることができる。

2 連懸垂装置においては，がいし及びクランプの間のヨークは連長をできるだけ短くするため十字ヨークを用いる。

耐張装置における鉄塔取付方式と鉄塔取付部金具は装置強度ごとに**解説表 4** のように整理した。

解説表 4 ― 鉄塔取付方式と鉄塔取付部金具

<table>
<tr><th>装置強度
kN</th><th>鉄塔取付方式</th><th>鉄塔取付部金具</th></tr>
<tr><td>240</td><td rowspan="3">1 点支持</td><td rowspan="2">直角クレビスリンク</td></tr>
<tr><td>330</td></tr>
<tr><td rowspan="2">420</td><td>TA 形鉄塔取付金具</td></tr>
<tr><td>2 点支持</td><td>直角クレビスリンク</td></tr>
</table>

装置強度 240 kN の鉄塔取付金具は，耐ねじりを考慮して直角クレビスリンクを用い，装置強度 330 kN においては，耐ねじりに加えて鉄塔の引留プレートとのこじれを配慮する必要があることから，TA 型鉄塔取付金具を加えている。この TA 形鉄塔取付金具はカテナリ角度変動に対する応動機能を有し，こじれがなく，また，耐ねじりにも優れているが直角クレビスリンクに比べ経済性の面で劣るとともに，直角クレビスリンクであっても適用設計上においてカテナリ角の変動に対し十分配慮しておけば使用できるところから，両金具とも規定している。

装置強度 420 kN の鉄塔取付方式には，現在，1 点支持方式及び 2 点支持方式が使用されており，各々に特徴差異はあるものの，総合的に比較して優劣が付け難いため，両方とも装置構成の対象としている。2 点支持方式の鉄塔取付金具には，1 点の強度が 210 kN であることから直角クレビスリンクを用いる。また，この場合にがいし連長の調整を必要とするため，調整金具（バーニヤ金具）の調整範囲を超える場合には更に直角クレビスリンク及び調整金具の間に平行クレビスリンクを挿入すればよい。

耐張装置において，装置強度 420 kN では，がいし連の質量が大きくなることからがいし及びヨークの連結部のこじれを防ぐため，直角クレビスリンクを挿入した構成としている。線側ヨークには，素導体間の張力平衡を考慮したバランス型及び 2 点支持型の 2 型を対象としている。2 点支持型ヨークを用いた構成では，素導体間の弛度調整を容易にするため弛度調整金具（扇形 1 枚リンク）をクランプとの間に挿入する。

c) 長幹がいし装置及び構成する架線金具

長幹がいし装置は，がいし装置図では普通型ホーンを用いた装置を示しているが，バンド型ホーンを使用する場合の連結金具として，1 枚リンクを規格に含めている。

d) 架空地線用装置及び構成する架線金具

架空地線用懸垂装置の鉄塔取付部金具には耐摩耗性を考慮して IBC 形鉄塔取付金具，SAS 形鉄塔取付金具を用いるものとした。

5.3.4　アークホーン

アークホーンは，66 ～ 154 kV について，250 mm 懸垂がいし V 吊懸垂装置用を追加して定めた。また，110 ～ 154 kV において **JEC-207**-1979 に示されていた，びわ形アークホーンは，XY 座標が同じで性能が同等であるしゃくし形に集約した（ただし，2 点支持方式がいし装置用の鉄塔側は構造上しゃくし形を適用できないため，当該装置に限り従来適用していたびわ形を残した）。

5.3.5　クランプ

鋼心アルミより線 410 mm^2 以上の耐張クランプには，圧縮型引留クランプ（**JEC** 既制定）以外にボルト締付型（2 型式），楔型（2 型式）などがあるが，これらクランプは各使用者で使用実態が異なり，また，機能面，性能面でも各々特徴を有し，製造業者が各々限定されているなどの状況にあるため，この規格には含めていない。

鋼心アルミより線用懸垂クランプでは，最近架渉線にアーマロッドを巻いて使用されることが多くなり，アルミニウム内張懸垂クランプ（架空地線用含む）の使用実績が極めて少なくなってきているため，アルミニウム内張懸垂クランプは含めていない。

架空地線用ジャンパクランプにおいて，使用実績の多い2線用垂直配列のクランプ（GCW：従来から使用されていた2GCの記号を変更）も含めた。

5.3.6 種類

a) がいし装置及び架空地線用装置

がいし装置及び架空地線用装置はがいし種類，吊型，連数，強度系列などで分類し，その種類は次のとおりとする。

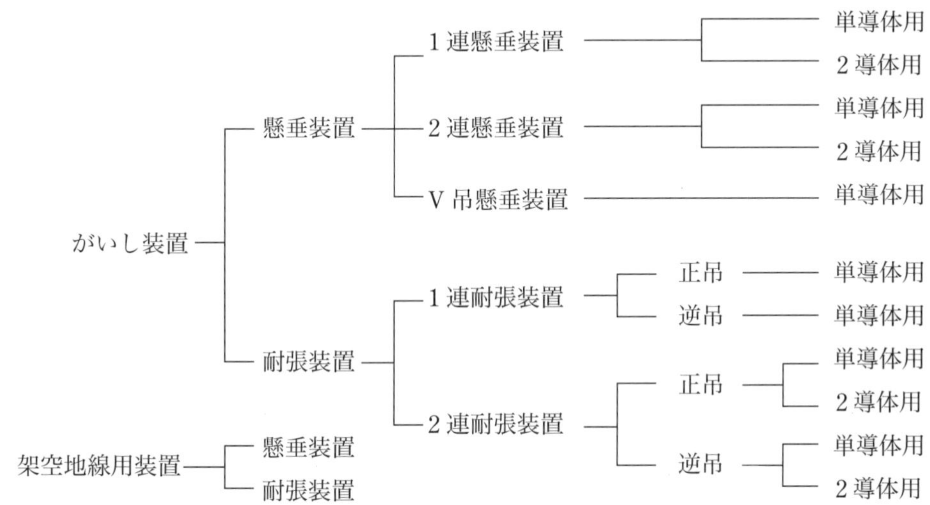

b) 架線金具

装置を構成する架線金具の機能を大別して，鉄塔取付金具，連結金具，アークホーン，クランプに区分している。架線金具の機能別の種類は，次のとおりである。

1) 鉄塔取付金具

鉄塔取付金具は，鉄塔の腕金などに2本以上の締付ボルトで取り付けられる架線金具を呼ぶものとし，Uクレビス（UC）及び直角クレビスリンク（CLR）は連結金具として分類している。

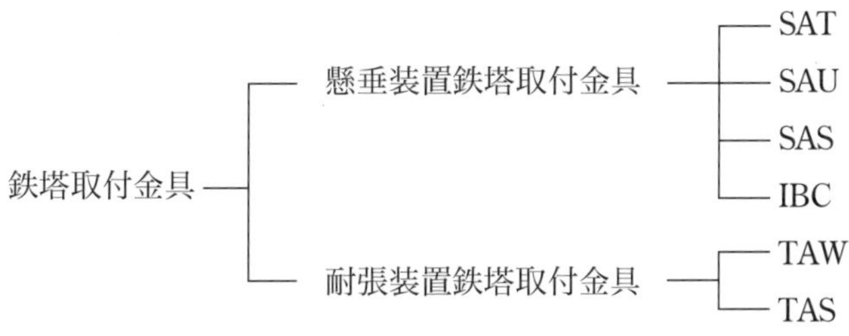

2） 連結金具

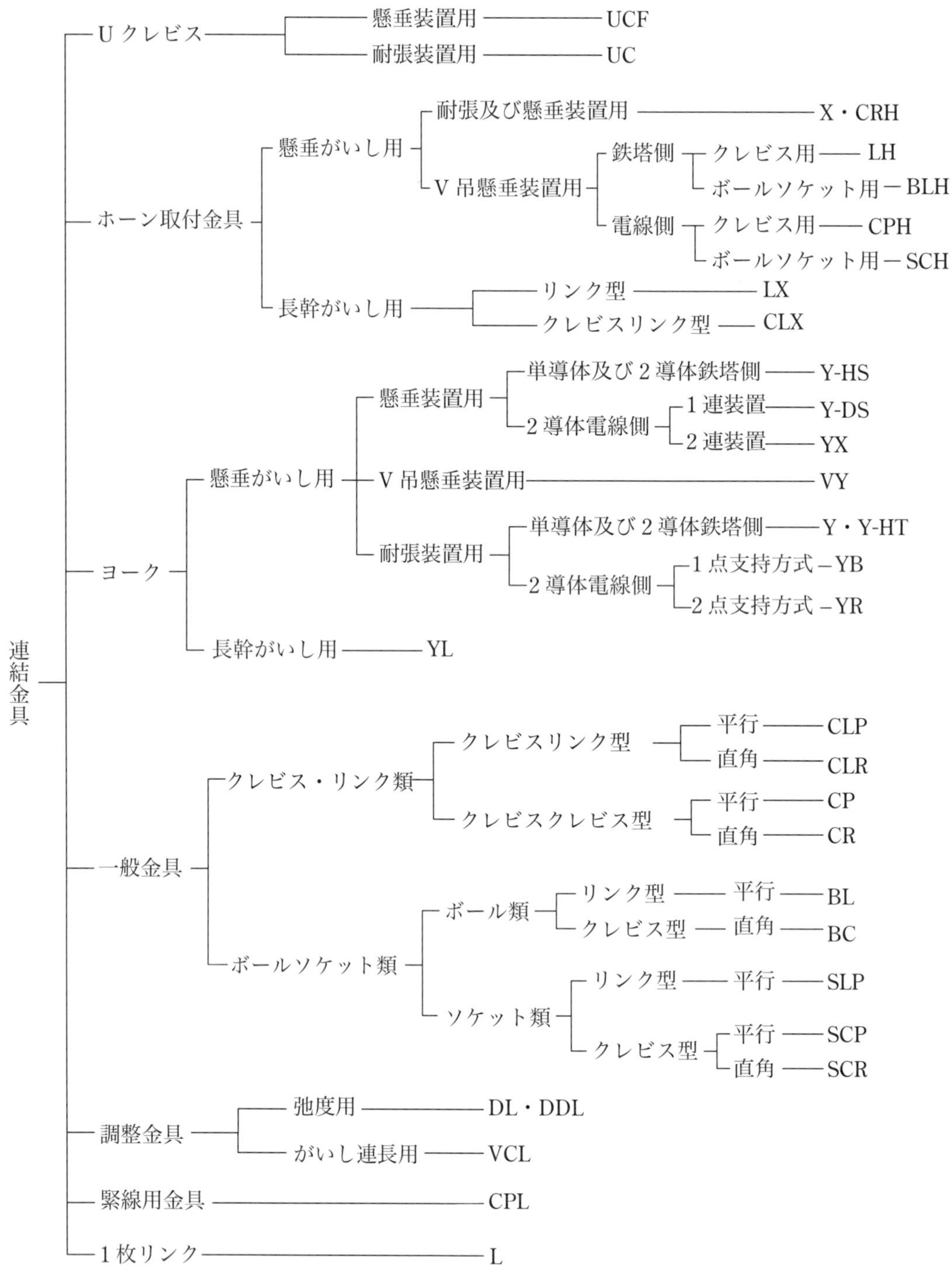
連結金具
Uクレビス
懸垂装置用
UCF
耐張装置用
UC
ホーン取付金具
懸垂がいし用
耐張及び懸垂装置用
X・CRH
V吊懸垂装置用
鉄塔側
クレビス用
LH
ボールソケット用
BLH
電線側
クレビス用
CPH
ボールソケット用
SCH
長幹がいし用
リンク型
LX
クレビスリンク型
CLX
ヨーク
懸垂がいし用
懸垂装置用
単導体及び2導体鉄塔側
Y-HS
2導体電線側
1連装置
Y-DS
2連装置
YX
V吊懸垂装置用
VY
耐張装置用
単導体及び2導体鉄塔側
Y・Y-HT
2導体電線側
1点支持方式
YB
2点支持方式
YR
長幹がいし用
YL
一般金具
クレビス・リンク類
クレビスリンク型
平行
CLP
直角
CLR
クレビスクレビス型
平行
CP
直角
CR
ボールソケット類
ボール類
リンク型
平行
BL
クレビス型
直角
BC
ソケット類
リンク型
平行
SLP
クレビス型
平行
SCP
直角
SCR
調整金具
弛度用
DL・DDL
がいし連長用
VCL
緊線用金具
CPL
1枚リンク
L

c） アークホーン

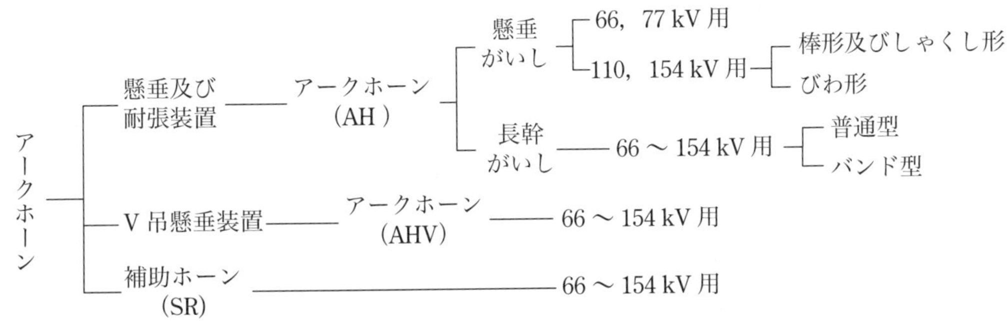

d） クランプ

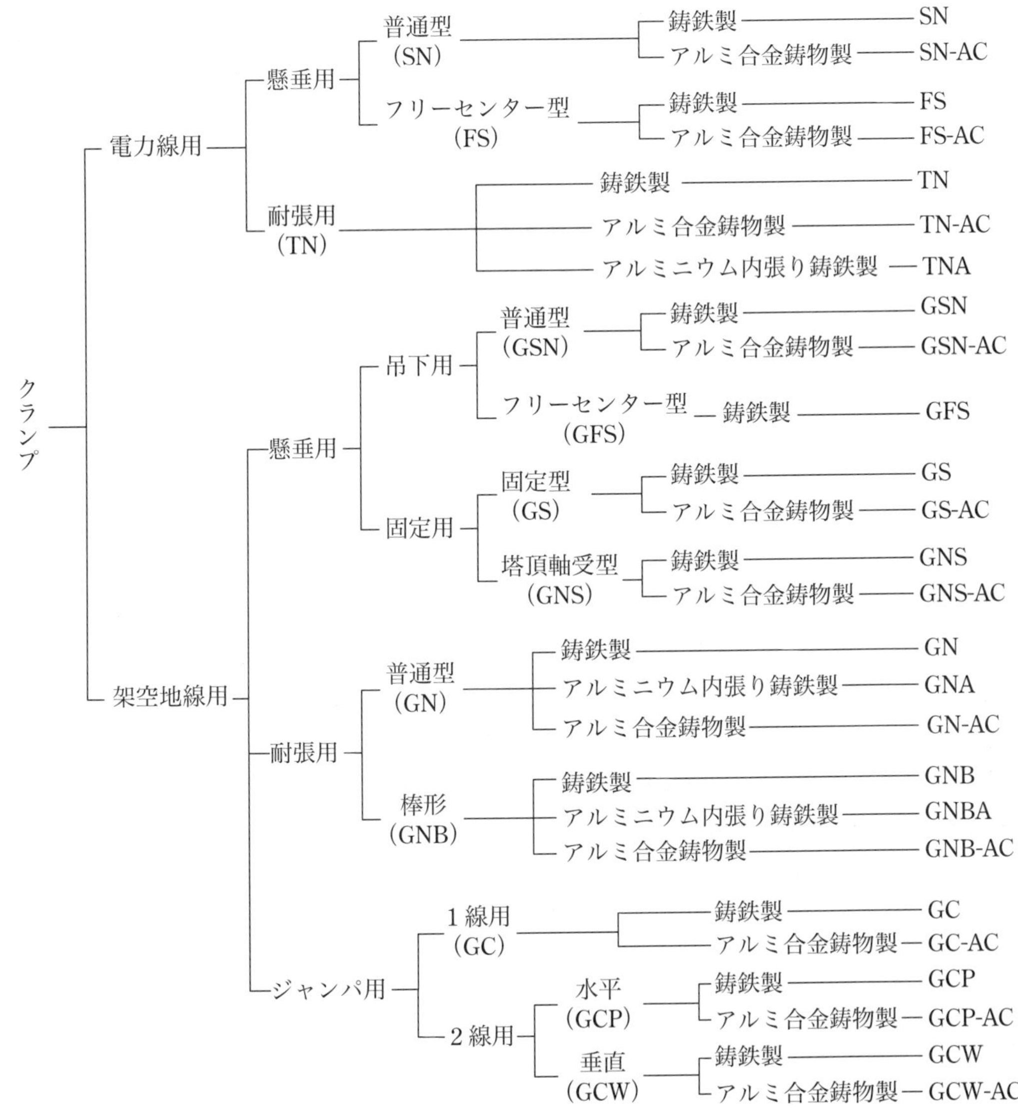

5.3.7 品番，記号

品番，記号は種別，形状，強度，主要寸法などが分かるように定めている。

なお，次の品番，記号の説明において□は種別，形状を表す英字，○は強度，寸法を表す数字である。

a） がいし装置

がいし装置を表す連品番は次によって示している。なお，枝番により仕様の識別が可能となるよう，新たに枝番の設定を見直し，次のような記号を定めた。

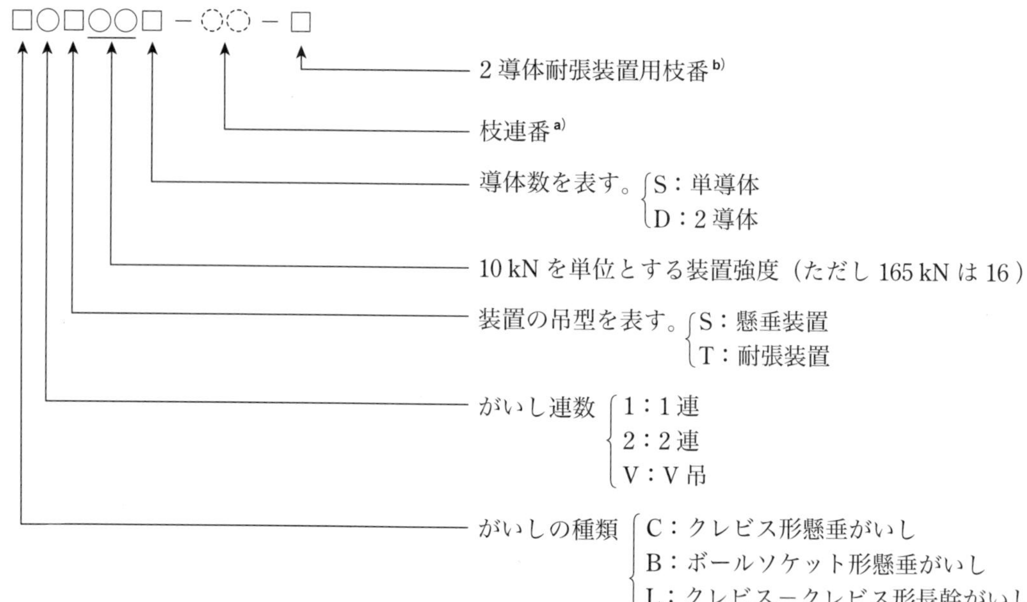

注 a) 枝番は，同じ連品番を区別できるよう，次の種類ごとに最低限の記号で示している。

鉄塔取付金具種類	T：SAT，　I：IBC
クランプ種類	F：FS，　N：SN，　B：ボルト又は楔，　C：圧縮
調整金具種類	Y：CPL，　W：DDL，　D：DL
適用電線サイズ種類	2：240 以上，　4：410 以上， 6：610 以上，　8：810 以上
素導体間隔種類	S：400，　M：500，　L：600

b) 2導体耐張装置用枝番（1～6）

1：2導体　鉄塔取付部金具 CLR　接地側1点支持　電線側1点支持
2：2導体　鉄塔取付部金具 CLR　接地側1点支持　電線側2点支持
3：2導体　鉄塔取付部金具 TAW，TAS　電線側1点支持
4：2導体　鉄塔取付部金具 TAW，TAS　電線側2点支持
5：2導体　鉄塔取付部金具 CLR　接地側2点支持　電線側2点支持正吊
6：2導体　鉄塔取付部金具 CLR　接地側2点支持　電線側2点支持逆吊

b) 架空地線用装置

架空地線用装置を表す連品番は次によって示している。

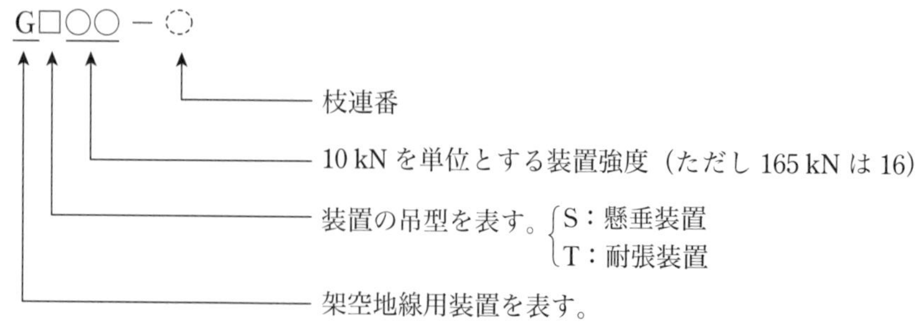

c）鉄塔取付金具

1）懸垂装置鉄塔取付金具

1.1）

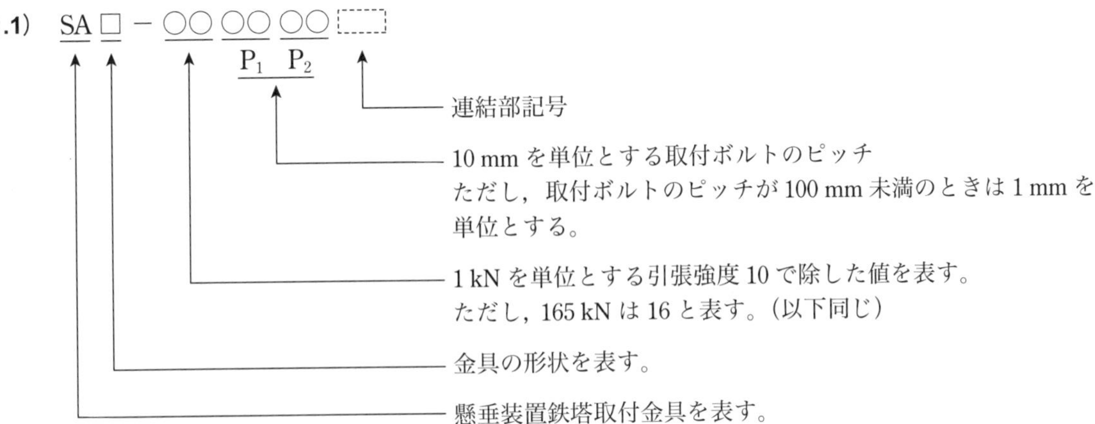

注記 1　金具の形状は**解説図 2** に示す。

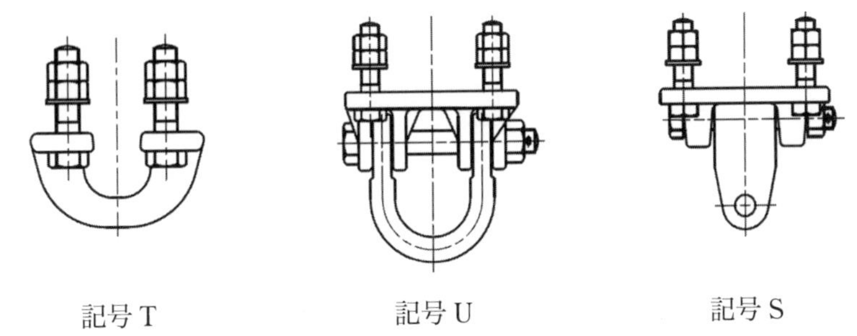

解説図 2 — 金具の形状

注記 2　取付ボルトのピッチは**解説図 3** に示す

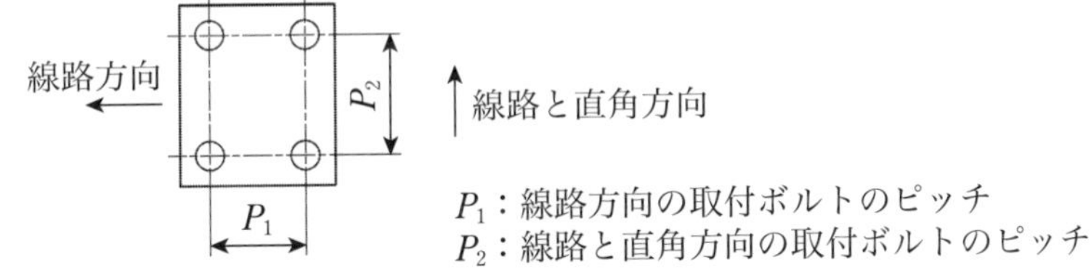

解説図 3 — 取付ボルトのピッチ

注記 3　連結部記号は**解説表 5** 及び**解説表 6** に示す。

解説表 5 ― クレビス部開き寸法（E）又はリンク部厚さ寸法（K）の組合せ連結部記号表

単位　mm

基本強度系列	80 kN ～ 290 kN					基本強度系列	300 kN ～ 590 kN					基本強度系列	600 kN ～ 1 260 kN				
E 寸法又は（K）寸法	基準 E 寸法又は（K）寸法					E 寸法又は（K）寸法	基準 E 寸法又は（K）寸法					E 寸法又は（K）寸法	基準 E 寸法又は（K）寸法				
	19（16）	22（19）	25（22）	28（22）	31（28）		22（19）	25（22）	28（25）	31（28）	36（32）		28（25）	31（28）	36（32）	40（36）	44（40）
組み合わす E 寸法又は K 寸法が無いとき	V	W	X	Y	Z	組み合わす E 寸法又は K 寸法が無いとき	W	X	Y	Z	G	組み合わす E 寸法又は K 寸法が無いとき	Y	Z	G	H	J
19（16）	G	M	R	S	－	22（19）	H	N	T	S	－	28（25）	K	Q	V	S	－
22（19）	V	H	N	T	I	25（22）	W	J	P	U	I	31（28）	Y	L	R	W	I
25（22）	Z	W	J	P	U	28（25）	A	X	K	Q	V	36（32）	J	Z	M	T	X
28（25）	D	A	X	K	Q	31（28）	D	B	Y	L	R	40（36）	D	A	G	N	U
31（28）	F	E	B	Y	L	36（32）	F	E	G	Z	M	44（40）	F	E	B	H	P

注記 1　クレビス部開き寸法とリンク部厚さ寸法とで組み合わせる場合，必ずクレビス部開き寸法（基準となる）より組合せ記号を得ること。
注記 2　クレビス部開き寸法同士，又はリンク部厚さ寸法同士で組み合わせる場合，必ず寸法の小さい方を基準として組合せ記号を得ること。

解説表 6 ― クレビス部穴寸法（M）又はリンク部穴寸法（N）の組合せ連結部記号表

単位　mm

基本強度系列	80 kN ～ 290 kN					基本強度系列	300 kN ～ 590 kN					基本強度系列	600 kN ～ 1 260 kN				
M 寸法又は N 寸法	基準 M 寸法又は N 寸法					M 寸法又は N 寸法	基準 M 寸法又は N 寸法					M 寸法又は N 寸法	基準 M 寸法又は N 寸法				
	18（M16）	22（M20）	24（M22）	27（M24）	30（M27）		30（M27）	33（M30）	36（M33）	39（M36）	42（M39）		36（M33）	39（M36）	42（M39）	45（M42）	48（M45）
組み合わす M 寸法又は N 寸法が無いとき	V	W	X	Y	Z	組み合わす M 寸法又は N 寸法が無いとき	W	X	Y	Z	G	組み合わす M 寸法又は N 寸法が無いとき	Y	Z	G	H	J
18（M16）	G	M	R	S	－	30（M27）	H	N	T	S	－	36（M33）	K	Q	V	S	－
22（M20）	V	H	N	T	I	33（M30）	W	J	P	U	I	39（M36）	Y	L	R	W	I
24（M22）	Z	W	J	P	U	36（M33）	A	X	K	Q	V	42（M39）	J	Z	M	T	X
27（M24）	D	A	X	K	Q	39（M36）	D	B	Y	L	R	45（M42）	D	A	G	N	U
30（M27）	F	E	B	Y	L	42（M39）	F	E	G	Z	M	48（M45）	F	E	B	H	P

注記 1　クレビス部穴寸法とリンク部穴寸法とで組み合わせる場合，必ずクレビス部穴寸法（基準となる）より組合せ記号を得ること。
注記 2　クレビス部穴寸法同士，又はリンク部穴寸法同士で組み合わせる場合，必ずクレビス部開き寸法又はリンク部厚さ寸法の小さい方の穴寸法を基準として組合せ記号を得ること。

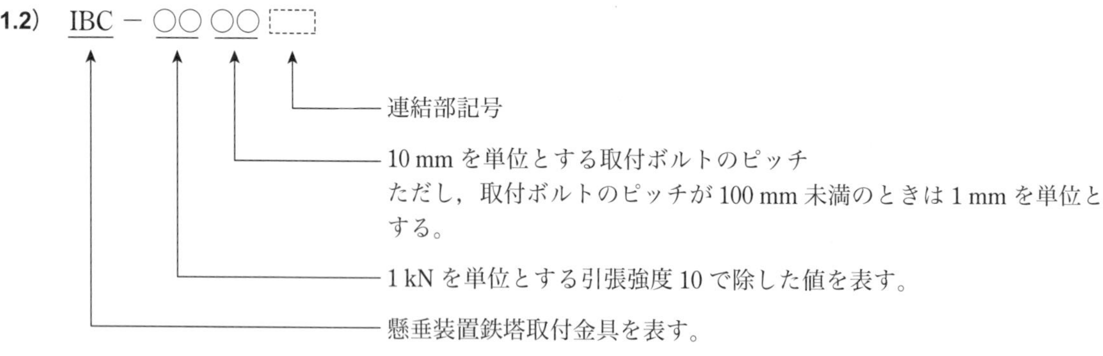

注記　連結部記号は**解説表 5** 及び**解説表 6** に示す。

2） 耐張装置取付金具

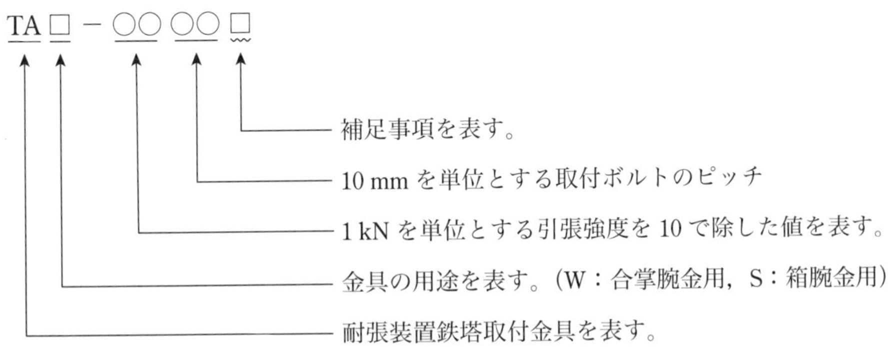

注記 取付ボルトのピッチは**解説図 4** に示す。

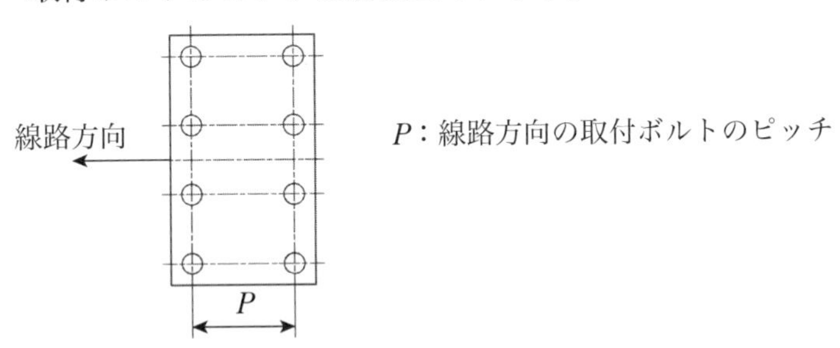

解説図 4 — 取付ボルトのピッチ

d） 連結金具

1） 一般金具，クレビス，リンク類

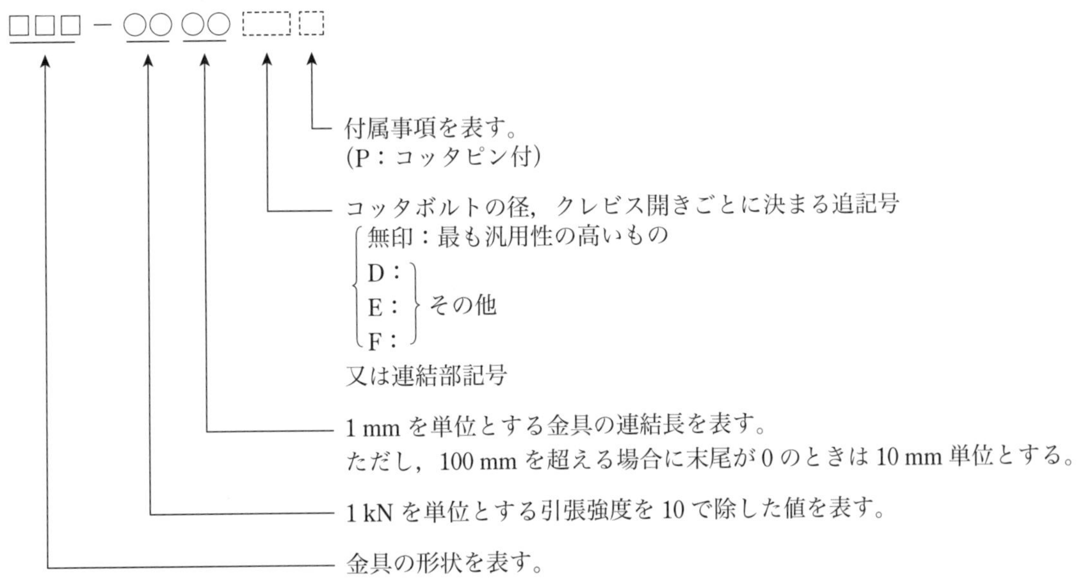

注記 連結部記号は**解説表 5** 及び**解説表 6** に示す。

2）ヨーク

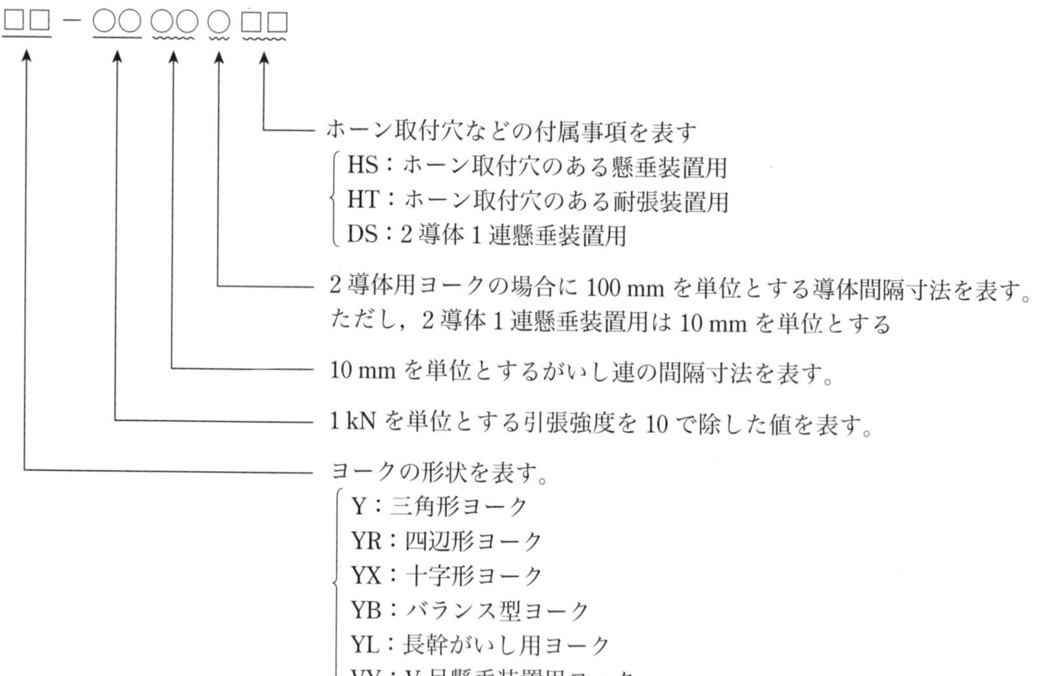

3）U クレビス

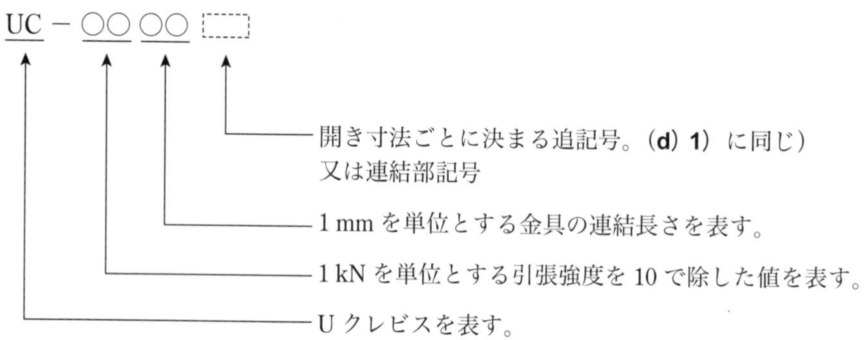

注記　連結部記号は**解説表 5** および**解説表 6** に示す。

e) アークホーン

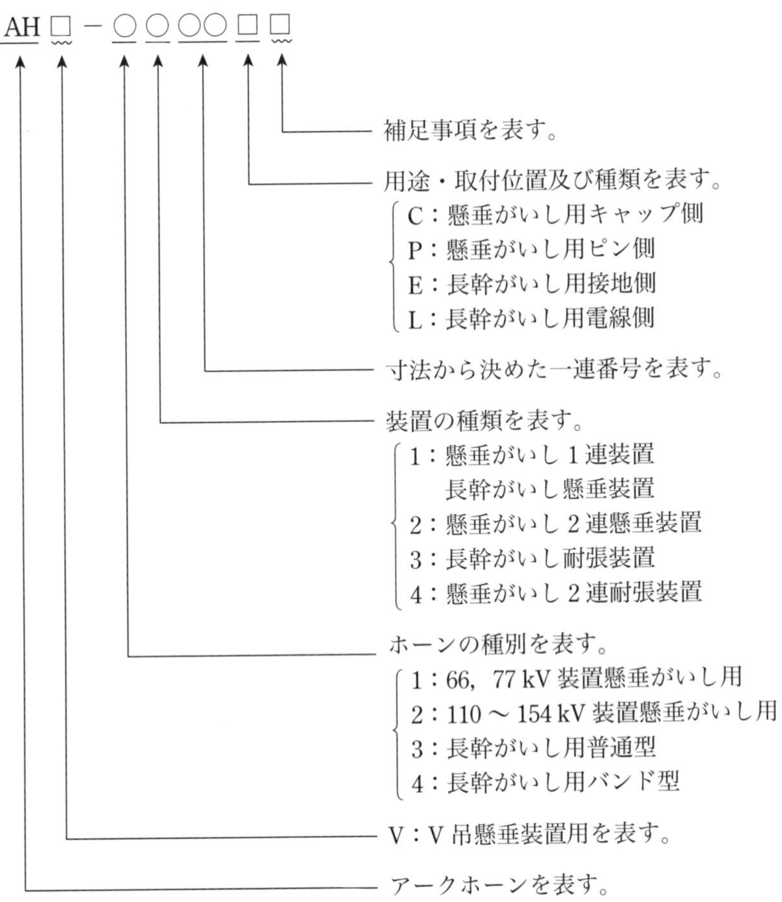
AH□－○○○○□□
補足事項を表す。
用途・取付位置及び種類を表す。
C：懸垂がいし用キャップ側
P：懸垂がいし用ピン側
E：長幹がいし用接地側
L：長幹がいし用電線側
寸法から決めた一連番号を表す。
装置の種類を表す。
1：懸垂がいし１連装置
長幹がいし懸垂装置
2：懸垂がいし２連懸垂装置
3：長幹がいし耐張装置
4：懸垂がいし２連耐張装置
ホーンの種別を表す。
1：66，77 kV 装置懸垂がいし用
2：110 ～ 154 kV 装置懸垂がいし用
3：長幹がいし用普通型
4：長幹がいし用バンド型
V：V 吊懸垂装置用を表す。
アークホーンを表す。

f） 補助ホーン

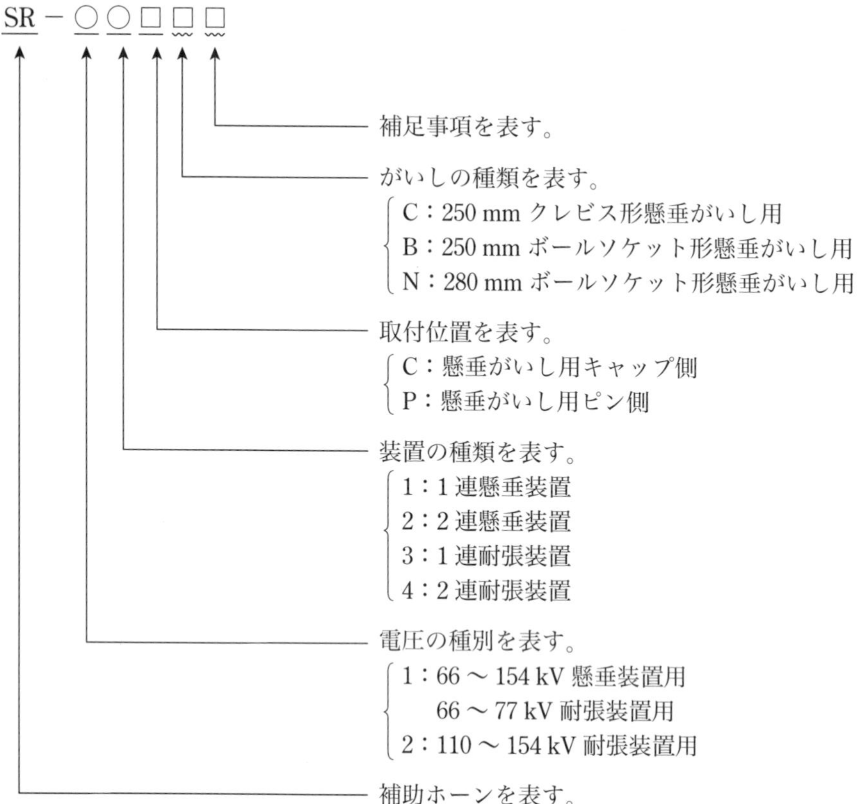

g） クランプ

1） 電力線用クランプ

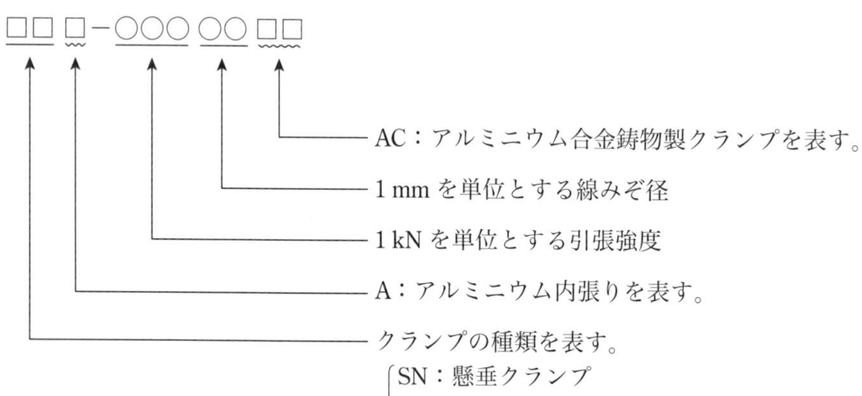

2） 架空地線用クラン

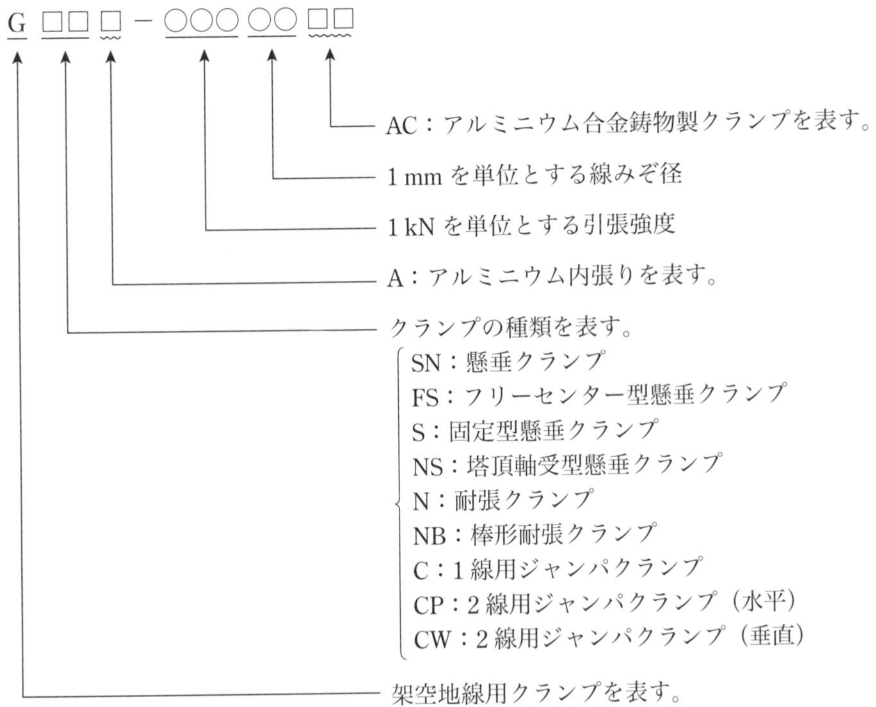

5.4　材料及び製作

5.4.1　材料

架線金具に使用する材料は，本文**箇条 6** に示すとおり，**表 12** の材料又はこれと同等以上の材料としたが，これは各製造業者の製造方法などの相違から，同一品番の金具が同じ材料で製作されるとは限らないこと，将来現用材料より優れた材料が開発された場合それらを用いることを可能とする道を開いておくのが望ましいことなどを配慮し，使用材料の指定に幅をもたせたものである。

5.4.2　製作

架線金具は本体と連結用コッタボルト，ナット及び割りピンによって構成し，また鉄塔取付金具はこれらに加えて締付ボルト，ナットを含み，クランプにおいては更に各種の部品で組み立てる。これらの組立構成は**附属書 B** に形状寸法，材料とともに部品名を一覧で示してある。

コッタボルトはコッタピンに比べ確実に連結できることから，クレビスがいしとの連結部を除いて全てコッタボルトを使用するものとしている。また，平座金の回転によりコッタボルトが摩耗するおそれがあることから，これを除くものとしている。

5.5　構造

構造の内容として，形状，寸法及び寸法許容差を規定しているが，それらは製品に互換性を与え，かつ所要の性能を満足させるに必要な部分についてのみ定め，その他の部分については表示しないものとした。

5.5.1　架線金具の連結部分の基本的な形状及び寸法

架線金具の設計は，がいし装置，架空地線用装置に要求される引張強度に関連して決定される寸法，連結構成上要求される形状及び寸法の検討が必要である。

架線金具の設計上最も基本的な形状は，鉄塔取付部金具，がいし及びクランプとの連結上要求されるもので，主にその形状はリンク型，クレビス型及びアイ型であり，クレビス型は必ずリンク型との組合せとなり，コッタ類で連結する。また，アイ型はその接触部分の形状が円形断面であることから，これに連結されるものも一般的には円形断面のものが連結される。すなわち，U クレビス同士の連結はその組合せの一例である。

また，寸法は鉄塔腕金，がいし及びクランプの連結部に合わせるように決められるとともに，金具に要求される引張強度を満足するよう材料の材質を考慮して定める。しかし，引張荷重以外の特殊な荷重，例えば曲げ荷重，ねじり荷重などが引張荷重に重畳して負荷されるような場合は，これらも考慮して寸法を決定する。

a) コッタ類の寸法

クレビス及びリンクの組合せによる連結部にはコッタ類が使用されるが，その寸法は基本的には次式で求める。標準的には架線金具の強度に見合った **JIS B 1180**（六角ボルト）の寸法を採用しており，架線金具の強度系列別に整理すると**解説表 7** のとおりとなる。

$$A_C = \frac{1}{2} \times \frac{P}{\tau} = \frac{\sqrt{3}}{2} \times \frac{P}{\sigma_B}$$

又は

$$G = 1.05\sqrt{\frac{P}{\sigma_B}}$$

ここに，　A_C：コッタ類の断面積（mm^2）

P：コッタ類のせん断所要強度（＝金具の所要引張強度）（N）

τ：材料のせん断強さ（MPa）

σ_B：材料の引張強さ（MPa）

G：コッタ類の呼び径（mm）

解説表 7 ― コッタ類の寸法

強度系列 kN	材料の引張強さ別によるコッタ類の呼び径 G mm			形状
	400 MPa	490 MPa	690 MPa	
80	16	16	–	コッタピン コッタボルト
120	20	20	16	
165	22	20	20	
210	24	22	20	
240	27	24	20	
330	30	27	24	
420	36	33	27	

b) リンク部，クレビス部及びヨークの寸法

リンク部，クレビス部及びヨークの寸法は，前述により求められたコッタ類の寸法を基準にして次式により求められる。各寸法を**解説図 5** に示す。

リンク部の強度

$$P = K \times \left(L - \frac{N}{2}\right) \times \sigma_B$$

クレビス部の強度

$$P = 2F \times \left(C - \frac{N}{2}\right) \times \sigma_B$$

ヨークの強度

$$P_1 = K \times \left(C - \frac{N}{2} \right) \times \sigma_B$$

$$P_2 = K \times \left(L - \frac{N}{2} \right) \times \sigma_B$$

ここに，P，P_1，P_2：所要引張強度（N）

σ_B：材料の引張強さ（MPa）

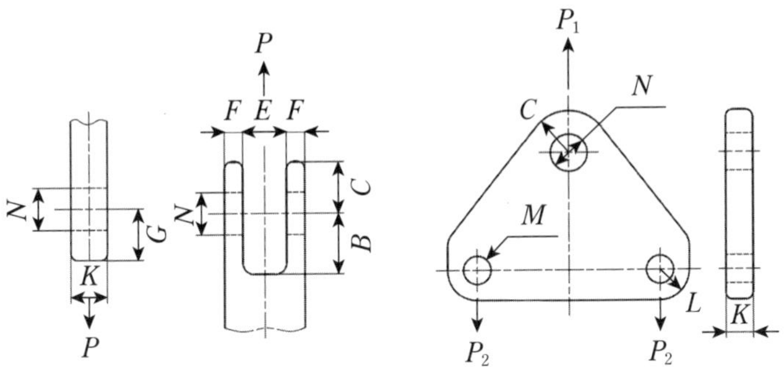

解説図 5 — リンク部，クレビス部及びヨークの寸法

なお，リンク部，クレビス部，ヨークなどを連結するためには，嵌合上，次に示すような寸法が必要である。

コッタ類の径（G）と穴径（N）との関係

$N - G = 2 \sim 3$（mm）

リンク部及びヨークの厚み（K）とクレビス部の開き（E）との関係

$E - K = 3 \sim 4$（mm）

以上によって架線金具の強度系列別の基本寸法を決め，更に架線金具の互換性を配慮し，**解説表 8** に示すような標準寸法を定めている。

解説表 8 — 標準寸法

単位　mm

強度系列 kN			80	120	165	210	240	330	420
コッタ類径 mm			16	20	22	24	27	30	36
ボルト穴径 mm			ϕ18	ϕ22	ϕ24	ϕ27	ϕ30	ϕ33	ϕ39
形状及び寸法記号	リンク部	K	16	19	22	22	25	25	28
		L	22	28	32	38	40	50	58
	クレビス部	C	22	24	26	30	32	36	44
		F	9	12	16	16	19	22	22
		E	19	22	25	25	28	28	31
	ヨーク	C	22	30	38	42	46	54	66
		K	16	16	16	19	19	22	22
		L	22	22	22	24	28	32	38
		M	ϕ18	ϕ18	ϕ18	ϕ22	ϕ22	ϕ24	ϕ27

c) その他の寸法

その他重要な寸法として，金具の連結方向の寸法がある。この連結長寸法は製作上必要な長さを考慮しながらでき得る限り短くなるように設計するものとし，この規格においては，これまでの実績から各種架線金具の標準的な寸法としている。

なお，懸垂装置の短尺化など連結長の調整は，ヨーク類にて行うなど製作の経済性を考慮した上で設計することが望ましい。

5.5.2　寸法許容差

JEC-207-1979 では，がいし装置を構成する上で重要となる，鉄塔取付部の取付ピッチ並びにがいし及び各架線金具の連結部に関する寸法許容差は，できるだけ小さいことが望ましいことから，製造上許容し得る最小の値として規定している。

また，それ以外の寸法許容差については，普通許容差を適用することとした。普通許容差の適用に関し，**JEC-207**-1979 では，寸法許容差の記入のないものは，**JIS B 0404**（寸法の普通許容差の通則）の規定に従っていた。しかし，同規格が廃止されたため，これに代わる寸法許容差について種々検討した結果，この規格では，**JIS B 0403**（鋳造品 － 寸法公差方式及び削り代方式）のうちから性能，製造性などを考慮し，また従来の寸法許容差を大幅に変更しない寸法公差等級を選定した。

この **JIS B 0403** は鋳造品の寸法公差方式であるが，鋳造，鍛造，鋼板加工など種々の方法で製造される架線金具に適用可能か否かについて検討した結果，この寸法公差等級で十分製造可能であり，また架線金具の性能についても問題がないため，架線金具全般の寸法許容差として一本化した。なお，この寸法公差を寸法許容差で指示する場合は，**解説表 9** による。

解説表 9 ― 架線金具の寸法許容差

a) 架線金具の寸法許容差

単位　mm

公差等級（対象寸法）	10 以下	10 を超え 16 以下	16 を超え 25 以下	25 を超え 40 以下	40 を超え 63 以下	63 を超え 100 以下
CT10（穴）	±1.0	±1.1	±1.2	±1.3	±1.4	±1.6
CT11（厚さ）	±1.4	±1.5	±1.6	±1.8	±2.0	±2.2
CT13（長さ，幅，深さ）	−	−	±3.0	±3.5	±4.0	±4.5

b) 架線金具の寸法許容差

単位　mm

公差等級（対象寸法）	100 を超え 160 以下	160 を超え 250 以下	250 を超え 400 以下	400 を超え 630 以下	630 を超え 1 000 以下
CT10（穴）	±1.8	±2.0	±2.2	±2.5	±3.0
CT11（厚さ）	±2.5	±2.8	±3.1	±3.5	±4.0
CT13（長さ，幅，深さ）	±5.0	±5.5	±6.0	±7.0	±8.0

5.5.3　鉄塔取付金具

鉄塔取付金具の鉄塔取付部寸法（取付ピッチ）は適用される腕金部材を調べ，これをもとに**解説表 10**，**解説表 11** の寸法に統一している。

解説表 10 — 懸垂装置鉄塔取付金具の取付ピッチ及び適用部材

引張強度 kN	取付ピッチ mm		ボルトサイズ mm	適用プレートの厚さ mm	適用アングル mm	適用金具記号
	P_1	P_2				
120	85	90	M20	9 ～ 30	L70 ～ L90	SAT
	75 ～ 80	–	M20	9 ～ 30	L70 ～ L90	IBC
165	85	90	M22	9 ～ 35	L75 ～ L90	SAT
	100	100			L80 ～ L150	SAT
	130	130			L100 ～ L200	SAU
210	160	160	M24	12 ～ 41	L120 ～ L250	SAU，SAS
	160	200	M30		L130 ～ L250	SAU
	180	180			L150 ～ L250	SAU
330	160	200	M30	12 ～ 41	L130 ～ L250	SAU
	180	180			L150 ～ L250	SAU，SAS
420	160	200	M30	12 ～ 41	L130 ～ L250	SAU
	180	180			L150 ～ L250	SAU，SAS

注記 1　取付ピッチを**解説図 6** に示す。

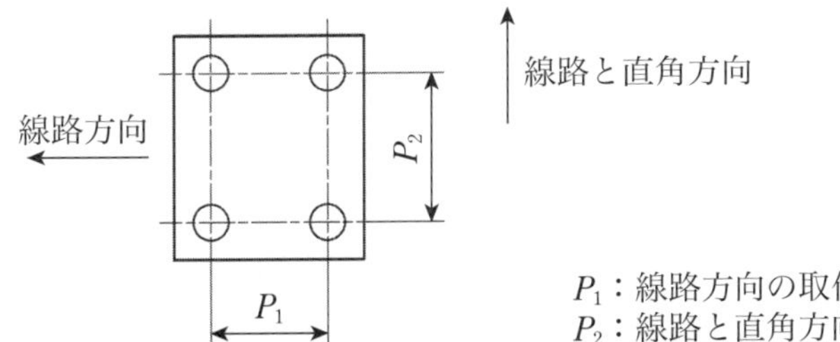

解説図 6 — 取付ピッチ

注記 2　表の適用プレートの厚さは，鉄塔取付金具本体のプレート部の厚さに適用アングルの厚さを加えたものである。

解説表 11 — 耐張装置鉄塔取付金具の取付ピッチ及び適用部材

引張強度 kN	取付ピッチ mm			ボルトサイズ mm	適用プレートの厚さ mm	適用アングル mm	適用金具記号
	P_1	P_2	P_3				
330	140	60	120	M22	9 ～ 41	L90 ～ L150	TAW，TAS
420	140	70	120	M24	19 ～ 43	L100 ～ L150	TAW，TAS

注記 1　取付ピッチを**解説図 7** に示す。

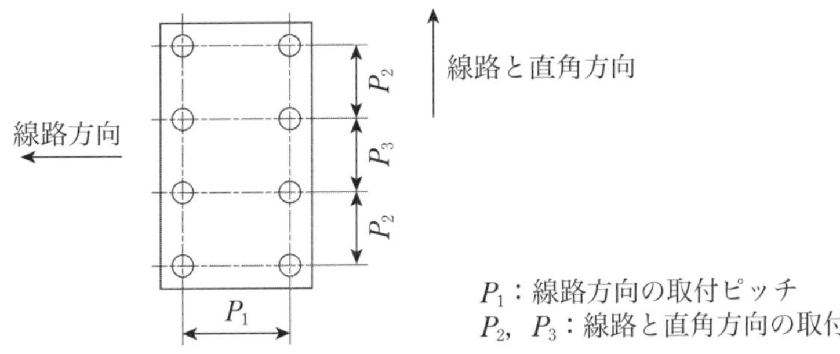

解説図 7 — 取付ピッチ

注記 2　表の適用プレートの厚さは，鉄塔取付金具本体のプレート部の厚さに適用アングルの厚さを加えたものである。

5.5.4　ヨーク

a)　がいし連の間隔

がいし連の間隔は，現地におけるがいし装置の組立て作業，がいし交換，がいし洗浄など作業に支障がないなどを満足する寸法として使用実績をもとに**解説表 12** のように定めている。

解説表 12 — がいし連の間隔

単位　mm

がいし種類	250 mm 懸垂がいし （耐塩用含む）	280 mm 懸垂がいし 320 mm 耐塩用懸垂がいし	長幹がいし
がいし連間隔	400	450	400

b)　素導体の間隔

電線の素導体間隔は，使用実績から**解説表 13** の寸法を用いている。

解説表 13 — 電線の素導体間隔

単位　mm

導体種類 mm^2	ACSR 240	ACSR 330	ACSR 410	ACSR 610	ACSR 810	ACSR 1160
素導体間隔	400	400	400	400 又は 500	500	500 又は 600

c)　ヨークの穴

2 導体ヨークには，ジャンパ補強装置を取り付ける穴及びアークホーン用の穴を設けている。また，単導体用ヨークには，アークホーン用の穴以外に作業用の穴をあけている。

アークホーンの取付ピッチは，70 mm 及び 100 mm，またジャンパ補強装置の取付ピッチは 90 mm に統一している。

なお，2 導体用のヨークではジャンパ補強用の穴が作業用としても使用できることから，作業用の穴は設けていない。

5.5.5　直角クレビスリンク

鉄塔取付部のように，こじれが働く箇所，並びにジャンパの横振れ，がいし連の冠雪などによりねじり荷重の加わる箇所に使用するため，**解説図 8** のようにクレビス部の断面係数を大きくした補強型の直角クレビスリンクを規定している。

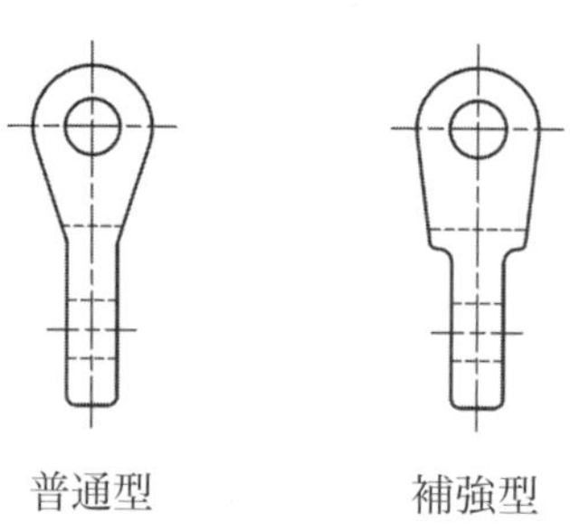

解説図 8 — 直角クレビスの種類

5.5.6　バーニヤ金具（VCL）

多支持点方式の耐張装置において，がいし連長を調整する目的に使用されるバーニヤ金具は，使用実績に基づき調整範囲を 6 ～ 126 mm（6 mm 間隔）としている。

各素導体の弛度を合わせるために用いられるバーニヤ金具は，電線取込等に使用可能な作業用穴が設けられており，使用実績に基づき調整範囲を 20 ～ 360 mm（20 mm 間隔）としている。

5.5.7　扇形 1 枚リンク（DL）

扇形 1 枚リンク（DL）は，各素導体の弛度を合わせるために用いられる。電線実長を 10 mm 変化させることによって，ほぼ電線外径の 2 ～ 3 倍弛度が変化し，これで実用上問題ないところから調整間隔を 10 mm に選び，また 5 個の穴を設けることにより，±20 mm の調整を可能としている。

5.5.8　調整金具（DDL）

調整金具（DDL）は，各素導体の弛度を合わせるために用いられる。2 個の金具により構成され，各金具の穴の組合せにより電線実長を変化させられるため，扇形 1 枚リンク（DL）より調整幅が広く，プレハブ架線などにおいて有用である。

5.5.9　Y 形金具（CPL）

Y 形金具は，Y 字の形をした金具で，がいし連結用と電線取込等に使用可能な作業用の穴が設けられている。

5.5.10　アークホーン

JEC-207-1979 に示されていた 66 ～ 154 kV 用アークホーンの形状及び寸法は，電気的及び機械的特性について検討を加えたところ，実用上問題ないことが分かったのでこれを整理した。

なお，新たに 250 mm 懸垂がいし V 吊懸垂装置用アークホーンをこの規格に加えた。

a)　アークホーンの形状

アークホーンの形状は，がいし防護特性及びコロナ特性によって決定され，77 kV 以下の線路では特にコロナ防止に留意する必要はないため，アークホーン先端はアークをがいし連の外方向に噴出させる形状としている。110 ～ 154 kV の線路ではアークホーン自体からのコロナが発生しないように配慮する必要があるため，懸垂がいし装置の電線側のアークホーンは しゃくし形とし，長幹がいし装置では電線側のアークホーンのみ先端を丸めた形状としている。

b)　アークホーンの適用

アークホーンの適用について次に述べる。

1)　座標

規格図の参考に示すアークホーンの X，Y 座標は**解説図 9** のキャップ側の X_c，Y_c，ピン側の X_p，Y_p をそれぞれ示したものである。

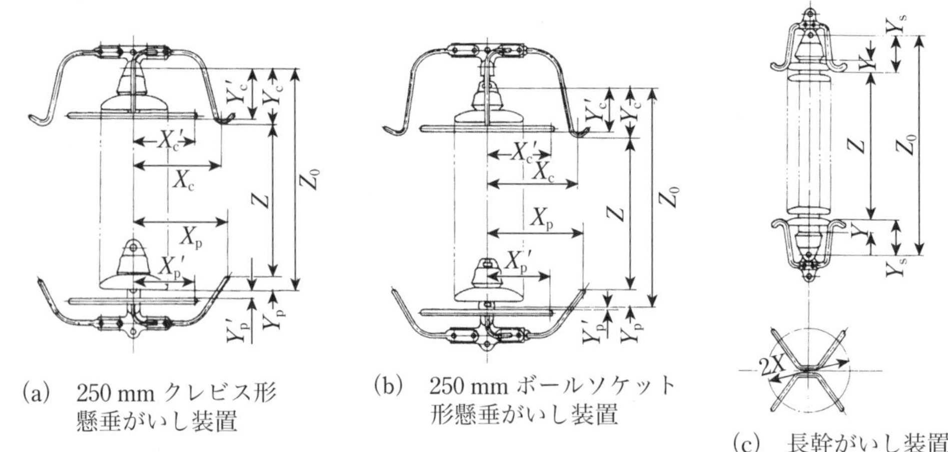

(a) 250 mm クレビス形懸垂がいし装置

(b) 250 mm ボールソケット形懸垂がいし装置

(c) 長幹がいし装置

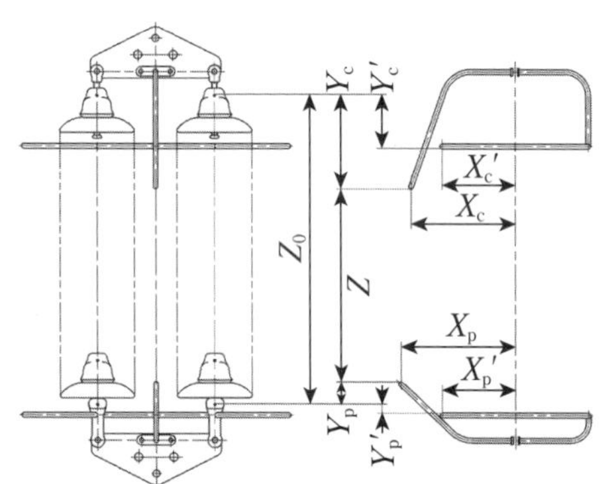

(d) 250 mm ボールソケット形懸垂がいし装置

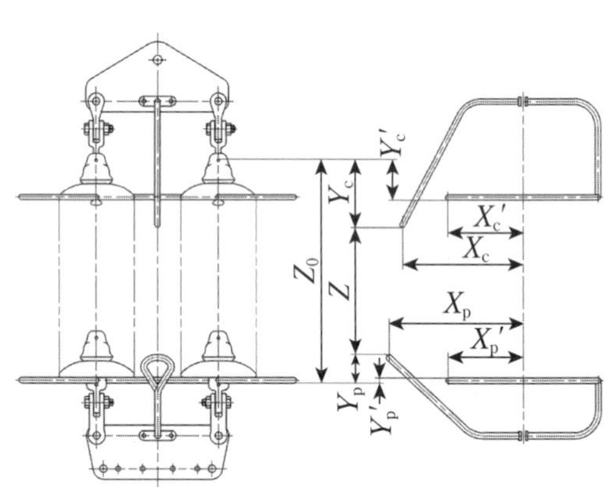

(e) 280 mm ボールソケット形懸垂がいし装置

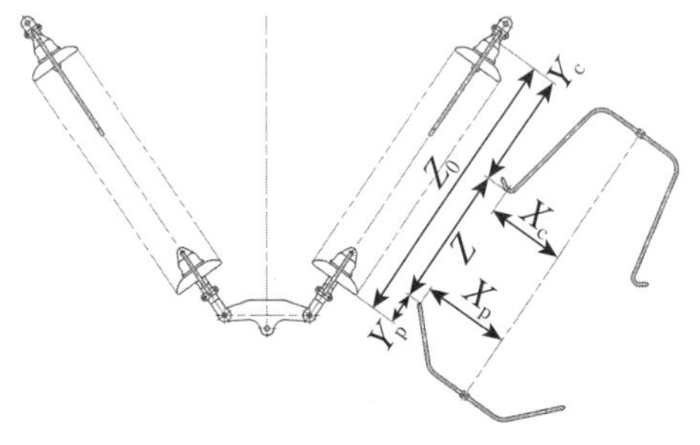

(f) クレビス形懸垂がいし装置

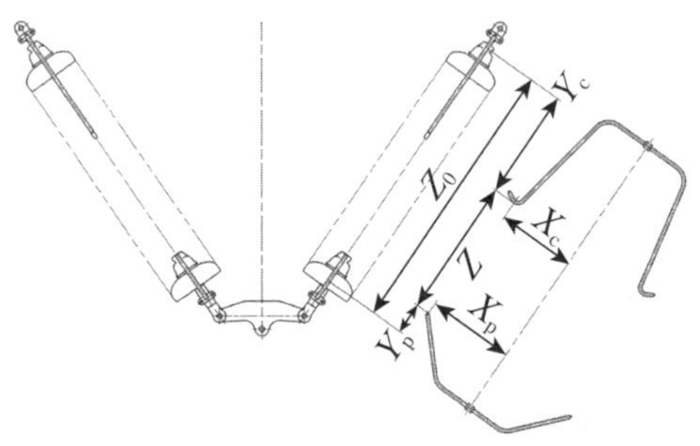

(g) ボールソケット形懸垂がいし装置

解説図 9 — アークホーンの座標

2) アークホーンの組合せ

アークホーンの適用を便利にするために組合せ品番を設定している。各装置の組合せ品番及び組合せ番号を**解説表 14** に示す。

なお，**解説表 14** に示されるホーン品番は，アークホーン品番のうち寸法から決めた一連番号の 2 桁の数字並びに用途・取付位置及び種類を示す英字を示している（**5.3.7** のとおり）。

例 23C は，AH-2123C，AHV-2123C，AH-2123CS，AH-2223C，AH-2423C，AH-2423CS を示し，23P は，AH-2123P，AH-2123PS，AHV-2123PS，AH-2123PSD，AH-2223PS，AH-2423P，AH-2423PS を示す。

解説表 14 — アークホーンの組合せ

a） 250 mm 懸垂がいし用組合せ品番

電圧	装置	ホーン形状		組合せ品番
		接地側	電線側	
66 kV ～ 77 kV	1 連懸垂	棒	棒	1S□
	2 連懸垂	棒	棒	2S□
	1 連耐張	棒	棒	1T□
	2 連耐張	棒	棒	2T□
110 kV ～ 154 kV	1 連懸垂	棒	しゃくし	1S□S
	2 連懸垂	棒	しゃくし	2S□S
	1 連耐張正吊	棒	しゃくし	1T□S
	1 連耐張逆吊	棒	しゃくし	1T□SC
	2 連耐張正吊	棒	しゃくし	2T□S
	2 連耐張逆吊	棒	しゃくし	2T□SC
注記 □内は次表の組合せ番号を用いる。				

b） 250 mm 懸垂がいし用ホーン組合せ品番

組合せ番号	ホーン品番		組合せ番号	ホーン品番	
	キャップ側	ピン側		キャップ側	ピン側
1	01C	01P	27	27C	23P
1-B	01CB	01P	28	28C	23P
2	02C	02P	29	29C	23P
3	03C	02P	30	30C	23P
4	03C	03P	31	31C	23P
5	05C	03P	32	32C	24P
6	05C	04P	33	33C	24P
7	07C	04P	36	36C	24P
8	08C	04P	37	37C	24P
9	09C	04P	42	36C	26P
20	22C	21P	43	37C	26P
21	23C	21P	–	–	–
22	23C	22P	–	–	–
23	23C	23P	–	–	–
24	24C	23P	–	–	–
25	25C	23P	–	–	–
26	26C	23P	–	–	–

c） 長幹がいし用組合せ品番

電圧	装置	ホーン取付型	組合せ品番
66 kV ～ 154 kV	懸垂	普通型	S□L
	〃	バンド型	S□B
	耐張	普通型	T□L
	〃	バンド型	T□B
注記 □内は次表の組合せ番号を用いる。			

d) 長幹がいし用ホーン組合せ品番

電圧	組合せ番号	ホーン品番			電圧	組合せ番号	ホーン品番		
		接地側	中間	電線側			接地側	中間	電線側
66 kV ～ 77 kV	52	52E	−	52E	110 kV ～ 154 kV	61	51E	51E	61L
	54	54E	−	54E		62	52E	52E	62L
	55	55E	−	55E		63	53E	53E	63L
	57	57E	−	57E		64	54E	54E	64L
	58	58E	−	58E		66	56E	56E	66L
	59	59E	−	59E		67	57E	57E	67L
注記 中間ホーンは，がいし 2 個連結の場合に用いる。									

e) 280 mm 懸垂がいし用組合せ品番

電圧	装置	ホーン形状		組合せ品番
		接地側	電線側	
154 kV	1 連懸垂	棒	しゃくし	1S □ N
	2 連懸垂	棒	しゃくし	2S □ N
	2 連耐張正吊（2 点支持）	びわ	しゃくし	2T □ N
	2 連耐張正吊（1 点支持）	棒	しゃくし	2T □ NS
	2 連耐張逆吊（2 点支持）	びわ	しゃくし	2T □ NC
	2 連耐張逆吊（1 点支持）	棒	しゃくし	2T □ NSC
注記 □ 内は次表の組合せ番号を用いる。				

f) 280 mm 懸垂がいし用ホーン組合せ品番

組合せ番号	ホーン品番	
	キャップ側	ピン側
71	01CN	01PN
72	02CN	01PN
73	03CN	02PN
74	04CN	02PN
75	04CN	03PN

使用電圧，がいし個数，絶縁間隔に対する組合せの適用ダイアグラムを**解説図 10（1）～（6）**に示す。なお，A 型はクレビス形懸垂がいしを適用した 1 連懸垂装置，2 連懸垂装置，V 吊懸垂装置，1 連耐張装置を示し，B 型はそれ以外のがいし装置を示す。

なお，**解説図 10（1）～（6）**は次のように使用する。

① 該当するがいし個数及び Z 間隔の交点の●が通る直線の最下点にある丸数字が組合せ番号になる。

② ①で読み取った組合せ番号と一致するものを**解説表 14 b)，d)，f)** から読み取り，対応する品番を適用する。

③ B 型の表において，ボールソケット形懸垂がいしはクレビス形懸垂がいしよりも 1 個当たり 2 mm 短いため Z 間隔が短くなるが，がいし個数及び Z 間隔の交点に最も近い●を選定して①，②と同様に読み取った組合せ番号に対応する品番を適用すればよい。

④ 長幹がいしは，該当するがいし品番及び連結個数に応じて①，②と同様に読み取る。

(1) 66 kV，77 kV，250 mm 懸垂がいし（A 型）装置用ホーンの組合せ番号とその適用ダイアグラム

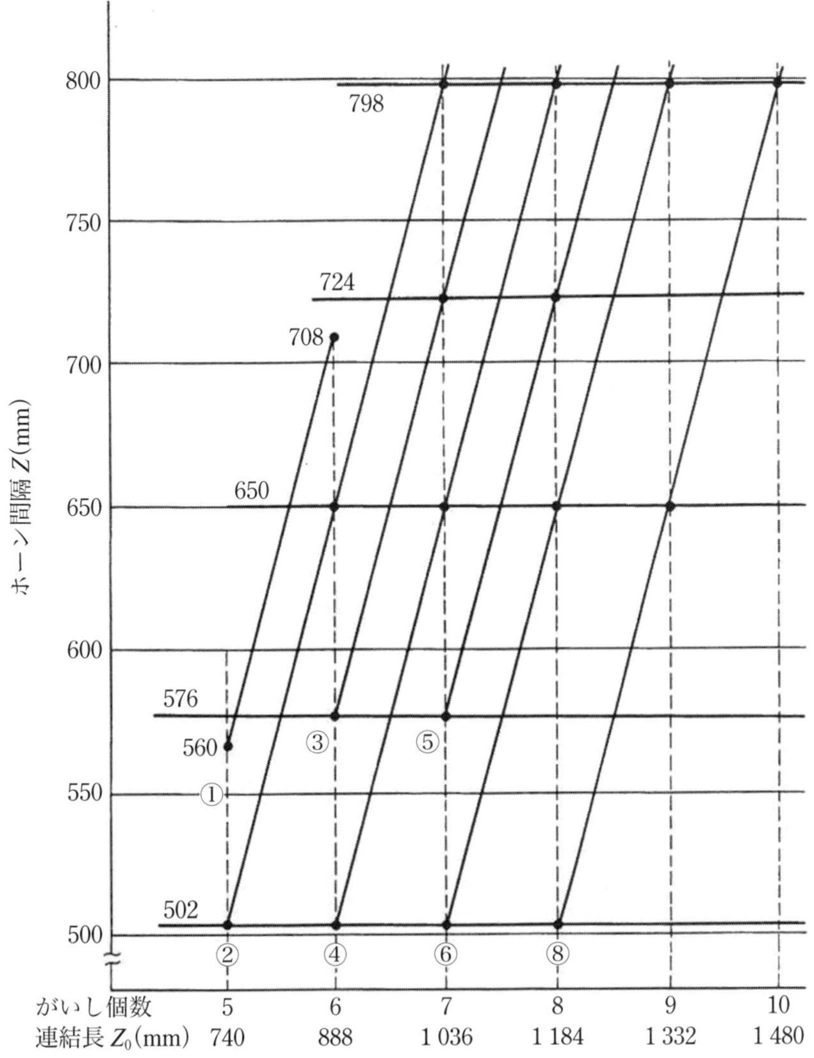

注記 1 ○の中の数値は，ホーン組合せ番号を示す。

注記 2 同一斜線上の●は全て同一組合せ番号のホーンを使用すればよいことを示す。

解説図 10(1) — アークホーンの組合せと適用ダイアグラム

⑵　66 kV，77 kV，250 mm 懸垂がいし（B 型）装置用ホーンの組合せ番号とその適用ダイアグラム

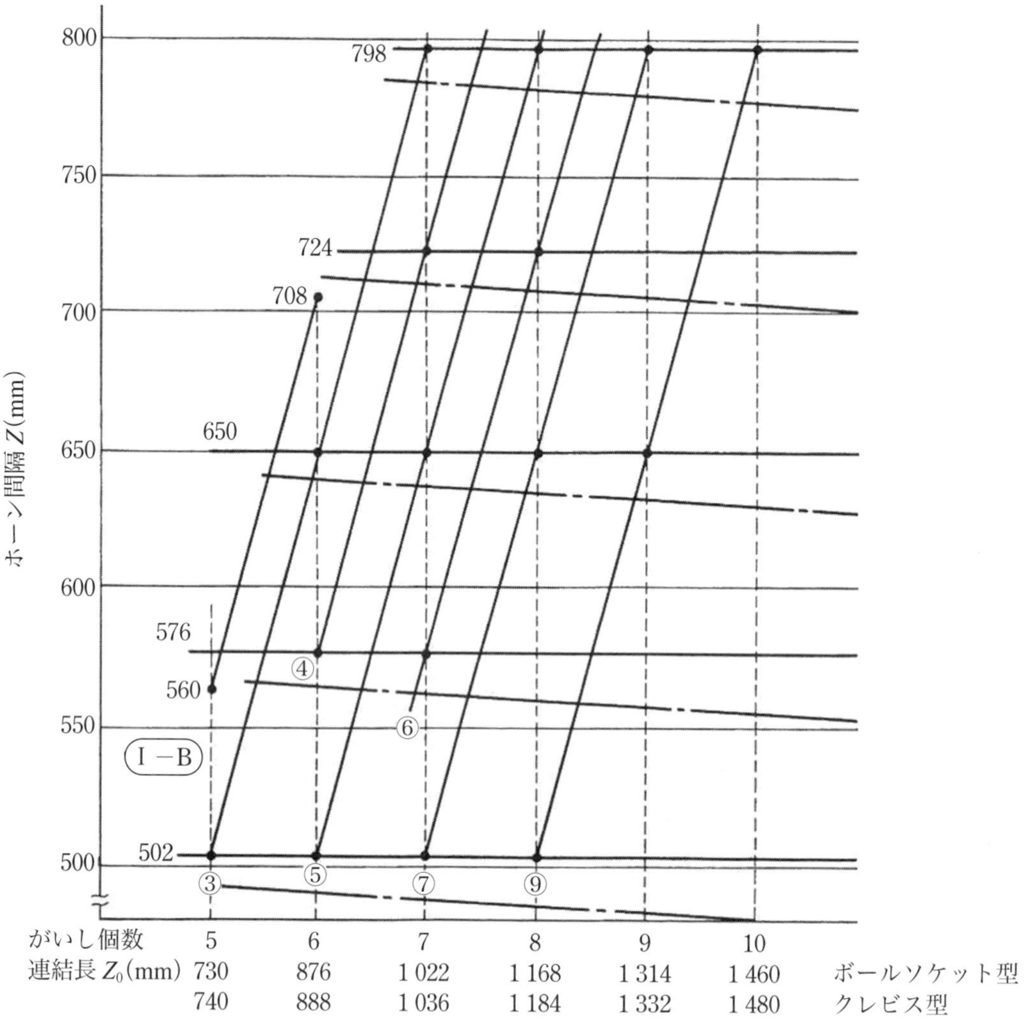

注記 1　○の中の数値は，ホーン組合せ番号を示す。
注記 2　同一斜線上の●は全て同一組合せ番号のホーンを使用すればよいことを示す。
注記 3　鎖線はボールソケット用の Z を示す。

解説図 10（2）— アークホーンの組合せと適用ダイアグラム

(3) 110 kV，154 kV，250 mm 懸垂がいし（A 型）装置用ホーンの組合せ番号とその適用ダイアグラム

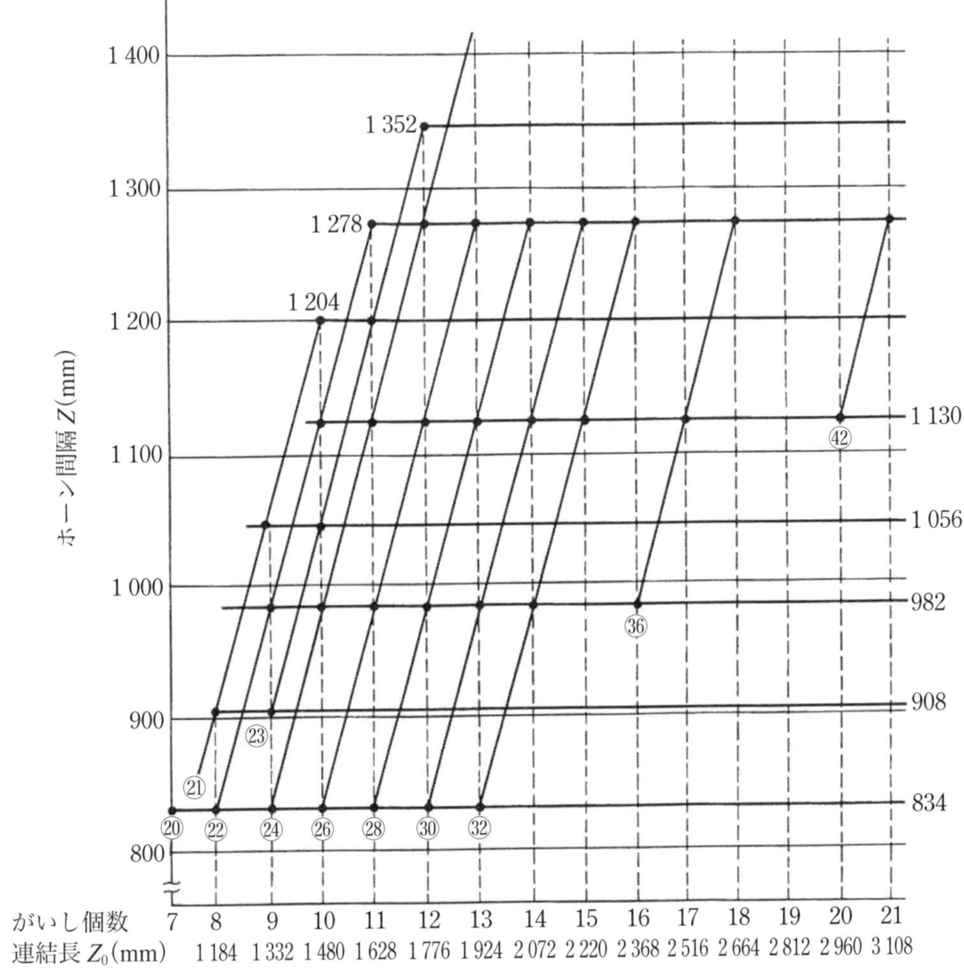

注記 1 ○の中の数値は，ホーン組合せ番号を示す。
注記 2 同一斜線上の●は全て同一組合せ番号のホーンを使用すればよいことを示す。

解説図 10(3) — アークホーンの組合せと適用ダイアグラム

(4) 110 kV，154 kV，250 mm 懸垂がいし（B 型）装置用ホーンの組合せ番号とその適用ダイアグラム

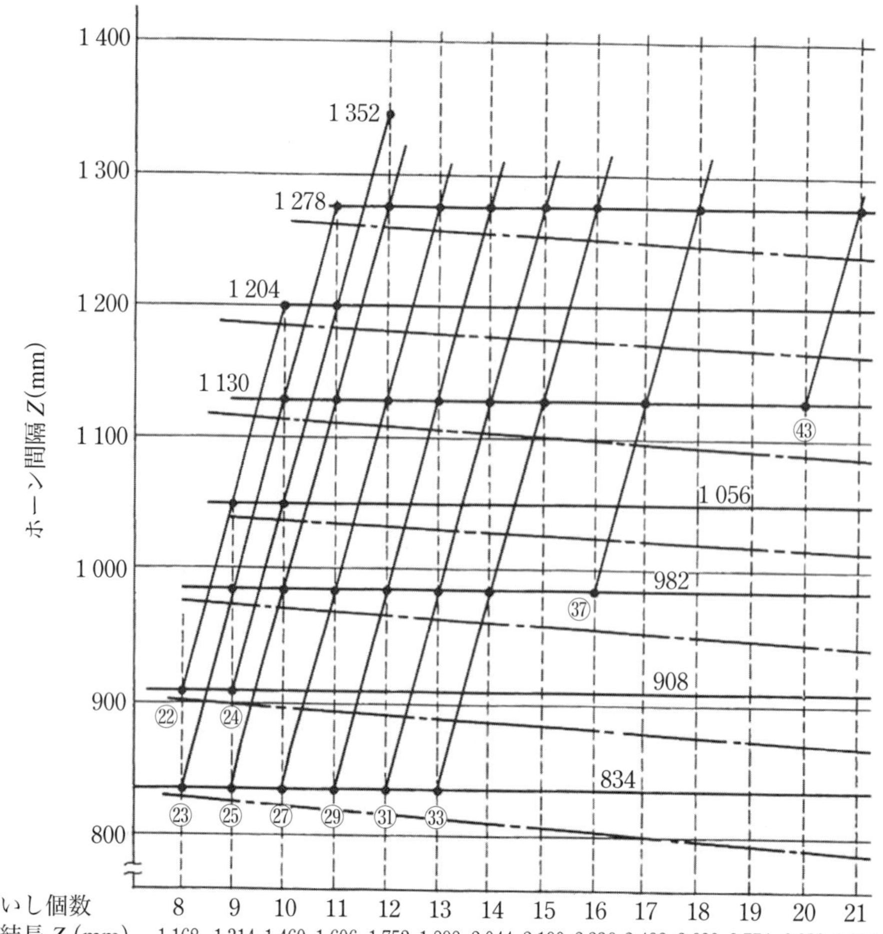

注記 1 ○の中の数値は，ホーン組合せ番号を示す。
注記 2 同一斜線上の●は全て同一組合せ番号のホーンを使用すればよいことを示す。
注記 3 鎖線はボールソケット用の Z を示す。

解説図 10(4) — アークホーンの組合せと適用ダイアグラム

(5) 長幹がいし用ホーン組合せ番号とその適用ダイアグラム

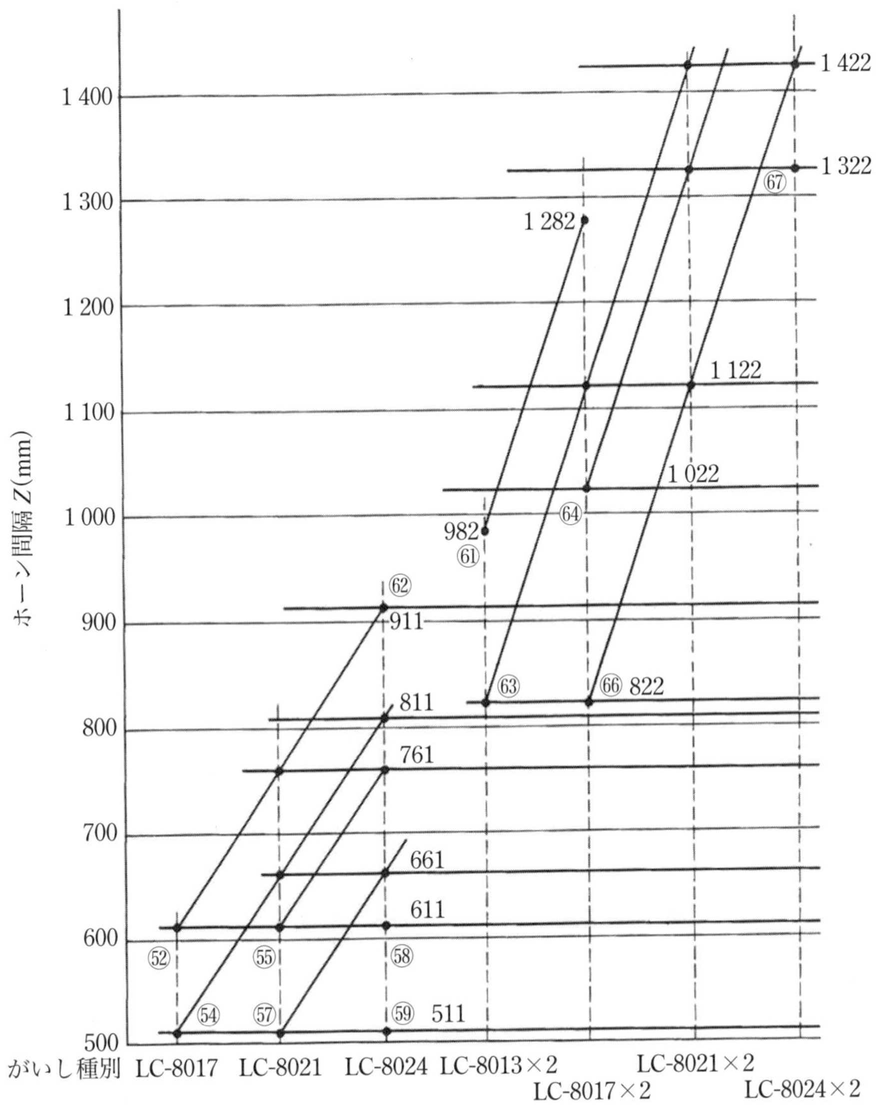

注記 1 ○の中の数値は，ホーン組合せ番号を示す。

注記 2 同一斜線上の●は全て同一組合せ番号のホーンを使用すればよいことを示す。

解説図 10 (5) — アークホーンの組合せと適用ダイアグラム

(6)　154 kV，280 mm 懸垂がいし装置用ホーンの組合せ番号とその適用ダイアグラム

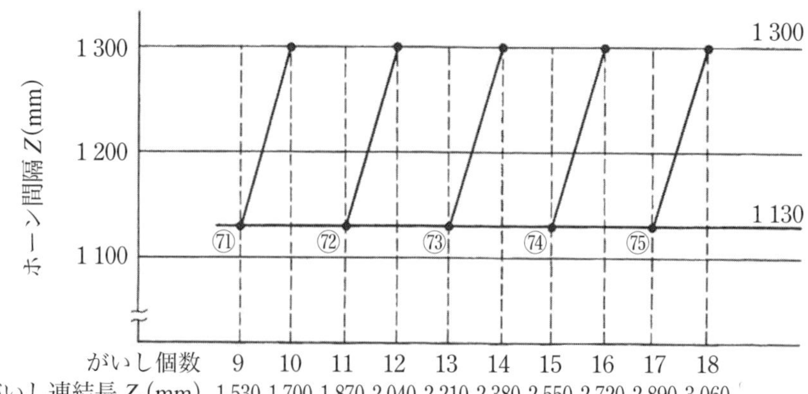

注記 1　○の中の数値は，ホーン組合せ番号を示す。

注記 2　同一斜線上の●は全て同一組合せ番号のホーンを使用すればよいことを示す。

解説 10 図（6）— アークホーンの組合せと適用ダイアグラム

5.5.11　クランプ

耐張クランプでは，緊線工事用として先端部にフックを取り付けたものもあったが，これでは外れることもあり，ここにリンクを設けた方が緊線工事に便利でかつ安全であることから緊線リンクを設けたクランプを規格とし，緊線リンクの形状及び寸法はその引張強度がクランプの掌握力と同等以上のものであるように定めている。

架空地線用フリーセンター型クランプ（GFS）の締付ボルトで，ボンド線の取付に共用されるものは，長くする必要があるが，ボンド線を 1 本取り付ける場合と 2 本取り付ける場合があり，これによって長いボルトが 1 本又は 2 本必要となるがこの規格では 2 本の場合を標準と定めている。

5.6　性能

5.6.1　外観

架線金具の外観において，強度低下をきたすような割れ，きず，変形などは有害な欠陥であり，また，過度のめっきのたれ及び突起物は，コロナ発生源になりかねないので欠陥として扱う。

なお，鉄鋼品のさび及びその他金属物の腐食も欠陥品である。ただし，亜鉛めっきの表面に発生する白さびはめっきの性能に対し何ら悪影響を及ぼさないことから欠陥とはしない。しかし，できるだけ白さびの発生を防ぐような保管方法等に注意するのが望ましい。

5.6.2　亜鉛めっき

亜鉛めっきの付着量は，**JIS C 3701**（特別高圧架線金具［廃止］）（以下，**JIS C 3701** という）に規定されていた値を踏襲した。なお，平座金の付着量はボルト類と同じ値で定めた。

5.6.3　引張強度

架線金具の引張強度は，装置として使用する状態でその荷重方向に耐えるものとし，クランプを除く架線金具の引張強度は，**解説箇条 5** に示す強度系列に合わせて定めたものである。

クランプの引張強度は，**JIS C 3701** を踏襲し，次の計算式によった。

（懸垂クランプの引張強度）＝（線条の最大使用張力）× 0.6 × 3

（耐張クランプ本体の引張強度）＝（線条の最大使用張力）× 3

（耐張クランプ緊線リンク部の引張強度）＝（線条の最大使用張力）× 2

ただし，鋼心アルミより線 810 mm^2 及び 1 160 mm^2 用の懸垂クランプでは更に高荷重箇所での使用を考

慮して，上記計算式によるもの以外に高強度用のものも規定した。

5.6.4　クランプの線条掌握力

クランプの線条掌握力は，**JIS C 3701** を踏襲し，次の計算式によった。

（懸垂クランプの線条掌握力）≧（線条の最大使用張力）× 0.6

（耐張クランプの線条掌握力）≧（線条の最大使用張力）× 2

（架空地線用ジャンパクランプの線条掌握力）＝ 7 kN

5.6.5　クランプの締付強度

クランプの締付強度は，施工時の締付トルクのばらつきを考慮し，従来からボルト締付けによるクランプ性能を確認するために実施されているものであることから，今回信頼性を保持するため，追加して規定した。ただし，この規定は，施工時の締付トルクのばらつきに対する信頼性確認が目的であり，基本性能を確認する構造，亜鉛めっき，引張強度，クランプの線条掌握力とは位置付けが異なることから，抜取検査項目には含めないものとした。

5.7　試験

5.7.1　外観試験

外観試験は，肉眼及び手ざわりによって調べるものを原則とするが，欠陥の判定に疑義のある場合は，適当な探傷試験によって判定するのがよい。

5.7.2　構造試験

架線金具の組立及び規定寸法について試験するもので，寸法測定は，ノギス，マイクロメータなどによる直接測定，又は限界ゲージによる測定のいずれかによる。ソケット類及びボール類は，**JEC-5201**（懸垂がいし及び耐塩用懸垂がいし）に定める限界ゲージによって測定すればよい。

5.7.3　亜鉛めっき試験

亜鉛めっきの試験として，付着量試験及び硫酸銅法による均一性試験が **JEC-207**-1979 に規定されていたが，均一性試験で使用する硫酸銅は，環境面から その使用及び取扱いが厳しく管理されるようになっている。また，過去の試験結果では，付着量が規定値を満足している場合，硫酸銅法による均一性試験は問題なく合格しており，均一性を十分満足することが確認されている。このため，硫酸銅法による均一性試験を廃止した。

5.7.4　引張荷重試験

架線金具の引張荷重試験方法は，本文**箇条 9** の**図 1** に示している。この図の **b**）鉄塔取付金具 **1**）懸垂装置用の **1.2**）の図は電線に水平荷重が加わった状態を，また，**2**）耐張装置用の図は，垂直荷重及び水平荷重が同時に加わった状態を示している。したがって，引張荷重試験は，これら荷重状態を考慮した方向に引っ張ることが必要であるが，個々の単品によって適用条件が異なり一律に決められないので，具体的には受渡当事者間で協議して定めるのがよい。

クランプの引張荷重試験において，使用状態を模擬した治具とは，クランプの線みぞ及びその曲線部に適合する十分な強度をもつ棒鋼又はワイヤーロープを線みぞに嵌め合わせ，この棒鋼又は，ワイヤーロープを引っ張ったとき，これが滑らない構造のものをいう。

がいし装置（架空地線用装置を含む）の引張荷重試験方法を本文**箇条 9** の**図 1 a**）に示すが，この引張荷重試験を行うことにより，各単品の引張荷重試験をも包含させることができる。ただし，この扱いは受渡当事者間の協議による。

なお，装置及び架線金具とも規定の引張荷重値を保持した後，参考のため荷重を増加して破壊荷重値を測定しておくことが望ましい。

5.7.5　クランプの線条掌握力試験

線条掌握力試験の供試品の取付状態及び試験方法は，**JIS C 3701** に規定されていたものを踏襲して定めた。

5.8　検査

5.8.1　検査の種類

JEC-207-1979 では，検査の種類として認定検査，受渡検査及び参考検査が規定されており，受渡検査は全数による検査及び抜取りによる検査の 2 種類とされていた。この規格では，規格票の様式 :2016 に従い，受渡検査のうち全数による検査をルーチン検査，抜取りによる検査を抜取検査とし，検査の種類は形式検査，ルーチン検査及び抜取検査の 3 種類とした。

5.8.2　形式検査における検査数量

形式検査における検査数量は，従来購入者及び製造業者の協議によるものとされていたが，従来の実績を踏まえ，検査の信頼性及び費用を勘案し，製品の性能を確認するとともに製造業者の品質水準を把握できるだけの供試個数とした。

5.8.3　ルーチン検査における外観検査

ルーチン検査における外観検査は，製品の致命的欠陥を検出する重要な意味をもつものであることから，全数検査によるものとした。しかし，これをルーチン検査時に購入者が立会いで行うことは，その数量が多い場合などに検査時間及び納期に不都合を生じることが考えられる。このような場合には，製造業者の検査成績書を活用し，更に構造検査に準じた抜取検査を行うなどの運用によって全数検査に代えることができる。

5.8.4　抜取検査方法

抜取検査方法は，**JIS Z 9015-1**（計数値検査に対する抜取検査手順–第 1 部：ロットごとの検査に対する AQL 指標型抜取検査方式）に準拠して定めた。構造検査の検査水準は，通常検査水準 I によるものとし，構造検査以外の検査水準は，それらが破壊検査である場合は検査費用への影響が大きく，また，架線金具のほとんどは外観異常がなく，形状及び寸法を満足していれば設計品質からあまり変動がない品質性能を有するなどの理由から，特別検査水準 S-2 を用いるものとした。

合格品質水準（AQL）は，全て 4.0 よりかなり良い品質が得られることになり，また，製造業者の品質水準の維持，向上が図られることも期待できる。

なお，検査のきびしさのいずれを適用するかについては，原則的に購入者及び製造業者の協議によるものとし，従来から多くの生産実績があり形式検査（取引期間中に購入者が必要と認めたとき随時行うものを含む）において，十分な品質水準にあると認められる場合には，検査の効率化及び経済性を配慮して「ゆるい検査」を適用することができる。

5.8.5　抜取検査における特例措置

亜鉛めっきの付着量は，製造方法，材料による表面状態の違い等で影響を受けるが，製品形状等によらない。したがって，抜取検査において全品種を検査対象とする必要はなく，製造方法，材料等の違いを考慮し，購入者及び製造業者の協議により選定した代表品種を対象とすることができる。

抜取検査において，非破壊検査の供試品は，破壊検査に供することができるものとし，また，クランプの線条掌握力試験（検査）の供試品は，引張試験（検査）の供試品にも使用できる。

6　懸案事項

今回の改正に当たって懸案事項として残された事項を，次に記す。

a） 適用範囲に関し，公称電圧 154 kV を超える電圧階級に適用するがいし装置及び架線金具の規格化を見送った。今後，汎用的な仕様の規格化が望まれる。

7　その他の解説事項

7.1　国際規格（IEC）との比較

今回の改正内容とこの規格に関連する国際規格 **IEC 61284** の対比を**解説表 15** に示す。

解説表 15 — 国際規格（IEC 61284）との比較

項目	本規格	IEC 規格
規格番号	**JEC 5204**:2018 「がいし装置及び架線金具」	**IEC 61284**:1997 「架空線金具の要求性能と試験」
概要	材料，特性値，構造を全て具体的に規定し，本規格に基づけば製造業者にかかわらず相互の互換性が得られることはもとより，同等の性能，品質並びに材料，構造のがいし装置及び架線金具が得られることを前提としている。	規定された要求性能を満足し，購入者と製造業者の合意に基づいた材料及び構造であればよく，自由度が高い。 適用品目として，圧縮クランプ，圧縮接続管，又は国内で使用例のない滑り制御型懸垂クランプなども対象となっている。
試験及び検査項目	本文参照	本規格で規定されていない試験項目として，引張耐荷重，非破壊，磁気損失，ヒートサイクル，コロナ・RIV が規定されている。 抜取検査では，引張，掌握力，締付強度を実施することが規定されている。
性能の規定 ・亜鉛めっき（付着量）	金具　平均値　500 g/m^2 　　　最小値　規定なし ねじ　平均値　350 g/m^2 　　　最小値　規定なし	金具　平均値　600 g/m^2 以上 　　　最小値　500 g/m^2 以上 ねじ（ϕ6 mm 超）　平均値　360 g/m^2 以上 　　　　　　　　　　最小値　285 g/m^2 以上 ねじ（ϕ6 mm 以下）　平均値　180 g/m^2 以上 　　　　　　　　　　最小値　145 g/m^2 以上
・引張荷重	規定の引張強度以下でひび，割れが発生しない	最小耐荷重以下で規定以上の永久変形がない 最小破壊荷重以下で破壊しない
・線条掌握力	規定の掌握力以下で導体の素線切れ，滑りが発生しない（いかなる滑りも許容しない）	最小掌握力以下で導体の滑りが発生しない（2 mm 未満の滑りは許容）
・締付強度	規定トルクの 1.5 倍の締付値で全部品にひび，割れが発生しない	規定トルクの 1.1 倍の値で繰り返し締付け・外し異常が発生しない 規定トルクの 2 倍又は製造業者の指定値のいずれか低い値で締付け，異常が発生しない

8　標準特別委員会名及び名簿

委員会名：がいし装置及び架線金具標準特別委員会

委員長　高山　純　（中部電力）
幹　事　池田　明弘　（日本カタン）
同　松岡　直樹　（TDM）
同　山田　竜司　（中部電力）
委　員　伊藤　裕明　（中部電力）
委　員　木内　信　（東京電力パワーグリッド）
同　喜多　守幸　（日本ネットワークサポート）
同　久保　公人　（東日本旅客鉄道）
同　堀田　和宏　（関西電力）
同　本田　光洋　（日本ガイシ）

委員	村田 純教	(名古屋大学)	途中退任委員	鈴木 敏彦	(東日本旅客鉄道)
同	本石 篤紀	(古河電工パワーシステムズ)	同	西川 栄一	(関西電力)
途中退任委員長	宮崎 真一	(中部電力)	同	三塚 洋明	(東京電力パワーグリッド)
途中退任幹事	清水 延彦	(中部電力)	同	山崎 秀樹	(中部電力)

9 標準化委員会名及び名簿

委員会名：架空送電線路標準化委員会

委員長	高須 和彦		委員	柏倉 勝	(日立製作所)
幹事	伊東 啓太	(三菱電機)	同	河村 達雄	(東京大学)
同	小林 隆幸	(東京電力パワーグリッド)	同	久保 公人	(東日本旅客鉄道)
同	藤井 治	(日本ガイシ)	同	笹森 健次	(三菱電機)
同	屋地 康平	(鹿児島工業高等専門学校)	同	中後 浩一郎	(日本ネットワークサポート)
委員	池田 明弘	(日本カタン)	同	成田 俊一	(明電舎)
同	石井 貴	(東芝)	同	水本 登志雄	(ＴＤＭ)
同	市川 武夫	(日本電磁器協会)	同	村田 秀樹	(中部電力)
同	一木 将人	(関西電力)	幹事補佐	林 朋宏	(日本ガイシ)
同	大山 友幸	(東光高岳)			

10 部会名及び名簿

委員会名：送配電部会

部会長	牧 光一	(東京電力パワーグリッド)	委員	高須 和彦	
副部会長	大田 貴之	(関西電力)	同	高山 純	(中部電力)
同	八木 裕治郎	(富士電機)	同	西村 誠介	(横浜国立大学)
幹事	北嶋 知樹	(東京電力パワーグリッド)	同	東田 修一	(古河電工パワーシステムズ)
委員	足立 和郎	(電力中央研究所)	同	日髙 邦彦	(東京大学)
同	岡部 成光	(東京電力ホールディングス)	同	三戸 雅隆	(フジクラ)
同	腰塚 正	(東京電機大学)	同	本橋 準	(東京電力)
同	境 武久	(三菱電機)	同	山川 卓	(電源開発)
同	坂本 雄吉	(工学気象研究所)	同	横山 明彦	(東京大学)
同	渋谷 昇	(拓殖大学)	幹事補佐	吉田 遼大郎	(東京電力パワーグリッド)

11 電気規格調査会名簿

会長	大木 義路	(早稲田大学)	理事	金子 英治	(琉球大学)
副会長	塩原 亮一	(日立製作所)	同	清水 敏久	(首都大学東京)
同	八島 政史	(東北大学)	同	八坂 保弘	(日立製作所)
理事	石井 登	(古河電気工業)	同	田中 一彦	(日本電機工業会)
同	伊藤 和雄	(電源開発)	同	西林 寿治	(電源開発)
同	大田 貴之	(関西電力)	同	藤井 治	(日本ガイシ)
同	原 徳幸	(明電舎)	同	牧 光一	(東京電力パワーグリッド)
同	勝山 実	(シーエスデー)	同	三木 一郎	(明治大学)

理　　事　八木　裕治郎（富士電機）
同　高木　喜久雄（東芝エネルギーシステムズ）
同　山野　芳昭　（千葉大学）
同　原田　俊治　（三菱電機）
同　吉野　輝雄　（東芝三菱電機産業システム）
同　福井　伸太　（電気学会副会長 研究調査担当）
同　大熊　康浩　（電気学会研究調査理事）
同　酒井　祐之　（電気学会専務理事）
2号委員　斎藤　浩海　（東北大学）
同　塩野　光弘　（日本大学）
同　井相田　益弘（国土交通省）
同　大和田野芳郎（産業技術総合研究所）
同　高橋　紹大　（電力中央研究所）
同　根上　雄二　（経済産業省）
同　中村　満　（北海道電力）
同　春浪　隆夫　（東北電力）
同　坂上　泰久　（中部電力）
同　棚田　一也　（北陸電力）
同　水津　卓也　（中国電力）
同　高畑　浩二　（四国電力）
同　岡松　宏治　（九州電力）
同　市村　泰規　（日本原子力発電）
同　畑中　一浩　（東京地下鉄）
同　山本　康裕　（東日本旅客鉄道）
同　青柳　雅人　（日新電機）
同　出野　市郎　（日本電設工業）
同　小黒　龍一　（ニッキ）
同　小林　武則　（東芝）
同　佐伯　憲一　（新日鐵住金）
同　豊田　充　（東芝エネルギーシステムズ）
同　松村　基史　（富士電機）
同　森本　進也　（安川電機）
同　吉田　学　（フジクラ）
同　荒川　嘉孝　（日本電気協会）
同　内橋　聖明　（日本照明工業会）
同　加曽利　久夫（日本電気計器検定所）
同　五来　高志　（日本電線工業会）

2号委員　島村　正彦　（日本電気計測器工業会）
3号委員　小野　靖　（電気専門用語）
同　手塚　政俊　（電力量計）
同　佐藤　賢　（計器用変成器）
同　伊藤　和雄　（電力用通信）
同　中山　淳　（計測安全）
同　山田　達司　（電磁計測）
同　前田　隆文　（保護リレー装置）
同　合田　忠弘　（スマートグリッドユーザインタフェース）
同　澤　孝一郎（回転機）
同　山田　慎　（電力用変圧器）
同　松村　年郎　（開閉装置）
同　河本　康太郎（産業用電気加熱）
同　合田　豊　（ヒューズ）
同　村岡　隆　（電力用コンデンサ）
同　石崎　義弘　（避雷器）
同　清水　敏久　（パワーエレクトロニクス）
同　廣瀬　圭一　（安定化電源）
同　田辺　茂　（送配電用パワーエレクトロニクス）
同　千葉　明　（可変速駆動システム）
同　森　治義　（無停電電源システム）
同　西林　寿治　（水車）
同　永田　修一　（海洋エネルギー変換器）
同　日髙　邦彦　（UHV 国際，絶縁協調）
同　横山　明彦　（標準電圧，電力流通設備のアセットマネジメント）
同　坂本　雄吉　（架空送電線路）
同　高須　和彦　（がいし）
同　岡部　成光　（高電圧試験方法）
同　腰塚　正　（短絡電流）
同　本橋　準　（活線作業用工具・設備）
同　境　武久　（高電圧直流送電システム）
同　山野　芳昭　（電気材料）
同　石井　登　（電線・ケーブル）
同　渋谷　昇　（電磁両立性）
同　多氣　昌生　（人体ばく露に関する電界，磁界及び電磁界の評価方法）
同　八坂　保弘　（電気エネルギー貯蔵システム）

電気学会 電気規格調査会標準規格
JEC-5204：2018
がいし装置及び架線金具

2018年11月 2日　　第1版第1刷発行

編　者　電気学会 電気規格調査会
発行者　田　中　久　喜

発 行 所
株式会社　電 気 書 院
ホームページ　www.denkishoin.co.jp
（振替口座　00190-5-18837）
〒101-0051　東京都千代田区神田神保町1-3ミヤタビル2F
電話(03)5259-9160／FAX(03)5259-9162

印刷　株式会社TOP印刷
Printed in Japan／ISBN978-4-485-98997-5